이 책을
읽었더라면

나의 부모님이 이 책을 읽었더라면

The Book You Wish Your Parents Had Read

필리파 페리 — 이준경 옮김

김영사

나의 부모님이 이 책을 읽었더라면

1판 1쇄 발행 2019. 11. 18.
1판 4쇄 발행 2020. 10. 10.

지은이 필리파 페리
옮긴이 이준경

발행인 고세규
편집 박보람 | 디자인 지은혜
발행처 김영사

등록 1979년 5월 17일 (제406-2003-036호)
주소 경기도 파주시 문발로 197(문발동) 우편번호 10881
전화 마케팅부 031)955-3100, 편집부 031)955-3200 | 팩스 031)955-3111

ISBN 978-89-349-9963-8 03590

홈페이지 www.gimmyoung.com   블로그 blog.naver.com/gybook
페이스북 facebook.com/gybooks   이메일 bestbook@gimmyoung.com

좋은 독자가 좋은 책을 만듭니다.
김영사는 독자 여러분의 의견에 항상 귀 기울이고 있습니다.

이 도서의 국립중앙도서관 출판시도서목록(CIP)은 서지정보유통지원시스템 홈페이지
(http://seoji.nl.go.kr)와 국가자료공동목록시스템(http://www.nl.go.kr/kolisnet)에서
이용하실 수 있습니다.(CIP제어번호 : CIP2019044911)

사랑을 담아 이 책을 벨린다에게 바친다.

이 책은 엄밀한 의미에서 육아서가 아니다.

대소변 가리기나 단유 같은 것을 주제로 자세히 설명하는 책이 아니라는 이야기다. 그보다는 우리가 부모로서 자녀와 맺는 관계에 관해, 자녀와 유대감을 형성하는 방법에 관해 이야기할 것이다. 부모가 겪은 성장 과정이 자녀 양육에 미치는 영향과 양육 과정에서 우리가 범하는 실수(특히 절대 하지 않겠다고 다짐한 실수), 그리고 그런 실수에 어떻게 대처하면 좋을지 이야기할 것이다.

이 책은 양육 과정에 유용한 팁이나 기술을 소개하는 책이 아니다. 읽다 보면 감정이 격해지고, 화가 날 수도 있다. 그러나 어쩌면, 그런 과정을 통해 더 나은 부모가 될지 누가 알겠는가?

내가 아무것도 모르는 초보 부모였을 때 '누군가 나에게 이런 것을 알려주었더라면' 싶은 것들, 혹은 내가 어린아이였을 때 나의 부모님이 알았더라면 싶은 이야기를 이 책에 담았다.

차례

5 마음
나와 아이의 정신 건강을 위한 조건

6 행동
모든 행동은 의사소통이다

최근 나는 스탠드업 코미디언 마이클 매킨타이어의 쇼를 본 적이 있다. 매킨타이어는 자식을 키울 때 부모는 네 가지만 잘하면 된다고 말해서 좌중을 웃겼다. 그 네 가지란 입히고, 먹이고, 씻기고, 재우는 것이었다. 아이를 낳기 전에는 육아에 환상이 있었다고 그는 말했다. 부모가 되는 건 마냥 행복하고 즐거운 일이라고 막연히 생각했던 것이다. 하지만 정작 낳아보니, 아이를 입히고, 먹이고, 씻기고, 재우는 그 당연한 일이 결코 쉽지 않음을 느끼게 되었다고 한다. 머리를 감기고, 코트를 입히고, 식당에서 아이에게 채소를 먹이는 장면을 묘사하는 매킨타이어의 모습에 사람들은 웃음을 터뜨렸다. 아마도 비슷한 경험이 있는 부모들의 공감 섞인 웃음일 것이다. 부모가 된다˚는 건 결코 쉬운 일이 아니다. 때로는 지루하고, 낙

˚ 여기서 '부모'라 함은 생물학적인 부모뿐 아니라 법적 보호자, 친인척, 친구 등 아이의 양육을 맡은 사람을 일컫는다. 다시 말해, 이 책에 쓰인 '부모'라

담하며, 지치고 절망하기도 한다. 그럼에도 아이만큼 우리를 웃게 하고, 행복과 사랑을 주는 존재도 없을 것이다.

　기저귀를 갈고, 아픈 아이를 돌보고, (유아뿐 아니라 때로는 10대 자녀의) 생떼를 받아주다 보면, 퇴근 후 지친 몸을 이끌고 집에 돌아와 어질러진 집을 치우고, 의자 밑에 붙은 껌을 떼다 보면, 부모가 된다는 것의 '큰 그림'을 보기가 쉽지 않다. 이 책은 바로 그러한 '큰 그림'을 그리는 데 도움을 줄 것이다. 일상에서 한 발짝 물러나 자녀를 양육할 때 정말 중요한 게 무엇인지 생각해보고, 아이가 지닌 잠재성을 다 발휘하게 할 때 부모인 내가 어떤 도움을 줄 수 있는지 생각하는 계기가 될 것이다.

　양육에서 가장 중요한 건 부모와 자녀 간의 관계다. 식물로 비유하자면, 이 관계는 식물이 뿌리 내린 토양과도 같다. 부모와의 관계에서 아이는 힘과 영양분을 얻고 성장한다. 반대로 건강하지 못한 관계는 그런 성장을 가로막을 것이다. 부모와의 관계에 의지할 수 없게 된 아이는 정서적 안정감이 모자란다. 부모와 자녀 사이의 관계는 자녀에게, 그리고 언젠가는 그 자녀의 자녀에게 힘의 원천이 되어야 한다.

　심리치료사로 일하다 보면 여러 가지 측면에서 부모 됨의 고충

◇◇◇◇◇

는 단어는 '주 양육자'로 바꿔 사용할 수 있다. 때때로 '보호자'라는 말을 쓰기도 하는데, 이 역시 친부모, 부모의 대리인, 양부모, 전문 또는 비전문 육아 도우미 등 육아를 주로 책임지는 사람을 뜻한다.

을 털어놓는 사람들을 만나 이야기하게 된다. 나는 그동안의 경험을 통해 부모와 자식 간의 관계가 언제, 어떻게 역기능적으로 변하는지, 그리고 어떻게 하면 틀어진 관계를 되돌릴 수 있는지 지켜봐왔다. 이 책은 부모 역할을 할 때 정말 중요한 것들에 관해 이야기할 것이다. 부모로서 내 감정을 다스리는 방법(그리고 아이의 감정을 헤아리는 방법), 아이의 눈높이에 맞춰 생각하고 이해하는 방법, 그리고 무엇보다 자녀와의 소모적인 다툼과 침묵에서 벗어나 '진짜 유대감'을 형성하는 방법에 관해 이야기하려고 한다.

양육에 관한 일회성 팁이나 요령 같은 것보다는 장기적 관점에서 양육에 관해 이야기할 것이다. 내가 관심 있는 것은 자녀를 내가 원하는 대로 다루는 방법이 아니라, 자녀와 진심으로 소통하고 공감하는 방법이기 때문이다. 이 책을 읽는 여러분도 자신의 유년기 경험을 되돌아보길 바란다. 그리하여 긍정적인 경험은 물려주되 나를 힘들게 하던 경험은 대물림하지 않도록 말이다. 또한 타인과도 더 긍정적이고 건강한 관계를 맺고, 그를 통해 아이에게 좋은 영향을 끼치는 방법도 살펴볼 것이다. 임신 동안 부모의 태도가 앞으로 아이와의 유대 관계 형성에 어떤 영향을 미치는지, 유년기뿐 아니라 10대, 심지어는 성인 자녀와도 만족스럽고 건강한 관계를 맺을 방법을 생각해볼 것이다. 그러다 보면 아이를 입히고, 먹이고, 씻기고, 재우는 일이 지금보다는 덜 힘들어질지 모른다.

이 책은 '자녀를 사랑하지만, 자녀의 언행 하나하나까지 좋아하기는 어려운' 부모들을 위한 책이다.

1

대물림

나는 왜

부모님의 실수를

반복할까?

아이는 우리의 말이 아니라 행동을 보고 배운다. 이 말은 뻔한 것 같지만 진실이다. 아이의 행동이 올바른가를 판단하기 전에, 아이가 태어나 처음으로 보고 배우는 본보기가 어떻게 행동하는지를 살펴보는 것은 비단 유용할 뿐 아니라 반드시 필요한 일이다. 물론 이때 부모인 당신이 본보기일 것이다.

　1장에서는 다른 누구도 아닌 당신에 관해 이야기하려 한다. 아이에게 가장 많은 영향을 미치는 존재는 부모인 당신이니까. 특히 예시를 통해 아이와 관계 맺을 때 과거의 경험이 어떻게 현재까지 영향을 미치는지를 설명할 것이다. 아이를 키우다 보면 촉발할 수 있는 해묵은 감정에 관해, 그리고 그 감정을 처리하는 과정에서 저지를 수 있는 실수에 관해 이야기할 것이다. 1장에서는 또한 자신을 비난하는 내면의 목소리를 거리 두고 바라보는 것, 그리하여 내 아이에게 똑같은 상처를 물려주지 않는 것이 얼마나 중요한가도 살펴볼 것이다.

과거의 상처가
나와 아이를 아프게 한다

─────── 아이가 자라는 데 필요한 것은 다음과 같다. 애정과 받아들임, 스킨십, 부모의 돌봄, 적당한 경계선과 사랑, 이해, 다양한 연령대 사람과의 교류, 안정적 느낌이 드는 경험, 부모의 많은 관심과 시간. 자, 이제 답이 나왔으니 이 책은 더 볼 필요가 없을까? 글쎄, 양육이 이렇게 몇 줄의 문장으로 정리될 만큼 단순하다면 참 좋겠지만, 현실은 그렇지 않다. 여러 가지 상황, 보육원, 돈 문제, 학교, 직장에 이르기까지. 여기에 다 적지 못했지만 모두 열거하자면 책 한 권도 부족할 것이다.

그러나 이런 것들보다 더 우리의 발목을 잡는 것은 바로 우리 자신이 어린아이였을 때 겪었던 경험이다. 자신의 성장 경험을 반추하고, 그것이 어떻게 오늘의 나를 만들었는지를 분명하게 알아야 한다. 그렇게 과거를 청산하지 않으면, 그것은 언젠가 반드시 다시 나를 찾아온다. 분명 이런 경험이 있을 것이다. '나도 몰랐는데, 어느새 내가 엄마와 똑같은 말을 우리 아이에게 하고 있더라'는 경험 말이다. 물론 여러분의 어머니가 당신에게 했던 말이 안정감과 사랑을 느끼게 해주는 그런 말이었다면 뭐가 문제겠는가. 하지만 대부분 그 반대라는 것이 문제다.

아이를 키울 때 가장 큰 문제는 부모 스스로의 자신감 결여, 비관주의, 감정 표현을 막는 방어적 태도, 그리고 감정에 압도되는 것에 대한 두려움이다. 무엇보다 아이와 공감대 및 관계를 형성하는 과정에서 아이의 거슬리는 행동이나 아이에게 갖는 기대치, 혹은 과도한 걱정 같은 것들이 걸림돌이 되기도 한다. 사실, 우리는 수천 년에 걸친 세대를 구성하는 단 하나의 연결고리일 뿐이다.

다행인 것은 한번 연결고리를 바꾸면 그다음 세대부터는 변화된 태도와 감정을 지니고 살아갈 수 있다. 나에게 상처를 주었던 그 말과 행동의 고리를 내가 끊을 수 있다. 부모가 된, 혹은 이제 곧 부모가 될 사람이라면 먼저 어린 시절을 되돌아봐야 한다. 어린 시절에 겪었던 일들, 들었던 말들이 나에게 어떤 영향을 미쳤는지, 지금은 그 경험에 대해 어떻게 느끼는지 생각해보는 것이다. 그런 후에 나에게 정말 필요한 것, 도움이 될 만한 것만 간직하고 나머지는 떨쳐버려야 한다.

독립적인 개인으로 존중받으며 자란 아이, 자신의 취향과 가치를 인정받고, 조건 없는 사랑과 긍정적 관심을 받으며 자란 아이, 가족 구성원과의 관계가 원만했던 아이는 성장한 뒤에도 긍정적이고 생산적인 관계를 맺을 수 있다. 이렇게 자란 아이는 자신이 속한 가족, 집단에 긍정적인 이바지를 할 수 있다고 믿게 된다. 이렇게 자라 어른이 된 사람이라면 과거를 반추하는 경험이 그다지 힘들지 않을 것이다.

그러나 이런 어린 시절을 보내지 못한 사람이라면(슬프지만 대부분 그렇지 못하다) 과거 경험을 들추어내는 과정에서 불편한 감정이 들 수 있다. 나는 이 불편한 감정에 좀 더 집중해야 한다고 생각한다. 약간의 거리를 둔 채 그런 감정을 바라보면서, 무의식적으로 아이에게 전가하는 일이 없도록 말이다. 많은 경우 부모는 의식하지 못한 상태에서 자식에게 상처 주는 말이나 행동을 한다. 이 때문에 아이를 훈계할 때 과연 지금 내가 하는 말과 행동이 자녀가 한 말과 행동에 대한 합리적인 대응인지, 아니면 과거 경험에서 나도 모르게 습관처럼 나오는 반응인지 구분하기가 쉽지 않다.

지금부터 소개하려는 사례를 읽고 나면, 내가 무슨 말을 하는지 좀 더 쉽게 이해할 수 있을 것이다. 테이라는 이름의 한 여성의 이야기다. 테이는 사랑스러운 딸 에밀리의 어머니이자, 선임 심리치료사다. 선임 심리치료사란 심리치료사를 교육하는 베테랑 심리치료사를 말한다. 내가 굳이 이런 이야기를 하는 이유는 심리치료사처럼 내면적 문제들을 잘 알고 그것을 다루는 것을 직업으로 삼는 이들조차 순간적으로 인지하지 못하는 사이에 과거의 경험에 영향받을 수 있음을 보여주기 위해서이다. 그러는 순간 우리는 '지금, 여기'가 아니라 어린 시절 '그때, 거기'에서 받았던 상처에 조종되는 상태에 이른다. 이야기는 당시 일곱 살이던 에밀리가 실내 클라이밍을 하다가 발이 끼어서 내려가지 못하겠다고 테이에게 호소하는 상황에서 시작된다.

딸에게 못하겠으면 내려오라고 말했어요. 그런데 아이가 도저히 못 내려오겠다는 거예요. 그 말을 듣자 갑자기 화가 치밀었어요. 어리광을 부린다고 생각했죠. 쉽게 내려올 수 있는데 엄살을 부린다고 생각해서 소리를 질렀어요. "당장 이리 안 내려와?"라고요.

딸이 거기서 어찌어찌 내려오더니 제 손을 슬며시 잡았어요. 하지만 여전히 화가 안 풀린 저는 손을 잡지 말라고 했고, 그러자 딸애가 울기 시작했어요. 아이를 데리고 집에 돌아와 차 한 잔 끓여주니 진정하더라고요. 그때는 그저 '어휴, 애 키우기 쉽지 않아, 정말'이라고 만 생각하고 곧 잊어버렸죠.

그리고 일주일이 지났어요. 딸을 데리고 동물원에 갔는데, 거기도 어린이용 실내 클라이밍이 있더라고요. 그걸 보니 갑자기 죄책감이 들었어요. 아이도 지난주 일이 생각났는지 걱정하는 눈빛으로 절 쳐다봤고요. 딸에게 클라이밍을 하고 싶은지 물어봤어요. 그리고 지난번처럼 벤치에 앉아 스마트폰만 보는 대신, 아이가 오르는 동안 옆에서 지켜보기로 했죠. 딸아이는 실내 클라이밍에 발이 끼었을 때 저에게 도움을 청했어요. 이번에는 좀 더 적극적으로 아이를 도와주기로 했어요. 아이 곁에 서서 어디에 발을 둘지, 어디를 잡고 매달리면 혼자서도 난관을 극복할 수 있을지 일일이 가르쳐준 거죠. 아이는 스스로 긴 발을 빼낼 수 있었어요. 딸아이가 실내 클라이밍에서 내려오더니 묻더군요. "엄마, 지난번에는 왜 이렇게 안 도와줬어요?"

저는 곰곰이 생각해본 후에 조심스레 말을 꺼냈어요. "엄마가 어렸을 때 말이야, 할머니는 엄마를 공주처럼 길렀어. 어디든 직접 데리고 다니시고, 항상 '조심해야 한다'고 하셨지. 결국 나 혼자서는 아무것도 할 수 없을 것 같았지. 당연히 자신감도 없었어. 하지만 엄마는 네가 그렇게 되는 건 바라지 않아. 그래서 지난주에 네가 도움을 요청했을 때 거절한 거야. 게다가 그때 상황이 네 나이였을 때의 엄마 모습을 떠올리게 했어. 할머니는 분명 엄마가 스스로 문제를 해결하게 놓아두지 않으셨을 거야. 그것 때문에 엄마는 너무 화가 났고, 사실 그래서는 안 되는데도 너에게 화를 냈던 거야."

에밀리는 저를 바라보며 이렇게 말했어요. "아, 그랬구나. 난 또 엄마가 나한테 관심이 없는 줄 알았어요."

"절대 그렇지 않단다! 엄마가 널 얼마나 사랑하는데. 단지 할머니 때문에 화가 난 걸 너한테 화가 났다고 착각했던 거란다. 엄마가 정말 미안해."

테이처럼, 우리는 종종 지금 느끼는 감정이 눈앞의 상황 때문에 촉발된 것인지, 아니면 과거 경험 때문에 촉발된 것인지 별 고민 없이 감정에 반응해버리곤 한다.

그렇지만 사실 아이가 어떤 말이나 행동을 했을 때 화가 난다면 (혹은 반발심, 좌절, 질투, 역겨움, 공포, 짜증, 공황 상태 등 감당하기 어려운 그런 감정이 느껴진다면) 그것을 일종의 경고 신호로 해석하는 것이 좋다. 여기서 경고란 반드시 아이가 어떤 잘못을 했을 것이라는 의미가 아니라, 오히려 내가 입었던 과거의 상처가 자극되었을 가능성이 있다는 이야기다.

여기에는 일정한 패턴이 있다. 아이 때문에 화가 나거나, 그 밖에 여러 무거운 감정을 느끼게 된다면, 그건 아마도 당신이 아이만 했을 무렵 느꼈던, 무언가로부터 자신을 보호하기 위해 그런 무거운 감정을 사용했기 때문일 것이다. 우리는 잘 인지하지 못하지만, 아이들의 행동은 과거에 우리 스스로 느꼈던 절망감과 기다림, 외로움, 질투, 결핍을 상기시킨다. 이때 많은 부모가 아이의 감정에 공감하려 하기보다는 화를 내거나, 공황에 빠지고 낙담하는 등 쉬운 선택지를 고르게 된다.

때로는 내가 느끼는 감정이 부모 세대가 아니라 그전 세대로부터 대물림됐을 수도 있다. 나의 어머니는 아이들이 놀면서 소리를 지를 때마다 무척 짜증을 냈다. 그런데 흥미로운 것은 나 역시 우리 딸이 친구들과 놀며 말소리를 높이면 신경이 날카로워진다. 아이들이 말썽을 부리는 것도 아니고, 착하게 잘 놀고 있는데도 말이다. 그 감정의 정체가 궁금했던 나는 어머니에게 어린 시절에 관해 물어봤다. 어머니가 어렸을 때 시끄럽게 놀면, 할머니 할아버지가 어떻게 반응했느냐고 말이다. 어머니의 아버지(나의 외할아버지)는 쉰이 넘은 나이에 어머니를 얻었다고 했다. 당시 할아버지는 만성두통에 시달렸는데, 그 덕분에 아이들은 집 안에서 큰 소리를 내지 않도록 늘 숨죽이고 다녀야만 했단다. 큰 소리를 내거나 떠들면 혼났기 때문이다.

대물림: 나는 왜 부모님의 실수를 반복할까?

어쩌면 자신이 자기 자식에게 짜증을 낸다는 사실을 인정하는 것이 두려울 수도 있다. 그걸 인정하고 나면 감정이 더 격해질까 봐, 또는 진짜 심각한 문제가 될까 봐서다. 그러나 그런 불편한 감정의 근원을 파악하고, 아이들을 비난하지 않고도 그 감정을 설명할 방법을 찾는 것이야말로 아이들에게 부당한 누명을 씌우지 않는 방법이다. 그렇게 할 수만 있다면 우리 자신이 느끼는 힘든 감정을 아이에게 푸는 행동을 줄일 수 있다. 물론 부정적 감정이 느껴질 때마다 일일이 그 근원을 추적할 수 있는 건 아니지만, 최소한 해당 감정의 근원이 따로 있다는 사실을 아는 것만으로도 큰 도움이 된다.

예컨대 어렸을 때 부모님이 나를 사랑하긴 했어도 한 개인으로서 나를 좋아한다는 걸 실감하지 못했을 수도 있다. 부모님이 나를 성가셔하거나 내게 실망한 것 같은 눈치였을 수도 있고, 나를 별로 중요하게 생각하지 않거나 나만 보면 짜증을 냈을 수도 있다. 혹은 부모님이 나를 야무지지 못하고, 멍청하다고 생각했을지도 모른다. 아이를 키우다가 그때의 감정이 다시 떠오르면, 나도 모르게 고함을 지르거나 몸에 밴 부정적 행동을 하게 된다.

물론 부모가 되는 일이 힘들게 느껴진다는 것에는 의문의 여지가 없다. 어느 날 갑자기 부모가 되고, 나의 하루는 온전히 아기의 것이 되어버린다. 그 과정에서 마침내 자신의 부모님이 어떤 고충을 겪었는지 이해하는 사람도 있고, 부모님에게 새삼 감사함을 느끼는 사람도 있다. 자연스레 부모님의 마음에 더 공감하게 되고, 부모님에게 연민을 느끼는 것이다. 그렇지만 이제 부모가 된 당신은 아이의 처지에도 공감할 수 있어야 한다. 자신이 아이 나이였을 때 어떠했나를 생각해봄으로써 아이의 마음을 더 잘 이해할 수 있다. 아이가 마음에 들지 않는 행동을 했을 때에도 아이를 밀어내는 대신 이해하고 공감할 수 있을 것이다.

언젠가 오스카라는 남자가 나를 찾아온 적이 있다. 그는 18개월 된 아들을 입양했는데, 아들이 음식을 바닥에 흘리거나 남길 때마다 화가 치밀어 오른다고 했다. 나는 그에게 어렸을 때 음식을 흘리거나 남기면 부모님이 어떻게 행동했는지 물어보았다. 그는 할아버지가 칼 손잡이로 자신의 손마디를 때린 뒤 방에서 내쫓았다고 말했다. 어린 시절 그런 대우를 받고 어떤 기분이 들었는지 떠올리자 오스카는 유년 시절의 자신에게 연민을 느끼게 되었고, 그 결과 아들의 행동도 좀 더 인내심을 갖고 대하게 되었다.

우리는 지금 느끼는 감정이 눈앞의 상황과 관련 있다고만 생각하지, 과거의 경험에서 유래했다고는 짐작하지 못한다. 네 살짜리 아이가 생일에 선물을 수십 개나 받은 상황을 예로 들어 보자. 아이가 새 장난감을 동생과 나누려 하지 않자 당신은 아이에게 '너무 이기적'이라며 비난한다.

그러나 정말 아이가 이기적인 걸까? 엄밀히 말해, 선물을 그렇게 많이 받게 된 것은 아이의 잘못이 아니다. 오히려 아이가 그토록 많은 선물을 받을 자격이 없다고 은연중에 생각한 것은 부모인 당신이며, 거기에서 오는 짜증을 날카로운 말투로 아이에게 쏟아내고 네 살 아이에게는 무리한 수준의 성숙함을 요구한 것이다.

자신의 감정을 되돌아보고, 왜 그런 감정이 드는지 자세히 살피다 보면 알게 된다. 사실은 내 안에 질투 많고 경쟁심을 느끼는 네 살짜리 어린아이가 살고 있음을 말이다. 그 나이에 혼자 독차지하고 싶은 것을 다른 아이와 나눠 쓰라고 강요당했거나, 아니면 애초에 내 것이라고 할 만한 것을 넉넉히 가져본 적이 없었을 수도 있다. 이에 대해 비참한 감정이 드는 것을 피하려고 대신 아이에게 감정을 쏟아낸 것이다.

이쯤 되니 유명인이 으레 받게 되는 익명의 악성 댓글이나 협박성 이메일이 생각난다. 소위 이런 '악플'은 사실 유명인을 향한 것이 아니라 '악플러'라 불리는 악성 댓글 게시자 자신을 향해 있다. '나는 이렇게 보잘것없는데, 너만 사랑받는 건 불공평하다'가 그 골자다. 비슷하게, 생각보다 많은 부모가 아이에게 질투심을 느낀다. 아이에게 질투심이 든다면 그 감정을 스스로 직면할 수 있어야 한다. 아이를 향해 부정적으로 발산하는 대신 말이다. 다른 사람도 아닌 부모가 자식에게 악플러가 되어서는 안 될 일이니까.

이 책 곳곳에 자신의 감정을 직면하고 받아들이게 도와줄 여러 연습 활동을 소개해두었다. 지금 당장 시도하기에 너무 버겁게 느껴지거나 도움이 될 것 같지 않다면 일단 건너뛰었다가 나중에 준비되었을 때 다시 시도해도 좋다.

연습 감정의 근원 파악하기

다음번에 아이 때문에 화가 날 때면(혹은 불편한 감정이 들 때면) 무의식적으로 거기에 반응하지 말고 스스로 물어보자. 과연 내가 느끼는 이 감정이 지금 이 상황에서 촉발된 것인지, 자녀의 관점에서 이 상황을 보려고 노력할 수는 없는지 말이다.

감정에 무의식적으로 반응하는 일을 막으려면 '잠시 생각할 시간이 필요하다'고 말하고 상황과 거리를 두는 것이 좋다. 그리고 그동안 감정을 진정한다. 설령 아이가 한 짓이 정말 잘못된 행동이었다고 해도 화가 난 상태에서 훈육하는 건 바람직하지 못하다. 부모가 훈육하면서 화를 내면 아이는 부모의 말이 아니라 감정만을 받아들이고 기억한다.

특히 잠시 상황과 거리를 두고 생각할 시간을 갖는 것은 아이뿐 아니라 다른 사람과의 관계에서도 활용하는 방법이다. 일상생활 속에서 화가 나거나, 내가 맞는다고 고집부리고 싶어지거나, 뭔가에 분개하거나 공황에 빠질 때, 혹은 수치심이나 자괴감, 단절감을 느낄 때 내 감정에 일정한 패턴이 있지는 않은지 살펴보자. 언제 처음 그런 감정을 느꼈는지, 언제부터 이런 식으로 불편한 감정에 대응해왔는지 생각해보면 이런 반응이 일종의 습관임을 알게 될 것이다. 다시 말해 당신이 반사적으로 느끼는 그 감정들은 현재 상황 때문일 수도 있지만, 아주 어린 시절부터 습관화한 것일 수도 있다.

상처를 인정하고 받아들이기

──── 가장 이상적인 것은 감정에 동요해 후회할 행동을 하기 전에 스스로 다잡는 것이리라. 그럴 수만 있다면 아이들에게 소리 치거나 위협하는 일도, 상처 주고 자존감을 깎아내리는 말을 할 일 도 없을 테니까. 그러나 매 순간 이렇게 행동할 수는 없다. 앞에서 예로 든 테이만 해도 경험이 풍부한 심리상담사였지만, 자신의 분 노가 아이의 행동 때문에 촉발되었다고 착각해 아이에게 화를 내 지 않았던가? 단지 테이는 자녀에게 상처 주었던 일을 되돌리기 위해 '상처와 치유'라고 불리는 행동을 했을 뿐이다. 그리고 테이 뿐 아니라 독자들도 이를 시도할 수 있다. 소중하고 가까운 관계에 서도, 그리고 가족이라도 서로 오해하고, 마음을 지레짐작하고 상 처 주는 일을 피할 수 없다. 그러나 중요한 건 상처를 주었는가가 아니라, 그 후에 어떻게 대처하고 치유했는가 하는 것이다.

관계에서 누군가에게 준 상처를 치유하려면 우선 감정에 대응 하는 방식을 바꿔야 한다. 즉, 어떤 상황에서 감정이 촉발하는지를 인지하고 다르게 행동하도록 노력해야 한다. 만약 아이가 어느 정도 컸다면 테이가 에밀리에게 했던 것처럼 말로 설명하고 사과할 수도 있다. 설령 아이에게 상처를 주고 한참 지나고 나서야 그 사실을 깨달았다 해도 그때 왜 그렇게 했는가를 이야기하는 것이 좋다. 부모가 자신이 준 상처를 인정하고 관계 개선을 위해 노력하는 것과 노력 안 하는 것 사이에는 하늘과 땅만큼의 차이가 있다. 어린아이뿐 아니라 성인이 되어도 마찬가지다. 테이가 사과하기 전까지 에밀리가 무슨 생각을 했는지 기억하는가? 에밀리는 엄마가 자기한테 관심이 없다고 생각했다. 그런데 단지 엄마 스스로의 문제로 그랬을 뿐이지 엄마가 자기를 사랑하는 마음에는 변함이 없다는 사실을 어린 에밀리가 알았을 때 얼마나 안도했을지 짐작 가지 않는가?

한번은 어느 부모가 내게 아이들한테 사과해도 괜찮은 거냐고 물어왔다. "부모는 절대 틀릴 수 없는 존재라는 믿음을 줘야 하지 않나요? 안 그러면 애들이 불안해할 것 같아요." 천만의 말씀! 아이에게 필요한 것은 진솔하고 진정성 있는 부모이지, 완벽한 부모가 아니다.

어렸을 때를 생각해보라. 단지 부모님의 기분이 나쁘다는 이유로 혼나거나, 기분이 상한 적 없는가? 그런 적이 있다면, 나빠진 기분을 다른 사람이 틀렸다고 우김으로써 좋게 만들려고 하기가 아주 쉽다. 물론 이때 희생양은 당신의 아이가 될 것이다.

부모가 아이 앞에서 현재 일어나는 상황에 맞지 않는 말과 행동을 하면 아이는 직감적으로 이를 알아챈다. 그런데도 부모가 괜찮은 척, 그렇지 않은 척을 하면 아이의 이 '감각'이 무뎌지고 만다. 예를 들어 부모는 절대 틀린 말을 안 한다거나, 뭐든 다 안다는 식으로 행동하면 그 밑에서 자란 아이는 과잉 적응을 하게 된다. 부모뿐 아니라 타인이 하는 말을 전부 비판 없이 믿고 받아들이는 것이다. 이런 아이들은 악의를 품고 접근하는 타인에게 속수무책으로 당할 수밖에 없다. 직감은 자신감과 능력, 지성을 이루는 중요한 요인이다. 아이의 직감을 무디게 하거나 손상하지 않는 것이 좋다.

마크를 처음 만난 것은 내가 진행하는 양육 워크숍에서였다. 마크는 아내인 토니가 제안해서 워크숍에 오게 됐다고 말했다. 당시 마크에게는 두 살배기 아들 토비가 있었다. 마크와 아내는 원래 아이를 가질 생각이 없었는데, 토니가 마흔 살이 되면서 마음이 바뀌어 아이를 원하게 되었다고 한다. 약 1년여간의 시도와 체외수정 끝에 부부는 임신에 성공했다.

아이를 얻기 위해 들인 노력에 비하면, 아이가 생긴 뒤 삶이 어떻게 변할지는 너무 몰랐다는 생각이 듭니다. 지금 생각해보면 참 놀라운 일이죠. 당시 제가 육아에 관해 아는 거라곤 TV에서 본 게 전부였어요. TV에 나오는 아기들은 거의 우는 일도 없고, 하루 중 대부분 잠만 자고 있었으니까요.

토비가 태어난 뒤로 우리 삶에는 조금의 여유나 즉흥성도 허락되지 않았어요. 그저 매일매일 아이를 돌보는 고된 시간이 이어졌고 언제나 부부 중 한 사람은 아이를 돌봐야만 했죠. 제게는 억울함과 우울함 사이에서 오락가락하는 나날이 이어졌어요.

아이가 태어나고 2년이 지났지만, 솔직히 아직도 많이 힘들어요. 이제는 아내와 대화 주제도 아기 이외에는 별로 없고, 설령 제가 다른 주제를 좀 꺼내보려고 해도 얼마 지나지 않아 다시 토비 이야기로 돌아가게 돼요. 이기적이라는 건 알아요. 그래도 힘든 건 어쩔 수 없어요. 솔직히 말해, 내가 토비, 토니와 얼마나 더 버틸 수 있을지 모르겠습니다.

나는 마크에게 어린 시절이 어땠는지 물어보았다. 그러나 마크는 자신의 어린 시절은 지극히 평범했다며, 별로 이야기할 것이 없다고만 말했다. 심리치료사의 견해로 '이야기할 것이 없다'는 건 사실 '이야기하고 싶지 않다'에 더 가까웠다. 나는 마크가 부모가 되면서 그동안 외면하던 어떤 감정들이 촉발된 것은 아닐까 생각했다.

나는 마크에게 무엇이 '평범한' 것이냐고 물었다. 마크는 자신이 세 살 때 아버지가 집을 나갔고, 나이가 들수록 자신을 찾아오는 횟수도 줄어들었다고 말했다. 마크의 말이 틀린 것은 아니다. 아버지의 부재가 반드시 비정상적이라고는 할 수 없다. 그렇지만 아버지의 부재가 마크에게 아무런 영향도 미치지 않은 것은 아니었다.

나는 마크에게 아버지가 떠났을 때 어떤 기분이었는지 물었고, 마크는 기억이 나지 않는다고 답했다. 나는 그에게, 그 경험이 몹시 고통스러웠기에 기억이 나지 않을 수도 있다, 그 어려운 감정을 직면하는 것보다 차라리 아내와 아들 토비를 떠나는 게 더 쉽게 느껴진 것일 수 있다고 말했다. 그럼에도 그 불편하고 어려운 감정을 직면하는 것이 중요하다고도 덧붙였다. 그렇지 않으면 아버지가 필요한 토비에게 아버지 역할을 할 수 없고, 결국 마크가 겪었던 힘든 경험을 아들 토비에게까지 대물림할 것이라고 말이다. 그때 마크는 내 말을 그다지 이해한 것 같지는 않았다.

마크를 다시 만난 건 6개월 뒤, 다른 워크숍에서였다. 마크는 내게 그동안 무척 우울한 상태였는데, 그 감정을 무시하지 않고 상담을 받게 되었다고 말했다. 또 놀랍게도 상담사와 대화를 나누는 과정에서 아버지가 자신을 버리고 떠난 일에 대해 울고 소리치는 자신을 발견했다고도 말했다.

심리 상담을 받으면서 내가 느끼는 감정이 어디서 왔는지를 알게 되었습니다. 그동안은 내가 좋은 아빠, 좋은 남편이 될 자질이 없는 인간이라고만 생각했는데, 사실 그런 감정은 아버지가 나를 떠난 일로 생긴 것이었습니다.

물론 육아는 여전히 힘들고, 때때로 억울하고 화가 나기도 하지만, 그런 감정이 과거의 일 때문이지 아들 때문이 아니란 걸 이제는 알아요.

또 왜 내가 토비 곁에 있어야 하는지도 이제 알 것 같습니다. 내가 아버지 역할을 제대로 하면 단순히 현재뿐 아니라 훗날 성인이 된 토비에게도 좋은 영향을 미치게 된다는 걸요. 아내와 저는 토비에게 가능한 한 많은 사랑을 주려고 노력하고 있습니다. 언젠가 토비가 자라 자신이 받은 만큼 사랑을 주는 어른이 되기를, 스스로 가치 있는 사람이라고 느끼게 되기를 바랄 뿐입니다. 내게는 아버지와 쌓은 관계랄 것이 거의 없었어요. 그렇기에 더욱 내 아들에게는 내가 아버지로부터 받지 못했던 것들을 주고 싶습니다. 아들과의 관계를 받쳐 줄 탄탄한 기반을 쌓는 기분이에요.

아들과 함께하는 것이 왜 중요한지 깨달으면서, 육아도 불행의 근원이 아니라 희망과 감사의 경험이 되었습니다. 아내 토니와도 훨씬 가까워졌고요. 제가 전보다 훨씬 더 육아에 관심을 두고 참여하니 토니도 여유가 생기고, 다른 것들에 관심을 두게 되었습니다.

마크는 토비와의 관계를 치유하는 데 성공했다. 토비와 아내를 떠날 생각마저 했던 마크였지만, 자신의 과거 경험을 되돌아보고 그것이 현재에 어떤 영향을 미치는지 이해할 수 있었기 때문이다. 그뿐만 아니라 마크는 아들을 대하는 태도마저 완전히 변했다. 마크 자신이 안고 있던 슬픔과 괴로움을 직면하고 나서야 마크는 비로소 진심으로 사랑하게 된 것 같았다.

과거의 상처
치유하기

─────── 언젠가 어느 예비 엄마가 곧 부모가 될 사람들을 위해 단 한 가지 조언만 한다면 어떤 이야기를 들려주고 싶으냐고 물어본 적이 있다. 나는 아이들은 나이가 몇 살이든 상관없이, 당신이 그 나이였을 때 겪었던 감정을 매우 실감 나게 상기시키는 존재라고 이야기해주었다. 그녀는 아리송한 표정으로 나를 바라보았다.

그로부터 1년 뒤 다시 만난 그녀는 어린 아기를 데리고 있었다. 그녀는 나에게 당시에는 내 말이 무슨 뜻인지 이해할 수 없었다고 고백했다. 그러나 엄마가 되고 보니 그 말을 이해하게 되었고 아이 처지에서 생각하고 공감하는 데 많은 도움을 주었다고 말했다. 아기였던 시절을 의식적 차원에서 기억하는 사람은 없지만, 그때 느꼈던 감정들은 여전히 우리 기억에 남아 있으며 아이를 기르는 과정에서 고스란히 상기되곤 한다.

실제로 부모가 자녀와 거리를 두기 시작하는 시기를 잘 살펴보면, 그 부모의 부모가 자신에게 소홀해졌던 바로 그 무렵인 때가 잦다. 마찬가지로 아이와의 감정적 유대 쌓기를 멈추는 시기 역시 내가 처음 외로움을 느끼기 시작한 그 나이에 아이가 도달할 무렵이다. 마크는 아이가 상기하게 하는 여러 불편한 감정에 쉽사리 직면하지 못하는 부모의 전형적인 사례였다.

이런 감정들로부터, 그리고 어린 시절로부터 도망치고 싶을 수도 있다. 하지만 그렇게 도망치면 결국 내가 겪은 일을 자식에게 그대로 대물림하게 된다. 물론 항상 나쁜 것만 물려주는 건 아니다. 내가 받은 사랑 역시 자식에게 물려줄 수 있다. 그러나 두려움, 증오, 외로움, 분개와 같은 감정은 물려주지 말아야 한다. 아이를 향해, 혹은 아이와 관련하여 불쾌한 감정을 느낄 수도 있다. 배우자나 부모, 친구, 혹은 나 자신에게 그런 감정을 느끼는 날이 있듯이 말이다. 이 사실을 인정하고 나면 단지 아이가 어떤 감정을 상기시켰다는 이유만으로 반사적으로 아이를 벌주는 일은 많이 줄어들 것이다.

마크와 마찬가지로 현재 가족 사이에 내 자리가 없는 것 같고, 그들이 밉게 느껴지는 사람이 있다면 그건 아마도 당신의 부모가 어린아이였던 당신을 밀쳐내고, 자신들의 삶 일부로 받아들이지 않았기 때문일 것이다.

내가 '유기하다' 혹은 '분개하다'와 같은 단어를 쓰는 것이 지나친 과장이라는 부모들도 있다. 그들은 "나는 아이들에게 분개하는 게 아니에요"라고 말한다. "물론 가끔 혼자 조용히 시간을 보내고 싶을 때는 있어요. 하지만 난 아이들을 사랑해요." 나는 '유기'에 정도가 있다고 생각한다. 가장 심각한 경우는 아마도 부모가 실제로 집을 나가버리거나, 물리적으로 아이에게서 멀어지는 경우일 것이다. 마크의 아버지가 했던 것처럼 말이다. 그렇지만 그 외에도 아이에게 당신의 관심이 필요할 때 이를 밀쳐내는 것, 아이가 자신이 그린 그림을 보여주는데(아이의 이러한 행동은 사실 부모에게 자기 자신이 어떤 사람인지를 보여주려는 것이다) 집중하지 않는 것과 같은 행동도 미미한 정도지만 '유기'에 속한다고 생각한다.

이처럼 아이와 거리를 두고 싶어지는 것, 아이가 그냥 잠을 자거나 혼자 놀면서 내 시간을 빼앗지 않았으면 하고 바라는 것은 사실 부모 자신이 유년 시절의 고통스러운 감정을 상기하고 싶지 않기 때문이고, 그리하여 아이를 멀리하게 되는 것이다. 그리고 바로 이 때문에 부모는 아이의 필요에 굴복하기 어렵다고 느낀다. 물론 많은 부모는 자신이 그저 육아 외에 다른 일에도 시간을 투자하고 싶을 뿐이라고 말한다. 일도 하고, 친구를 만나거나 영화와 드라마를 보고 싶다고 말이다. 하지만 우리는 모두 성인이고, 이성적으로는 잘 알고 있다. 아이에게 부모가 필요한 시기는 아주 잠깐뿐이며 아이가 우리를 더는 필요로 하지 않는 시기가 오면 바로 그때 일이나 친구, 다른 취미생활 등을 해도 된다는 사실을 말이다.

이런 사실을 직면하고 내가 겪었던 경험을 아이 세대로 전가하지 않기란 어려운 일이다. 제대로 이해되지 않는 감정에 무의식적으로 반응하지 말고, 그 감정을 되돌아보고 반추하려는 노력이 필요하다. 또한 부모로서 책임감 없는 행동을 하고 싶어질 때 (마크는 아들과 아내를 버리고 떠날까 고민했던 일) 그러한 욕망을 직면하는 것 역시 수치심을 느끼게 할 수 있다. 이때 많은 이들이 수치심을 느끼고 싶지 않아 방어적 태도를 보인다. 하지만 그럴수록 변하는 것은 없고, 우리 자신의 역기능을 다음 세대로 전달하는 결과밖에 얻을 수 없다. 우리는 충분히 수치심을 견뎌낼 수 있다. 지금 내게 어떤 일이 일어나는가를 깨닫고, 수치심을 자부심으로 바꿀 수 있다. 내가 어떤 감정 때문에 어떤 행동을 하려고 했었는지를 알아채고 무엇을 바꾸어야 하는지 인식하기만 한다면 말이다.

중요한 건 부모가 자녀를 편하게 느끼고, 자녀에게 안정감을 주며 함께하고 싶다는 마음을 갖는 것이다. 우리가 어떤 말을 하는가는 작은 일부일 뿐이다. 그보다 중요한 것은 우리가 자녀에게 주는 온기와 접촉, 선의, 그리고 존중이다. 아이의 기분과 개성, 의견, 그리고 세상을 바라보는 시선에 대한 존중 말이다. 다시 말해, 아이가 예쁘게 자고 있을 때뿐만 아니라 일어나 활동할 때도 우리의 사랑을 표현해야 한다.

아이와 함께하는 1분, 1초도 견딜 수 없다면 그건 아마도 당신이 아이가 촉발하는 감정으로부터 도망치고 싶기 때문일 것이다. 이런 감정에 지배당하고 싶지 않다면 자신의 유년 시절을 동정심을 가지고 되돌아보길 바란다. 그렇게 할 수 있다면 당신의 아이가 원하는 것과 필요로 하는 것에도 공감하게 될 것이다. 물론 가끔은 육아 도우미를 고용해 아이를 맡기고 나만의 즐거움을 추구하는 것도 중요하다. 그렇지만 이런 휴식을 향한 열망이 지나치게 강하거나 끊임없이 든다면, 자신이 지금 자녀 나이였을 때 어땠는지를 생각해보라고 권하고 싶다.

 연민 어린 시선으로 과거 돌아보기

아이의 어떤 행동이 당신에게 가장 강한 부정적인 반응을 유발하
는지 자문해보자. 내가 어렸을 때 같은 행동을 했다면 무슨 일이
일어났을까?

 기억에서 오는 메시지

눈을 감고 가장 오래된 기억을 떠올려보라. 그것은 단지 이미지나
느낌일 수 있고, 또는 이야기가 있을 수도 있다. 기억 속 주된 감정
은 무엇인가? 그 기억과 지금의 당신은 어떻게 관련되어 있는가?
그 기억은 당신의 양육 방식에 어떤 영향을 미치는가? 이 연습을
하다 보면 여러 가지 감정이 떠오를 수 있다. 예컨대 수치심을 느
끼는 것에 대한 두려움이 떠오른다면, 아마도 당신은 언제나 말싸
움에서 남들을 이기지 않으면 못 견디는 그런 성격일지 모른다. 때
로는 수치심을 인정하거나 그런 감정에 대처하는 대신 아이에게
상처를 주면서까지 틀렸음을 지적하는 것에 자부심을 느끼는 걸
수도 있다.

나 자신과
대화하기

—————— 1장을 시작하며 했던 이야기지만, 아이는 우리의 말이 아니라 행동을 보고 배운다. 그래서 스스로 자신을 비난하는 부모 밑에서 자란 아이 역시 이런 해로운 습관을 답습할 확률이 높다.

내 초기 기억 중 하나는 어머니가 거울을 보며 자신의 단점을 한탄하는 모습이다. 그런데 나 역시 어른이 되고 나서 나도 모르게 감수성 예민한 10대 딸이 보는 앞에서 같은 행동을 하고 말았다. 딸은 내가 그러는 게 싫다고 했고, 나 역시 어릴 적 어머니가 그런 행동을 하는 것이 싫었던 기억이 났다.

부모에게 물려받은 우리의 습관, 성격은 우리가 자신을 대하는 방식에 고스란히 드러난다. 특히 내면에 있는 비판자를 통해서 말이다. 대부분 사람은 머릿속에 끊임없이 떠드는 목소리를 들으며 살아간다. 물론 거기에 너무 익숙해져서 인지하지 못하는 때가 많지만 말이다. 하지만 이 목소리의 정체는 내면의 비판자이다. 은연중에 '나 같은 게 무슨 이런 걸'이라고 생각하거나, '아무도 믿으면 안 돼' '내 상황은 절망적이야' '난 너무 못났어. 그냥 포기해버릴까 봐' '난 뭐 하나 잘하는 게 없어' '난 너무 뚱뚱해' '난 쓸모없는 인간이야' 같은 생각을 하지는 않은가? 자신을 향한 이런 내면의 목소리를 주의해야 한다. 왜냐하면 이런 목소리가 당신의 삶에 아주 큰 영향을 미칠 뿐만 아니라 자녀에게도 마수를 뻗기 때문이다. 결국 내 아이 역시 스스로와 타인에 대해 이런 비하를 하며 살아가게 된다.

아이들에게 해로운 비하를 하도록 가르치는 것 외에도, 내면의 부정적 목소리는 가뜩이나 나쁜 기분을 더 나쁘게, 가뜩이나 낮은 자존감을 더 낮게 만든다. 그 결과 이 목소리에 귀를 기울이다 보면 스스로 부족하다고 느끼게 된다. 자신을 대하는 태도에 주의를 기울여야 하는 이유는 이것만이 아니다. 습관뿐만 아니라, 부모가 듣는 내면의 목소리도 자식에게 대물림된다. 자식이 행복한 성인이 되기를 바란다면, 무엇보다 내면의 비판자를 조심해야 한다.

어린 시절의 경험은 성인으로서의 우리 모습을 형성한다. 이것은 다름 아닌 인간 발달 과정의 가장 근본적인 방식이다. 하지만 그렇게 형성된 모습을 바꾸기가 쉽지 않은 것도 사실이다. 이미 자리 잡은 내면의 비판자를 내쫓기란 어려운 일이다. 그래도 비판자가 입을 열 때마다 이를 알아차리고 스스로 격려하는 노력이 필요하다.

일레인은 두 아이의 어머니이며 미술 갤러리에서 보조로 일한다. 일레인은 자신의 머릿속에 있는 '내면의 비판자'를 인지하고 있었다.

주로 실패했을 때 목소리가 들려요. 어차피 실패할 거 시도조차 하지 말라는 식으로요. 어차피 못할 거야, 창피만 당할 거야, 하면서요. 그래서 결국 하지 말자는 쪽으로 결론이 나요. 그러면 이제는 스스로 겁쟁이에 적극적이지 못한 사람이라며 자기비판을 하죠. 뭐 하나 끈질기게 물고 늘어질 줄 모른다, 깊이가 없다, 하는 것에서부터 시작해 열정도 꿈도 없는 사람, 뭐 하나 확실한 전문성도 없는 사람이라고요. 지금 이렇게 말하는 사이에도 머릿속에서 '맞아, 잘 아네' 같은 목소리가 들려요.

이 목소리가 누구 것인가 생각하다 보면 죄책감이 들어요. 왜냐하면 전 엄마를 무척 사랑하거든요. 엄마가 항상 절 사랑하신다는 걸 알고, 또 실제로 많은 사랑을 받았다고 느꼈어요. 하지만 엄마는 걱정이 많은 분이고, 항상 무엇이 부족한가만 생각하셨어요. 부정적인 분이셨죠. 엄마는 지금도, 그리고 과거에도 항상 자신에게 너무 가혹했어요. 누군가 칭찬하면 어쩔 줄을 모르셨죠. "라자냐가 참 맛있네요!"라고 하면 엄마는 "맛도 맹숭맹숭하고 치즈 범벅인데요"라고 답하는 식이었어요.

그런데 어쩐 일인지 엄마의 낮은 자존감이 언니들과 제게도 전염됐나 봐요. 우리는 항상 실패한 것만 생각하고, 우리가 못났다는 증거를 거기에서 찾죠. 그리고 어차피 안 될 거 시도도 하지 말자고 생각하게 돼요. 한번은 불어 과목에서 B 학점을 받고 세상이 끝난 것 같은 기분이 들기도 했어요.

　엄마도 좀 더 긍정적으로 생각하려고 노력하지 않는 건 아니에요. 하지만 항상 생각지도 못한 말 한마디에 그 노력이 절하되는 거예요. 전에 웨딩드레스를 입어보러 갔을 때, 탈의실에서 드레스를 입고 나온 저에게 엄마는 걱정 가득한 눈빛으로 입술을 오므리며 말했어요. "뭐, 결혼식 당일에는 부케도 들고 베일도 쓸 테니, 그 정도면 괜찮겠구나." 의도하지는 않았겠지만, 엄마의 불안과 낮은 자존감은 주변 사람들에게까지 상처를 주고 있었어요.

　이처럼 자기 자신에겐 무척 가혹했지만, 어머니가 옳은 적도 많았다고 일레인은 말했다(나 역시 그녀를 악인으로 묘사할 생각은 전혀 없다). 그러나 우리 대부분이 그렇듯, 일레인의 어머니 역시 자기 내면에 비판자가 존재한다는 걸 잘 몰랐을 것이고 특히 그런 비판의 목소리가 아이들에게까지 대물림된다는 사실 또한 몰랐을 것이다.

　그러나 일단 내면의 비판자를 인지하면 그 목소리가 던지는 말을 걸러 들을 수 있는 선택지가 생긴다. 일레인은 내면의 비판자에게 이렇게 대처한다고 말했다.

　무슨 일이 있어도 아이들에게는 이 자기 비하를 물려주지 않을 거예요. 내 아이들도 나처럼 실패를 두려워하며 살게 할 순 없어요. 너무 기운 빠지는 일이거든요.

　과거에는 내면의 비판자와 다투기도 했어요. 하지만 저는 언제나

지는 쪽이었죠(게다가 너무 많은 에너지와 집중력을 소모해야 했고요).
그러나 요즘에는 아예 그 목소리에 대꾸하지 않는 게 최선이라는 사
실을 알게 됐어요. 불편한 동료 직원을 대할 때처럼, '뭐, 그렇게 생각
하는 거야 네 마음이지' 생각하고 넘기는 거예요.

그리고 비판자가 말했던, 내가 절대 할 수 없을 거라던 일들을 해
보려 노력해요. 스스로 두려움을 극복함으로써 아이들이 그 공포를
답습하지 않도록 하고, 실패해도 괜찮다는 걸 보여주고 싶어요. 그래
서 다시 그림을 그리기 시작했죠. 포기하라는 내면의 소리에도 말이
에요. 내 그림을 평가하려고 하기보단 그림 그릴 때 무엇이 즐거웠는
지, 어떤 부분이 가장 마음에 드는지를 생각하려고 노력해요. 그러다
보니 자연스레 그림뿐 아니라 삶 전반에도 자신감이 생겼어요.

일레인이 취한 행동을 일련의 절차로 나누면 아래와 같다.

1. 첫째, 내면 비판자의 목소리를 알아챈다.
2. 그 목소리에 신경 쓰거나 반박하려 하지 않는다. 불편한 상대의
   말에 동조하지 않더라도 입장을 인정해줌으로써 그 사람을 떨
   쳐낼 수 있는 것처럼, 내면의 비판자에 대해서도 '그건 네 생각
   이지'라고 가볍게 여기고 지나가면 된다.
3. 내 영역을 넓혀 나간다. 내면의 비판자가 절대 못 하리라고 이
   야기했던 일들을 해나감으로써 자신감을 키울 수 있다. 스스로
   에 대한 확신이 들지 않을 때 이를 기억하면 자신감이 생길 것

이다.

4. 내면의 비판자를 아이에게까지 대물림하는 것이 얼마나 위험한 일인지 인지하게 되면 좀 더 주의해야겠다는 마음이 들 것이다.

연습 ∞ 내 안의 비판자 드러내기

노트와 연필을 꺼내 오늘 하루 나 자신에게 했던 비판적인 생각을 적어보자. 그중 과거에 남들이 나에게 했던 말이 몇 개나 있는가?

내가 이루고 싶은 일이 무엇인지 생각하고, 목표를 이루기 위해 무엇을 해야 할지 단계별로 정리해보자. 그 목표에 대해 내면의 비판자는 어떻게 말하는지 귀 기울이자. 혹시 당신의 기를 꺾을 만한 말을 하지는 않은지, 그 목소리가 사실은 당신이 아는 다른 누군가의 목소리는 아닌지 생각해보자.

좋은 부모와 나쁜 부모라는
평가의 함정

──── 이 책을 읽고 있다는 것 자체가 이미 좋은 부모가 되기 위해 최선을 다한다는 방증이다. 그럼에도 더 나은 부모 되기를 가로막는 장애물이 있으니, 바로 나 자신과 타인에 대한 평가다. 부모로서 스스로를 어떻게 평가하는가는 큰 골칫거리다.

'좋은 부모/나쁜 부모' 같은 딱지를 붙이는 것은 도움이 되지 않는다. 왜냐하면 너무 극단적이기 때문이다. 누구도 하루 24시간을 아이 곁에만 붙어서 완벽하게 돌볼 수 없고, 때로는 좋은 의도로 한 행동이 나쁜 결과를 불러오기도 한다. 그러나 '나쁜 부모'라는 타이틀을 얻고 싶은 사람은 없는 법이라 사람들은 실수를 저지르면(모두가 실수한다) 나쁜 부모라는 오명을 쓰기 싫어서 실수하지 않은 척한다.

'좋은 엄마' '나쁜 아빠' 같은 (혹은 그 반대의) 평가가 존재하기 때문에 '나쁜 부모'가 되는 굴욕을 피하고 싶은 우리는 작은 실수나 잘못에 대해서도 방어적으로 행동한다. 다시 말해 아이들과 잘

소통하지 못한 부분, 아이의 정서적 필요에 적절히 대처하지 못한 부분을 자세히 살펴보기를 거부한다. 아이와의 관계를 어떻게 하면 더 낫게 만들까 고민하지도 않는다. 그뿐만 아니라 스스로 잘한 일만 내세우고 잘하지 못한 일들은 그 뒤에 숨겨 '좋은' 엄마나 아빠라는 평가를 유지하려 한다.

그러나 부모가 자기 실수나 잘못을 직면하기 두려워하는 건 아이들에게 아무 도움이 안 된다. 여러 가지 실수(아이의 감정을 무시하거나, 그 밖에 우리가 저지른 여러 잘못)는 부모가 자신의 행동을 바꾸고, 상처를 치유할 수만 있다면 그다지 큰 문제가 아니다. 그러나 잘못에 지나치게 큰 수치심을 느껴 인정 자체를 거부하면 정작 진짜 잘못된 것을 바로잡을 수 없다. 그리고 '나쁜' 부모라는 평가는 수치심을 더욱 악화할 뿐이다.

엄마나 아빠 앞에 '좋은' '나쁜' 같은 수식어를 붙이지 않으면 어떨까? 세상에는 완벽하게 착한 사람도, 항상 나쁘기만 한 사람도 없다. 늘 투덜대면서도 솔직한 부모가 (대부분은 '나쁜' 부모라고 부를 테지만) 항상 상냥하고 웃는 얼굴이지만 속으로는 분노와 좌절을 안고 살아가는 부모보다 더 나을 수 있다. 이뿐만이 아니다. 우리 스스로에 대해 평가하려는 태도를 버려야 하듯이, 아이들을 평가하려 해서도 안 된다. 불편한 뭔가를 상자에 넣은 뒤 적당한 이름표를 붙여 마음속 어딘가에 넣어두고 잊어버리면 만족스러울지 모르겠지만, 이는 결국 우리 자신에게도 이로운 행동이 아니며 상자 안에 들어간 사람에게도 좋은 일이 아니다. 아이를 '착한 아이와 나쁜 아이'로(혹은 그 밖에 어떤 기준으로든) 구분 짓고 평가하는 것은 도움되지 않는 행동이다. 누군가가 나를 이미 어떤 사람('숫기없는 애', '야무지지 못한 애', '시끄러운 애' 등)으로 낙인찍은 상태에서 뭔가를 잘하기란 쉽지 않다.

인간은 항상 변화하고 성장하는 존재다. 어린아이는 더욱 그렇다. 아이에게는 항상 보이는 그대로를 이야기하고, 그중 구체적인 부분을 집어 칭찬하는 것이 좋다. '덧셈 문제를 풀 때 집중하는 모습이 돋보이던걸. 집중력이 좋구나'라는 칭찬이 '너 수학 잘한다'고 말하는 것보다 낫다는 의미다. 또 '이 그림을 그릴 때 많이 생각한 흔적이 엿보이는구나. 집이 웃는 것 같아 정말 예쁘다. 그림을 보는 나도 행복해지는 것 같아'가 '그림을 잘 그렸구나'라고 말하는 것보다 낫다. 아이들의 노력을 칭찬하고, 눈에 보이고 느껴지는 그대로를 이야기하며, 아이를 평가하지 말고 응원하는 것이다. 구체적으로 무언가를 찾아 묘사하고 칭찬하는 것은 '잘했어' 같은 모호한 칭찬보다 아이에게 더 큰 기쁨을 준다. 아이가 한 장 가까이 글을 썼는데 글의 구성이나 내용은 엉망이지만 알파벳 'P'를 정말 또박또박 잘 썼다면 '알파벳 P를 정말 또박또박 열심히 썼구나, 잘했어'라고 칭찬하라. 칭찬받은 아이는 다음번에 Q도, R도 더 잘 쓰려고 노력할지 모른다.

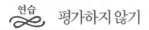

연습 평가하지 않기

스스로 한 일에 대해 나 자신을 평가하는 대신 내가 잘한 일이 무엇인지 찾아보고 그것을 인정하는 연습을 해보자. 그렇게 했을 때 어떤 기분이 드는지도 살펴보자. 예를 들어 '나는 빵을 잘 만들어'라고 말하거나 생각하는 대신 '확실히 빵 만들기에 집중하니 결과가 더 나아졌어'라고 생각하는 것이다. 아니면 '나는 요가를 못 해'라고 생각하지 말고 '드디어 요가를 시작했고, 지난주보다 훨씬 나아졌어'라고 생각해보자. 어떤 단어를 쓰는가가 중요한 게 아니라 (좋다, 나쁘다 같은 단어를 아예 쓰지 말자는 게 아니다.), 자신이나 타인에 대한 평가를 잠시 유보하고, 이미 내린 결론이라도 고집부리기보다 가볍게 생각하고 넘길 줄 알아야 한다는 이야기다. 이는 우리 자신뿐 아니라 아이에게도 훨씬 도움을 줄 것이다.

이 책을 시작하며 나는 아이가 아니라 부모인 당신에 관해 이야기할 것이라고 말한 바 있다. 왜냐하면 자녀가 어떤 사람인가(아직 태어나지 않은 아이라면 어떤 사람이 될 것인가)를 결정하는 건 수많은 유전자와 환경적 변수의 조합이며, 환경적 변수의 상당 부분은 부모인 당신이 제공할 것이기 때문이다.

부모인 당신이 자신을 어떻게 생각하는지, 그리고 아이의 언행에 대한 부모의 반응이 아이가 아닌 부모의 책임임을 얼마나 인지

하는가는 양육에서 무척 중요한 부분이지만 간과되고 있다. 문제의 원인을 아이에게서, 그리고 아이의 행동에서 찾는 것이 아이가 우리에게 미치는 영향과 우리가 아이에게 미치는 영향을 고민하기보다 훨씬 쉽기 때문이다. 물론 우리가 아이에게 어떻게 대응하는가 외에도 아이들이 속한 환경에서 무엇을 보고 느끼는가도 아이의 성격 특성과 특징을 형성하는 데 중요한 역할을 한다.

1장를 읽고, 아이가 촉발하는 감정에 나 자신이 어떻게 대응하는지 돌아볼 마음이 든다면 좋겠다. 무엇보다 자기 자신을 어떻게 대하는지, 내면의 비판자를 찾아냈으면 한다. 그리고 여러분 자신과 여러분의 양육 방식, 그리고 자녀를 평가하려는 태도를 내려놓기 바란다.

The Book You Wish Your Parents Had Read

2

환경

내 아이는

행복한 환경에

있을까?

최근 한 상담사가 난민 가족을 상담한 경험을 이야기해주었다. 그는 난민 가족의 어려움에 공감하려 노력했고, 집 없이 산다는 것이 어떤 것인지 이해하고자 했다. 그때 난민 가족의 한 아이가 그에게 이렇게 말했다고 한다. "우리 가족에게도 집은 있어요. 단지 집을 놓을 곳이 없다는 게 문제죠."

나는 이 이야기를 듣고 감동했다. 가족 구성원 간의 사랑과 관심이 서로에게 안전망이 되어 준다는 메시지를 담은 이야기였기 때문이다. 세상에 그런 안전망이 필요 없는 사람은 없을 것이다. 가정을 안식처처럼 느끼게 하는 관계를 맺으려면 어떻게 해야 할까? 2장에서는 아이가 마음껏 역량을 펼치도록 안전한 환경을 조성하는 방법을 이야기해보려 한다.

화목한 가족 관계가
아이의 행복을 결정한다

───── 아이에게 '환경'이란 결국 아이와 함께 생활하는 사람을 말한다. 아이의 자존감, 그리고 대인 관계 양상은 아이와 가족 구성원이 맺는 관계에 따라 결정된다. 가족 구성원은 부모일 수도 있고, 형제나 자매, 조부모일 수도 있으며, 돈 주고 고용한 전문 양육자나 가까운 친구일 수도 있다.

중요한 건, 이들 관계 속에서 자신이 어떻게 행동하는지 인지하는 것이다. 나는 가까운 사람들을 감사와 존중으로 대하는가, 아니면 화풀이 대상으로 삼는가? 가족 구성원 간의 관계는 아이의 인격 형성과 정신 건강 발달에 지대한 영향을 미친다. 아이는 개인이면서 동시에 전체 시스템의 일부분이기도 하다. 여기서 '시스템'이란 비단 가까운 가족뿐 아니라 학교, 자주 만나는 친구들, 그리고 아이가 속한 문화권 등을 이르는 말이다. 따라서 이 시스템을 살펴보고 당신과 당신 자녀에게 최선의 환경을 조성하도록 해야 한다. 그렇다고 완벽할 필요는 없다. 세상에 완벽한 환경이란 존재하지 않으니까.

가족 구조는 중요하지 않다. 핵가족이 아닌 사람들에게 이는 좋은 소식이다. 부모와 자녀로 이루어진 전통적인 가족 구조인지, 아니면 거기에서 벗어난 형태의 가족 구조인지는 중요하지 않다. 부모가 별거 중이든, 함께 살든, 공동체 생활을 하든, 심지어 삼자 동거를 하든 상관없다. 부모가 이성애자건, 동성애자건, 양성애자건이 또한 중요하지 않다. 많은 연구 결과를 통해 가족 구조 자체는 아이의 인지적, 정서적 발달에 거의 영향이 없다는 사실이 드러났으며 실제로 영국 내 전체 아동의 25퍼센트가량이 한부모 가정에서 성장한다. 이 편부, 편모 중 절반가량이 아이가 태어난 시점에 배우자와 함께 살고 있었다. 그러나 경제적 여건이나 부모의 교육수준 같은 요인을 고려했을 때, 한부모 가정에서 나고 자란 아이가 반드시 전통적인 가정환경에서 자란 아이들보다 더 낫거나 못하다고 할 만한 증거는 없었다.

아이에게 함께 생활하는 사람들은 곧 세계이고 전부다. 어떤 사람과 지내느냐에 따라 풍요롭고 사랑으로 가득한 어린 시절을 보낼 수도, 전쟁 같은 유년기를 보낼 수도 있다. 그리고 이 유년기의 환경이 '전쟁터' 쪽으로 너무 기울지 않도록 하는 것은 많은 어른이 생각하는 것보다 훨씬 더 중요하다. 집에서 마음 편히 있을 수 없는 아이, 자기 안전을 걱정해야 하고 가정에서 안정감을 느낄 수 없는 아이가 더 넓은 세상에 호기심을 갖기란 무척 어려운 일이다. 그리고 이러한 호기심의 결여는 곧 집중력과 학습 능력에 부정적

환경: 내 아이는 행복한 환경에 있을까?

영향을 미친다.

10대 청소년과 부모들을 대상으로 진행한 어느 설문 조사에서, 다음 문장에 동의하는지 물었다. '부부 관계가 화목한 것이 아이의 행복을 결정짓는 가장 중요한 요소의 하나다.' 이에 대해 부모의 33퍼센트만이 '그렇다'고 답하였지만, 청소년은 70퍼센트가 '그렇다'고 답했다.

부모나 양육자가 사이가 좋지 않을 때 아이가 겪는 심리적 고충이 어른의 눈에는 잘 보이지 않기 때문일 것이다. 부모로서 자녀가 고통받는 모습을 바라보기란 쉽지 않은 일임을 여러분도 잘 알 것이다. 바로 그렇기에 부모인 나의 행동이 자녀에게 고통을 주고 있다는 사실은 더욱 직시하기 어렵다.

어쩌면 자신의 행동을 정당화하거나, 혹은 행동을 바꾸는 것이 너무 어렵게 느껴져 좌절할지도 모른다. 특히 배우자나 다른 가족 구성원과 나의 관계를 되돌아본다는 것은 버겁고 힘들게 느껴질 수 있다. 여러분이 2장를 통해 배우자, 가족 구성원과의 관계 개선 방법에 관해 작은 힌트나마 얻게 된다면 기쁠 것이다.

부모의
빈자리 메우기

———— 배우자와 떨어져서 한쪽이 아이를 키우는 상황이라도 괜찮다. 중요한 것은 두 사람(당신과 배우자)이 서로 존중하고, 항상 상대방을 힐난하기보다는 서로의 장점을 인정하는 것이다. 물론 좋게 헤어지지 못한 커플이라면 불가능한 일처럼 보일 수 있다. 하지만 이것이 아이에게 얼마나 중요한 일인지 안다면 어렵더라도 꼭 노력해야겠다는 생각이 들 것이다. 아이들은 자신을 각 부모에게 소속된, 부모의 일부로 생각한다. 이처럼 존재의 근원이라고 할 수 있는 부모 중 어느 한쪽에 대해 계속해서 '나쁜' 사람이라는 이야기를 듣다 보면 아이 스스로 그 평가를 내면화하고, 결국 자기 자신이 '나쁜' 사람이라고 생각하기에 이른다. 또한 양쪽 부모 모두와 '의리'를 지키려고 편을 들다가 지쳐버리는 아이도 있다.

이 상황에서는 어떻게 행동해야 할까? 두 부모가 서로 협력하고, 소통이 원활하게 이루어져야 한다. 또한 무엇보다 아이가 부모 양쪽과 모두 정기적으로 친밀한 관계를 맺을 수 있어야 한다. 이런 환경을 제공해줄 수 있다면 아이가 우울감을 느끼거나 공격성을 내비칠 확률이 줄어든다. 부모 간에 명확하고 긍정적인 의사소통이 이루어질수록 함께 살지 않는 부모와의 관계에도 긍정적인 영향을 미친다. 부모가 갈라선 후 한쪽이(늘 그런 건 아니지만 보통 아버지 쪽이) 아이와 멀어지는데, 이때 아이는 상당한 괴로움과 화, 우울감, 낮은 자존감에 고통받는다. 영국에서는 이혼이나 별거로 부모가 갈라선 아이들의 4분의 1 이상이 이혼(또는 별거) 후 3년이 지나면 아버지와의 교류가 끊어진다고 하는데, 우려스러운 일이다.

물론 전남편, 전처와 원만한 관계로 지내기는 쉬운 일이 아니다. 지금부터 하려는 이야기가 이를 잘 보여준다. 멜에게는 여섯 살 난 아들 노아가 있다. 멜은 노아의 아버지인 제임스와 5년 넘게 사귀었다. 서로 다른 나라에 살면서 떨어져 있는 기간이 길었지만, 함께 있는 시간만큼은 즐겁게 보냈다. 멜의 사례는 다소 극단적인 것처럼 들릴지 모르지만, 전 배우자와 양육과 관련하여 갈등을 겪는 사람들에게는 도움이 될 것이다.

멜이 임신했다는 이야기를 들었을 때, 제임스는 당연히 멜이 임신중절수술을 할 것으로 생각했다. 그러나 멜은 아이를 낳겠다고 했고, 화가 난 제임스는 멜과의 관계를 완전히 정리하려고 했다. 현재 제임스는 두 사람에게 최소한의 양육비만을 지급하고 있다. 이마저 낯부끄러운 친자 확인 검사라는 절차를 거치고 나서야 겨우 동의한 것이었다. 제임스는 노아에게 어떤 아빠 노릇도 하고 싶지 않아 했다.

제임스와 비슷한 처지에 있는 사람들과 이야기해보면, 그들은 항상 지금의 삶이 좋다고 말한다. 만약 자식과의 관계가 중요하다는 사실을 인정하면 지금의 만족스러운 삶이 변해버릴지 모른다는 생각에 무섭고 위협을 느낀다고도 했다.

그러나 아이는 물건이 아니다. 당신의 아이는 당신 삶을 구성하는 여러 사람 중 어엿한 한 명이며, 무엇보다 당신에게 십여 년 넘게 의존할 수밖에 없는 존재다. 단순히 변화를 촉발하는 존재가 아니다. 또한, 설령 이기적인 관점에서 양육에 접근한다고 하더라도 아이를 기르는 일은 다른 무엇보다 삶을 풍요롭게 해준다.

또한 당신이 무시한다고 해서 있는 자녀가 없게 되는 것은 아니다. 슬픈 일이지만, 세상에는 자기 자식으로부터 도망치려는 부모가 있다. 마치 자식의 존재를 부인하거나 무시하면, 진짜로 자식의 존재가 사라지기라도 하듯이 말이다. 멜은 제임스에게 크게 실망했지만, 노아에게 사실대로 말하면 안 되겠다는 것을 본능으로 느꼈다. 그래서 노아가 아버지에 관해 물어볼 때면 제임스의 좋은 자질과 재능만 말해주었다. 혹시라도 나중에 제임스가 마음을 바꿔 노아에게 아버지 노릇을 하고 싶어지는 때가 온다면, 그동안 노아가 아버지에게 좋은 인상을 가지는 편이 훨씬 수월하리라 판단했던 것이다. 그러나 노아가 자라면서 더 많은 질문을 하자 이는 멜에게도 갈수록 힘든 일이 되었다. 멜은 만약 노아가 모든 사실을 알았을 때 아버지가 떠난 것을 자기 책임이라고 받아들이고, 자존감이 낮아지거나 자신의 성별에 왜곡된 시각을 갖게 될까 봐, 심지어는 노아가 성인이 됐을 때 행동에 부정적인 영향을 미치게 될까 봐 걱정했다.

이런 위험을 인지하고 있기에 멜은 노아가 함정에 빠지지 않도록 인도할 수 있을 것이다. 그렇다고 해도, 언젠가는 아버지의 부재가 노아의 가슴속 깊이 사무치는 날이 오지 않으리라는 보장은 없다. 이처럼, 완벽하게 대체할 수 없는 빈자리도 있다. 멜에게는 그녀와 노아를 아끼고 사랑하는 많은 가족과 친구가 있고, 이들이 어느 정도는 제임스의 빈자리를 채워줄 거라고 멜은 생각한다.

멜의 이야기를 소개한 것은 전 배우자와 원만하고 협조적인 관계를 맺는 게 항상 쉬운 일만은 아니라는 이야기를 하고 싶어서였다. 배우자 없이 혼자 자녀를 키울 때 우리가 할 수 있는 최선은 결국 자녀 앞에서 갈라선 배우자를 헐뜯지 않는 것, 더 나아가 스스로 비난하지 않는 것이다.

가족이란 고통을
함께한다는 것

—— 모든 부모는 아이가 어떠한 고통도, 걱정도 없는 삶을 살기를 바란다. 부모 자신이 배우자와의 관계에서 불행했기 때문에, 혹은 가까운 이들과의 관계에서 갈등을 겪었기 때문일 수도 있다. 그러나 자녀를 완벽하게 보호하기란 불가능하다. 고통과 해결되지 않는 의문, 기다림, 상실 등은 삶에서 떼어놓을 수 없는 일부분이다.

부모가 할 수 있는 일은 그저 자녀가 힘든 시간을 겪을 때 옆에 있는 것이다. 자녀가, 그리고 주변의 가까운 사람들이 당신을 필요로 할 때 그 자리에 있으면 된다. 자녀가 털어놓는 속내와 감정을 열린 마음으로 듣고 받아들이는 것이다. 괴로움 자체를 없애줄 수는 없더라도, 상대가 힘들다는 것을 부정하거나 밀쳐내지 않는 것만으로도 힘든 시기에 그 사람의 곁을 지킬 수 있다. 시련은 나누면 절반이 된다고 한다. 내 마음을 알고 함께하는 사람이 있다는 것만으로도 시련을 견디기가 훨씬 쉬워진다. 이에 관해서는 감정을 다룬 부분에서 더 자세히 이야기하겠다(3장 감정 참조).

아이가 몰고 올
변화에 적응하기

──────── 부모 양쪽이 함께 아이를 기르는 가정이라면 두 사람이
서로에게 보여주는 사랑과 선의, 존중과 배려가 아이에게 안정감
을 줄 수 있다. 그러나 아이를 키워본 사람은 알 것이다. 아이를 기
른다는 건 부부 사이에도 엄청난 부담과 스트레스이기도 하다. 아
이가 태어나면 더는 마음 가는 대로 즉흥적으로 행동할 수 없다.
배우자나 친구들과 오붓하게 보내는 시간도 포기하게 된다. 혼자
만의 시간을 갖기란 불가능에 가깝다. 당신이나 배우자가 성관계
를 대하는 태도도 변할 수 있고, 성관계할 기회 자체가 줄어든다.
수면 시간이 불규칙해지고, 무엇보다 수면 시간 자체가 줄어든다.
부모나 가족 구성원 간에 육아 철칙에 관한 의견 차이가 발생하기
도 하고, 관계 속 역할이 달라지기도 한다. 일하는 방식도 달라진
다. 특히 아이가 태어난 뒤 직장을 그만둘 때는 자존감이 떨어지는
경험을 하기도 한다. 아이는 대인 관계에도 영향을 미친다. 예전에
함께 일하던 직장 동료와 점차 연락이 줄어들 것이고, 심지어는 아

이가 우선순위가 되면서 친구와도 멀어지게 된다.

그 외에도, 아이가 태어남으로 인해 변하는 것은 한둘이 아니다. 배우자와 나, 단둘이던 관계가 아이를 포함한 '가족 관계'로 변하는 과정도 적응이 필요하다. 그리고 겨우 익숙해졌다는 생각이 들 무렵이면 아이와 가족이 함께 성장하면서 관계도 다시금 변화한다. 이런 변화 탓에 배우자를, 또 아이를 원망하는 마음이 들 수 있다. 참고로 말해 두자면, 그 원망이 누구를 향한 것이든 상관없이 (설령 자기 자신을 향한 것이라도) 그 마음을 인정해야 한다. 스스로 마음을 인정하지 않으면 화풀이를 하거나 짜증을 내고서도 책임지려 하기보다 스스로 정당화하고 싶어지기 때문이다.

삶은 변화의 연속이다. 변화에 저항하려 하기보다는 이를 받아들이고, 적응하고, 수용하는 쪽이 훨씬 실용적이다. 지나간 날의 삶을 되돌리려 애쓰기보다는 융통성을 발휘할 방법을 모색하는 쪽이 더 효과적이다. 물론, 때때로 예전의 삶이 그리워질 수 있다. 그렇다 해도 새로운 삶을 받아들이고 적응하기 위해 노력해야 한다.

앞서 소개한 마크의 사례를 기억하는가? 연인이던 마크와 토니에게 아들 토비가 생기면서 관계의 성격이 가족으로 바뀌었다. 처음에 마크는 이런 변화를 거부하려 했고, 자신의 삶이 갑자기 송두리째 바뀐 것 같은 기분에 분개했다. 그러나 마크는 자신이 느끼는 원망과 분개의 감정이 어린 시절에 기인한 것임을 알게 되면서 변화를 받아들였다. 더 나아가 육아를 귀찮고 성가신 의무가 아니라 아이에게 꼭 필요한 교류의 시간으로 인식하면서 더욱 적극적으로 임하게 되었다. 마크는 육아가 엄마뿐 아니라 아빠의 일이기도 하며, 함께 맡을 책임이라는 사실을 받아들였다. 마크가 육아에 적극적으로 임하면서 아내에게는 더 많은 여유가 생겼고, 항상 아기에게만 신경 쓰는 대신 자신의 원래 모습을 되찾게 되었다.

사랑하는 사람과 현명하게
말다툼하는 방법

────── 대부분 가족은 말다툼을 한다. 하지만 말다툼이란 결국 갈등을 해결하는(또는 심화하는) 하나의 방법일 뿐이다. 단순히 의견 차이가 있다는 사실만으로 가족 관계나 아이의 성장 환경이 나빠지지는 않는다. 사이좋은 부부 사이에서도, 또 화목한 가정에서도 의견 차이는 존재하며, 논쟁도 일어난다. 이는 부인할 수 없는 사실이다. 차이점이라면 이들은 싸우는 동안에도 서로 존중하고 소중하게 여기며, 상대방의 감정이나 생각이 나와 다를 수 있음을 인정한다는 것이다.

이제 말다툼에 관해 하나하나 살펴보도록 하자. 말다툼에는 언제나 맥락이 있다. 즉, 왜, 무엇 때문에 싸우는가 하는 것이다. 그리고 이 다툼을 내가, 그리고 상대방이 어떻게 느끼는가도 중요하다. 마지막으로 이 갈등을 해결하기 위해 어떻게 말하고 행동할 것인가, 즉 다툼의 과정이 존재한다.

의견 차이를 좁히려면 우선 다툼의 맥락에 관해 내가 느끼는 바를 상대방과 공유하는 것이 중요하다. 다음으로 상대방이 그에 대해 어떻게 느끼는지를 알고 그것을 고려할 수 있어야 한다. 서로의 감정을 무시하고 다투다 보면 오히려 논쟁이 더 과격해지는 경험을 하게 된다. 나는 이를 '팩트 테니스'라 부르는데, 논쟁에서 이기려고 상대방의 약점을 찾아 단편적인 사실(팩트)과 논리만을 주고받는 상황을 말한다. 이런 식으로 다투다 보면 논쟁의 목적 자체가 갈등 해결이 아니라 '상대방을 이겨 먹는' 것이 된다. 서로의 차이를 인식하고 그 간극을 좁히기 위해서는 상대를 이기는 것보다 이해하고 타협하려는 태도가 중요하다.

설거지를 언제 하는가를 놓고 가족 간에 흔히 벌어질 수 있는 말다툼을 예로 들어 설명해보겠다. 즉, 여기서 논쟁의 맥락은 설거지이고, 가족 구성원 각자가 이에 관해 생각하고 느끼는 바가 다른 상황이다. 여기서 내가 말한 '팩트 테니스'를 하면 어떻게 되는지 살펴보자.

공격수: 밥을 먹고 설거지를 바로 하지 않으면 음식이 그릇에 눌어붙잖아. 나중에 가서 하려면 씻어내기가 더 어려워진다는 거지. 그러니까 먹자마자 바로 설거지해야 해.

수비수: 그릇이 얼마 없을 때는 그대로 두었다가, 어느 정도 모이면 한꺼번에 하는 게 시간 활용에는 훨씬 효율적이야.

공격수: 음식 찌꺼기가 묻은 그릇을 내버려 두면 비위생적이야.

수비수: 설령 세균이 생긴다고 해도, 나중에 설거지할 때 한꺼번에

씻어내면 되잖아?

공격수: 세균뿐만 아니라 파리도 꼬여.

수비수: 겨울인데 파리는 무슨 파리! 설거지 안 했다고 파리가 생기는 건 본 적 없어.

이런 식의 논쟁이 계속된다. 그러다가 마침내 한쪽이 더 던질 팩트나 논리가 없어서 '패배'하게 되면, 그 사람이 상대방에게 사랑과 애정을 느낄까? 천만의 말씀이다. 논쟁에서 '승리한' 쪽은 기분 좋을지 몰라도 그것은 가족을 짓밟고 얻어낸 승리라는 사실을 기억해야 한다.

그런가 하면 갈등의 원인이 되는 문제를 직접 다루지 않고 은근슬쩍 주제를 바꾸는 식으로 견해차나 갈등에 대처하는 사람들도 있다. 나는 이를 가리켜 '회피 전략'이라고 부른다. 예컨대 설거짓거리가 싱크대에 쌓인 것을 보고서도 문제를 지적하는 대신 다른 이야기를 꺼내거나 다른 쪽으로 주의를 돌리는 행동을 하는 것이다. 이렇게 하면 다툼을 미룰 수 있을지는 모르지만, 서로의 의견 차이를 완전히 회피하는 것은 건강하지 못하다. 다툼을 회피한다는 건 사실 서로 친밀해질 기회를 회피하는 것과 같다. 왜냐하면 서로 허심탄회하게 이야기할 수 없는, 피하게 되는 주제가 많아질수록 서로의 속내를 털어놓고 가까워질 기회도 줄어들기 때문이다.

세 번째 갈등 유형은 '순교자'형이다. 집에 오자마자 '설거지는 놔둬, 그냥 내가 할게'라고 말하는 스타일이다. 이런 양보가 계속돼도 '순교자'의 주변 사람들이 그에게 부채감을 느끼는 일은 없다. 오히려 순교자 쪽에서 '폭발'하거나 주변 사람들을 비난하고, 심지어는 네 번째 유형인 '박해자'가 되어 모욕적인 말을 던지기 시작한다.

박해자로 돌변한 사람은 다음과 같은 말을 한다. "당신은 어쩜 그렇게 이기적이야? 설거지하는 걸 한 번도 못 봤어. 사람이 어쩜 그렇게 더럽게 살아?" 당신이 누군가에게 이런 말을 들었다면, 맞받아치거나 최소한 말대꾸라도 하고 싶지 않겠는가?

앞에서 소개한 네 유형 모두 행복한 가정환경을 조성하는 데는 도움이 되지 않는다. 집안에서 어른들이 싸우면 아이들은 위기감을 느낀다. 자신의 안정적인 기반이 흔들린다고 생각하기 때문이다. 그 결과 더 넓은 세상에 대해 개방적이고 호기심 어린 태도로 접근하기 어려워진다. 가정에서의 갈등을 일종의 비상 상황으로 인식해 모든 주의를 거기에 쏟기 때문이다.

그렇다면 어떻게 말다툼을 해야 할까? 의견 차이를 좁히고자 할 때는 한 번에 한 가지 문제만 이야기하도록 하자. 그리고 나와 상대방이 왜 이 문제를 갖고 싸우는지, 그 진짜 이유도 생각해보자. 평소에 불만 사항을 쌓아두었다가 한꺼번에 쏟아내는 일이 없도록 해야 한다. 상대를 공격하려 하지 말고, 그 문제로 어떤 감정이 드는지 설명하는 것부터 시작하라. 다시 한번 설거지 예시를 들어보자면 다음과 같다.

"아침에 설거지를 다 해 놓고 갔는데, 퇴근하고 와서 또 설거지

할 게 잔뜩 쌓여 있으면 너무 우울하고 지치는 기분이 들어. 당신이 낮에 설거지를 하면, 퇴근 후에 내 기분이 훨씬 좋을 것 같아."

이상적인 갈등 해결의 시작은 이기려 하지 않고 이해하려 하는 것이다. 위와 같이 이야기한다면 상대방도 "그래, 그럴 수 있을 거 같아. 당신이 우울해지는 건 나도 싫어. 할 일이 너무 많아서 그랬던 것뿐이야. 하지만 집에 왔는데 더러운 그릇이 쌓여 있으면 나라도 기분이 좋지는 않을 것 같아"라고 말하기가 더욱더 쉬워질 것이다. 그에 대해 당신은 아마 "맞아, 당신도 낮에 아주 바쁘지. 일거리를 얹어주려 해서 미안해. 당신이 그릇을 물에 불려만 놓으면, 내가 저녁에 와서 설거지하는 건 어때?"라는 식으로 답할 수 있을 것이다.

논쟁할 때 가장 중요한 것은 '당신' 화법이 아니라 '나' 화법을 사용하는 것이다. 예컨대 '당신은 전화할 때 사람 말을 무시해'가 아니라 '전화할 때 내 말에 답을 안 하면 속상해'라고 말하는 것이다. 타인에게 '넌 이러이러한 게 문제야' 혹은 '넌 이러이러한 사람이야'라는 말을 듣고 싶은 사람은 없을 것이다. 특히 부정적인 평가라면 더욱 그럴 것이다. 따라서 단순히 나의 처지에서, 내가 어떻게 느끼는가를 중점적으로 말하면 문제의 핵심을 상대가 아니라 나에게 가져올 수 있고 상대방도 훨씬 편한 마음으로 당신의 이야기를 들을 수 있다.

물론 세상에 100퍼센트 '성공'을 보장하는 화법이란 없다. 여기서 '성공'이란 말싸움에서 이겨 내가 원하는 바를 얻어내는 것이다. 그러나 관계 맺기란 결국 상대방을 내 마음대로 조종하는 것이 아니라 원만한 사이를 유지하는 것이다. 내 감정과 내가 원하는 바를 솔직하게 이야기함으로써 만족스러운 관계를 맺을 수 있다. 반대로 내가 원하는 방향으로 상대를 조종하려 한다면 그 사람과 깊은 유대감을 맺기란 어려울 것이다.

'당신' 화법 대신 '나' 화법 사용하기, 나 자신의 감정을 솔직하게 이야기하기, 그리고 상대방의 감정을 이해하고 인정하기. 이 세 가지야말로 가정 안에서 불가피하게 발생하는 의견 차이를 줄이는 최고의 방법이다. 이런 대화법은 부부간의 적대적 태도를 누그러뜨리고, 이해를 도모하기 때문에 아이에게도 더 안정적인 환경을 제공할 수 있다. 그뿐만 아니라 부모의 모범 사례를 보고 자란 아이 역시 상대방을 존중하는, 정서 지능이 높은 성인으로 성장할 가능성이 크다.

다툼은 여러 가지 이유로 발생할 수 있다. 개중에는 전혀 그런 의도가 아니었음에도 한쪽이 상대방에게 '공격받았다'고 느껴서 싸움이 일어날 때도 있다. 아래의 예는 여느 가정에서나 발생할 수 있는 상황이다(나는 이들을 가죽 재킷 부자라고 부른다).

올해 스물두 살의 대학생 조니가 아버지의 오래된 가죽 재킷을 보고 말했다. "아빠, 아빠 나이에는 이제 이런 거 안 입으시죠? 제가 입어도 돼요?"

한편 아버지 키스는 교사다. 온종일 학교에서 조니 또래 아이들에게 시달렸던 그는 '요즘 애들은 이해할 수 없어'라는 생각, 그리고 무엇보다 자신이 시대에 뒤처졌다는 생각에 기분이 좋지 않았다. 그런 상황에서 조니가 아버지의 아픈 곳을 찔렀다. 키스는 화를 내며 이렇게 말했다. "이 녀석 보게? 왜, 아예 아빠가 사라지라고 기도라도 하지? 아빠 물건이 그렇게도 탐이 나?"

아버지가 왜 화를 내는지 이해할 수 없었던 조니는 아버지가 이유 없이 자신을 공격했다고 생각하게 된다. "아니 아빠, 왜 그렇게 화를 내세요? 그냥 물어본 거예요. 아빠는 왜 항상 저를 못 잡아먹어 안달이세요?"

"너를 못 잡아먹어서 안달인 게 아니라, 아빠가 무슨 한물간 노인네라도 된 것처럼 말하니까 그런 것 아니냐."

사실 이 정도는 그리 심각한 말싸움도 아니고, 아마 키스가 조니에게 재킷을 던지며 '그래, 너 가져라' 하고 끝났을 가능성이 크다. 조니도 '이런 구닥다리를 어떻게 입어요, 아빠나 실컷 입으세요' 정도로 받아쳤을 것이고, 두 사람은 아마 웃으면서 좋게 마무리했을 것이다. 그러나 이 다툼이 왜 일어났는지를 모른 채로 그냥 넘어가면 두 사람 다 조금은 찝찝한 마음으로 생활할 것이고, 어쩌면 비슷한 이유로 다시 싸울 수도 있다.

둘 사이에 가상의 현명한 중재자가 있다고 치고, 두 사람이 왜 싸우게 되었는지를 다시 한번 살펴보자.

"녀석은 내가 빨리 죽었으면 하나 봐요." 키스가 말한다.

"아뇨, 전 그냥 재킷이 갖고 싶었을 뿐이에요." 조니가 대답한다.

"그 말이 그 말이지." 키스가 말한다. 그러나 속으로는 '그 말이 그 말'이 아님을 키스도 알고 있다.

중재자가 말한다. "재킷이 갖고 싶다는 게 당신이 죽었으면 좋겠다는 이야기는 아니에요, 키스. 하지만 오늘 당신 기분이 유독 좋지 않아서 그렇게 들렸던 거겠죠. 하지만 조니는 그 사실을 몰라요. 그리고 키스, 당신은 아들이 한 말에 상처받았고요. 그래서 아들에게 갚아주고 싶은 마음에 날카롭게 대꾸한 것이지만, 당신이 상처받았다는 사실을 모르는 조니는 오히려 공격받은 쪽은 자신이라고 느꼈을 거예요."

"정말 그랬어요." 조니가 말한다.

키스는 대답이 없다. 그래서 중재자는 다시 그에게 말한다. "공격받은 기분이 든다고 해서, 반드시 상대방이 당신을 공격한 건 아닐 수도 있어요, 키스."

"내 나이에는 이런 옷을 입을 수 없다잖아요!" 키스가 방어적으로 답한다.

중재자는 말한다. "조니가 한 행동은 건조한 사실을 내세워 자신의 감정을 숨긴 거예요. 어린 시절 부모님이 '팩트 테니스'를 주고받는 걸 보고 배운 거죠. 키스, 당신은 아마도 나이가 든다는 걸 받아들이기 어려워하는 것 같네요. 그래서 젊은 시절을 상징하는 물건들, 예컨대 그 가죽 재킷 같은 것에 집착하는 거고요. 그런 감정을 느끼는 건 전혀 잘못된 게 아니에요. 솔직하게 감정을 이야기할 수 있으면 되는 거죠."

그리고 두 사람이 허심탄회하게 속내를 털어놓는다면, 아래와 같은 대화가 가능할 것이다.

"아빠, 이 가죽 재킷 진짜 괜찮네요. 제가 입어도 돼요?"

"아빠도 주고 싶은데 말이다, 사실 이 재킷은 내가 무척 아끼는 거란다. 아직 너에게 물려줄 마음의 준비가 안 된 것 같구나. 내가 앞으로 이 옷을 입을 일이 얼마나 있겠느냐마는, 이 옷을 입을 일이 없는 나이가 되었다는 사실을 받아들이는 데는 좀 더 시간이 필요할 것 같다. 젊은 시절 입었던 옷을 보고 있으면 마음의 위안을 받곤 하거든."

"죄송해요. 제가 경솔하게 말을 꺼내서 마음을 불편하게 해드린 것 같네요."

"아니, 아니야. 불편해도 직면해야 하는 일이지. 사실 학교에서 네 또래 젊은 아이들이 하는 이야기를 이젠 이해하기도 어려워. 그래서 더 늙은이처럼 느껴지는 것 같아."

"무슨 이야기를 하는데요?"

"얼마 전에 소셜미디어라는 게 뭔지 설명을 들었는데, 들어도 잘 모르겠구나. '맞팔' 한다는 게 무슨 뜻이냐?"

"그거요? 별거 아니에요. 제가 설명해드릴게요."

연습 말다툼 해체하기

사랑하는 사람과 마지막으로 했던 말다툼을 떠올려보라. 누가 옳고 누가 틀렸는지에 대한 집착을 내려놓고, 앞의 조니와 키스 예시에서처럼 다툼의 요소를 하나하나 해체해보는 것이다. 그리고 나서 앞에서 한 것처럼 전체적인 상황을 전지적 시점에서 바라보고 나와 상대가 각자 어떤 감정을 느꼈을지 생각해보자. '현명한 중재자'가 있다고 상상하고 어떻게 하면 말다툼을 좀 더 생산적으로 바꿀 수 있을지 생각해보자.

껄끄러운 주제로 대화해야 할 때, 혹은 상대방이 나를 짜증 나게 하거나 말다툼할 것만 같을 때 기억해야 할 내용을 간략하게 정리하면 아래와 같다.

1. 자신의 감정을 인지하고, 상대방이 느끼는 감정도 고려하라. 무조건 내가 생각하는 것만이 '옳고' '현명하다'거나 상대방이 하는 말은 모두 '틀리고' '뭘 모르는 소리'라고 치부하지 말라는 이야기다. 관계에서 어느 한쪽이 항상 자신만 옳다는 식의 독선적인 태도를 보이는 것만큼 인간관계에 해로운 것도 없다. '옳고 그름'을 따지지 말고, 각자의 감정과 마음에 집중해보자.

2. 상대방이 아니라 내가 어떤 상태인가를 설명하라. 다시 말해, '당신' 화법 대신 '나' 화법을 사용하자.

3. 상대의 말에 반사적으로 '반응'하지 말고 의식적으로 '반추'하

라. 그렇다고 상대방의 말에 답하기 전에 항상 깊이 고민하라는 건 아니다. 때로는 즉흥적으로 대답해도 괜찮다. 하지만 상대와의 대화에서 짜증이 나거나 화가 난다면 잠시 멈추고 그 이유를 생각해보라는 이야기다. 앞의 예시에서 만약 키스가 그렇게 했다면 아들이 재킷을 갖고 싶다고 했을 때 화가 난 이유가 사실은 아들 탓이 아니었음을 알 수 있었을 것이다.

4. 마음속의 맨살을 드러내기를 두려워하지 말자. 앞의 예시에서 키스는 늙음을 두려워하고 있었고, 그런 취약한 부분을 드러내고 싶지 않아서 자신의 두려움을 '화'라는 감정으로 포장했다. 하지만 이렇게 마음속에 존재하는 여린 부분을 인정하고, 나 자신의 정체성을 열린 마음으로 수용할 때 비로소 진정 가까운 관계를 맺을 수 있다.

5. 상대방의 의도를 지레짐작하지 말자. 상대방이 꺼낸 말이 어떤 의도일 것이라고 넘겨짚거나 상대방에게 자신을 투사하지 말고, 상대방이 어떤 감정을 느끼는지 상상해보라. 내 생각이 틀렸다면 틀렸다고 담담히 인정하면 된다. 나 자신과 대화 상대방의 감정을 이해한다는 것은 이견 조율의 초석이 될 뿐만 아니라 기능적인 인간관계와 공감적 양육의 기반이기도 하다. 이렇게 타인과 교류하는 데 '너무 늦은 때'란 없다.

부모가 이렇게 행동하면 자녀가 타인과 관계 맺는 양상 또한 눈에 띄게 빨리 개선된다.

상대방을 위하는
마음 충전하기

—— 부부나 가족 관계에서 상대방의 감정을 헤아리고 수용하기 위해 노력한다는 건 결국 서로가 서로에게 호의가 있어야 가능한 일이다. 만일 상호 간에 상대를 위하는 마음이 바닥났다고 느낀다면 '충전'이 필요하다.

그런데 상대방을 향한 호의는 어떻게 충전할까? 여기에 크게 두가지 방법이 있다.

첫째, 상대가 교감이나 관심을 요구할 때 외면하지 않는 것. 둘째는 상대방을 적으로 여기지 말고 오히려 그 존재를 통해 위안을 얻는 것이다. 다시 말해 협력과 협동을 하되, 경쟁하지 말라는 이야기다.

심리학자 존 가트맨John Gottman과 그의 동료 연구자 로버트 레빈슨Robert Levenson은 1986년 워싱턴 대학에 '사랑 연구소Love Lab'를 설치했다. 그들은 이곳에 커플을 모으고 관계에 관한 대화를 나누도록 했다. 구체적으로는 연인 간에 했던 말다툼 내용, 처음에 어떻게 만나게 되었는지, 함께 공유하는 긍정적인 기억은 무엇인지 등을 물어보았다.

그리고 실험에 참여한 커플에게는 대화하는 동안 스트레스 정도를 측정하는 장비를 부착했다.

겉보기에 모든 커플이 무척 평온한 상태로 대화하는 듯 보였지만, 그들의 스트레스 지수는 전혀 다른 진실을 말하고 있었다. 실제 평온한 상태로 대화를 나눈 커플도 있었지만, 적지 않은 수의 커플이 대화 도중 심박 수가 올라가고, 땀을 흘리는 등 '투쟁-도피 반응'과 유사한 신체 반응을 보여주었다.

이 실험의 백미는 6년 뒤 이루어진 후속 연구에서 나타났다. 실험 당시 높은 스트레스를 보인 커플은 6년 뒤 이미 헤어졌거나, 여전히 사귀고 있다면 역기능적 관계를 맺고 있었다. 가트맨은 이들 커플을 '전쟁 같은 사랑'으로 불렀다. 한편 최초 인터뷰에서 평온한 상태로 대화를 나누었던 커플을 '천생연분'이라고 명명했다.

데이터를 살펴보면, '전쟁 같은 사랑' 그룹에 속한 커플들은 논쟁할 때 상대방을 일종의 위협으로 받아들이는 것으로 나타났다. 즉, 연인이 나에게 우호적이지 않고 적대적일 것으로 생각했다. 오랜 기간 수천 쌍의 커플을 연구해온 가트맨은 커플이 논쟁할 때 나타나는 스트레스 지수가 높을수록 '전쟁 같은 사랑' 그룹에 속할 확률이 높고, 이들은 헤어지거나 역기능적 관계를 맺을 확률 또한 더 높았다고 말했다.

그렇다면, 이 연구 결과를 통해 우리가 알 수 있는 바는 무엇인가? 배우자와 함께 있으면 스트레스를 받거나 위협을 느끼는 사람일수록 상대를 적대적이고 차가운 태도로 대할 확률이 높다. 관계를 경쟁이나 싸움으로 인식하고, 모든 논쟁이 이기고 지는 문제라고 인식하는 사람은 배우자나 상대에게 호의보다 적개심을 느끼는 것이 당연하다. 관계의 악순환이라고도 할 수 있다. 항상 상대방을 이기고 앞서 나가야 한다는 믿음이 우리 문화에는 만연하다. 광고만 봐도 알 수 있다. 타깃으로 삼은 소비자들에게 남들보다 우월하다는 생각을 심어주려는 의도가 공공연하다. 이보다 더 흔하게 쓰이는 전략은 타깃 소비자들이 스스로 성적 매력이 있다고 느끼게 하는 것밖에 없다.

반대로 함께 있을 때 평온하고 안정감을 느낀 커플들은 서로에게 더 따뜻하고 애정 어린 태도를 보여주었다. 가트맨은 또 다른 실험에서 휴일을 함께 집에서 보내는 130쌍의 커플을 관찰하였다. 그는 이들 커플이 함께 있을 때 교감을 요청하는 신호를 보낸다는 걸 알아냈다. 예컨대 한쪽이 책을 읽다가 흥미로운 내용을 발견하고 다른 쪽에게 '책에 이런 게 있어'라며 말을 거는 것이다. 그때 상대방이 자신이 읽던 책을 내려놓고 귀를 기울이면 교감의 욕구가 충족된다. 이처럼 커플들은 상호 간에 관심과 정서적 지지를 받고자 한다.

교감 요청에 제대로 응답하면 파트너의 정서적 필요를 충족시킬 수 있다. 6년 뒤 후속 연구에서 이들 커플을 살펴보았을 때 이별한 커플들은 최초 실험에서 상대방의 교감 요구에 평균적으로 열

번 중 세 번 정도만 응답했던 것으로 나타났다. 매일 이루어지는 사소한 교감이 모여 상대를 향한 호의를 형성하고, 나도 받은 것을 베풀겠다는 마음을 품게 된다. 이런 호의가 없는 관계는 존속할 수 없다. 즉, 성공적인 커플 관계의 열쇠는 상대방을 향한 관심과 반응이라고 할 수 있다. 이는 커플뿐 아니라 모든 관계에도 적용되는 이야기며, 특히 아이들과의 관계에서 그러하다.

관심을 요구하는 신호에 반응하는 것 외에도 우리의 행동에 따라 서로에 대한 선의를 충전할 수도, 반대로 고갈시키게 될 수도 있다. 배우자나 가족, 그리고 특히 자녀에게 감사한 점을 스스로 상기하는 것이다. 반대로 상대방의 실수나 잘못만을 눈에 불을 켜고 찾으려고 노력할 수도 있을 것이다. 주위 사람들에게 감사하고 그들을 소중히 대할 것인가, 아니면 비판할 것인가는 당신의 선택이다. 단, 내가 그 주위 사람이라면 나를 소중히 여기는 사람과 있고 싶을 것이다. 주위 사람들에게 친절하게 대하는 것은 전적으로 당신의 선택이다. 한 가지 다행인 것은, 친절이 전염된다는 것이다. 당신이 일방적으로 호의를 베풀기 시작하면 머지않아 배우자도 이 태도를 습득하여 똑같이 돌려줄 확률이 높다는 연구 결과가 있다.

매일 비판만 하던 태도를 고쳐 주변인들에게 감사하는 마음을 품는 것은 커플이나 가족 관계에서뿐만 아니라 인생 전반에도 중요한 일이다. 내가 어릴 때 우리 가족은 감사보다는 비판에 조금 더 치우친 분위기였다. 그런 분위기를 바꾸기 위해 정말 많이 노력해야 했다. 그런데도 가끔 옛날 습관이 튀어나올 때가 있는데, 마치

환경: 내 아이는 행복한 환경에 있을까?

비판과 힐난이라는 해로운 연못에서 헤엄치는 느낌이 들곤 한다.

호의를 베푼다는 게 꼭 자기주장을 안 한다거나, 항상 양보만 한다는 의미는 아니다. 친절해지기로 했다고 해서 화가 나는 감정을 숨기거나 참을 필요는 없다. 그저 상대방을 비난하거나 모욕하지 않고 단지 당신이 어떤 감정을 느끼는지, 그 이유가 무엇인지 설명하면 된다.

또한 설령 내가 그럴 의도가 아니었다고 해도, 나의 말이나 행동이 가족의 다른 일원을 화나게 하거나 속상하게 할 수 있음을 알아야 한다. 우리가 한 말이나 행동이 그럴 의도가 아니었음에도 다른 사람을 속상하게 했다면, 방어적 태도를 보이지 말고 상대방의 감정을 귀 기울여 듣고 인정해주어야 한다. 사람은 모두 같은 것을 보고도 다른 감상을 느낀다. 상대가 느낀 것이 나와 다르다고 해서 그걸 틀렸다고 해서는 안 된다. 이는 존중해야 할 차이일 뿐 누구의 감상이 맞고 틀리느냐를 놓고 다툴 일이 아니다.

인간관계를 맺는 법에 관한 조언은 아주 많다. 가족 관계나 연인 관계에서 사소한 것에 신경 쓰지 말라는 조언이 있는가 하면, 오히려 사소한 것들이 쌓이고 쌓여 커지기 전에 미리미리 대화를 나누라는 조언도 있다. 그러나 내 생각에 가장 중요한 것은 상대방의 마음을 헤아리는 것이다. 설령 나는 그렇게 느끼지 않는다고 해도 말이다. 상대의 마음을 있는 그대로 인정해주고, 그리함으로써 내 마음도 있는 그대로 인정받을 수 있다면 좋을 것이다. 서로의 말을 경청하고, 이해하고, 공감하는 과정에서는 모두 이득을 얻는다. 가족 관계에서 무엇보다 이 세 가지를 우선시해야 하는 이유다. 이와 같은 가정환경에서 아이들은 마음껏 나고 자랄 수 있을 것이다.

 상대방이 보내는 교감 요청 신호 알아차리기

다른 가족 구성원이 관심이나 교감을 원하는 신호를 보낼 때 이를 민감하게 알아차리고, 가능하다면 이를 외면하기보다는 받아주도록 해보자. 요청을 보내는 이는 배우자나 부모, 아니면 자녀일 수도 있다. 인연이란 소중한 것이다. 상대가 보내는 신호를 알아차리고 받아주는 것만으로도 관계를 건강하게 유지하는 데 많은 도움이 된다.

우리 각자는 개인인 동시에 더 큰 시스템의 일원이며, 또한 환경 조성에 이바지하는 존재다. 2장에서 살펴보았듯, 이런 시스템과 환경을 아이들이 성장하기에 더 바람직한 곳으로 만들기 위해 우리 각자가 할 수 있는 일들이 적지 않다.

The Book You Wish Your Parents Had Read

3

감정

나는 왜

감정을

참지 못할까?

부모가 되면 누구보다 잘 알 수 있다. 인간은 이성보다 감성이 앞서는 동물이라는 것을 말이다. 특히 아이들은 무엇보다 감정이 앞선다. 자녀가 느끼는 것에 부모가 어떻게 반응하고 대처하는가는 매우 중요하다. 왜냐하면 사람은 누구나(이 책을 쓴 나도, 읽고 있는 여러분도) 자신이 중요하고 소중하다고 생각하는 사람에게 자신의 감정을 표현하고 이해받고 싶어 하기 때문이다. 이는 인간으로 기능하기 위한 근본적인 전제 조건이기도 하다.

아기들은 순수하게 감정으로만 가득 차 있다. 감정 덩어리라고 불러도 좋을 정도다. 물론 때로는 아기가 무엇을 원하는지 알 수 없어 애를 먹기도 하고, 우는 아기를 몇 시간씩 어르고 달래야 할 때도 있다. 하지만 그런 모든 노력이 모여 아기의 정서 건강의 기반이 된다. 생후 첫 몇 년 동안 부모가 아기의 감정을 무시하지 않고 잘 들어주면, 아기는 나쁜 일이 생겨도 곧 좋아진다는 사실을 깨닫게 된다. 특히 공감해주는 누군가에게 감정을 표현함으로써 상황을 개선할 수 있음을 배운다.

　자녀의 감정에 섬세하게 반응하는 부모를 둔 아이는 자신의 감정과 건강한 관계를 맺을 수 있다. 극단적으로는 분노나 슬픔의 감정에서부터 만족감, 평온함, 차분함, 그리고 기쁨과 관용에 이르기까지 다양한 감정에 건강하게 대처할 수 있다. 이는 정서 건강의 기본이 되는 자질이다. 이 책을 통틀어 3장이 가장 중요한 장인 이유이기도 하다.

건강한
감정 습관

───── 아이의 감정을 무시하거나 부정하는 것은 장래 아이의 정신 건강에 해로울 수 있는 행동이다. 아이가 불만이나 기타 부정적인 감정을 표출하면 일단 그 감정 자체를 부인해버리는 부모들이 있다. 자기도 모르게, 혹은 알지만 그것이 최선이라고 생각해서 하는 행동이다. 그게 맞는 행동이라고 생각할 수도 있다. 아이가 느끼는 감정을 별것 아니라고 치부하거나, 훈계하거나, 주의를 다른 데로 돌리는 것, 심지어는 그런 감정을 느끼지 말라고 꾸짖는 것이 옳다고 생각할지도 모른다. 부모는 자녀가 불행한 것을 바라지 않기 때문에, 자녀의 불행이나 화 같은 부정적인 감정을 완전히 열린 마음으로 대하기가 어려울 수 있다. 어쩐지 위험하고 불안하게 느껴지기 때문이다. 심지어 그런 감정을 인정한다는 것이 마치 그것을 장려하는 것처럼 느껴지기도 한다. 그러나 감정이란 부인한다고 사라지는 것이 아니다. 사라지는 것처럼 보이는 건 사실 어딘가에 숨겨지기 때문이다. 숨겨진 감정은 썩고 곪아서 나중에 더 큰 문제를

감정: 나는 왜 감정을 참지 못할까?

일으킨다. 생각해보라. 사람이 언제 큰 소리를 내는가? 그건 바로 아무도 내 말을 들어주지 않을 때다. 감정은 원래 표출되고 싶어 한다.

이 글을 읽고 과거 아이의 감정에 자신이 보였던 반응을 두고 자책하지는 않았으면 한다. 다만 내가 강조하고 싶은 것은 아이가 느끼는 바를 인정하고, 중요하게 여기라는 것이다. 성인 우울증의 상당수는 지금 일어나는 일 때문이 아니라 어떻게 하면 감정을 달랠 수 있는가를 어렸을 때 부모와의 관계를 통해 배우지 못했기 때문에 발생한다. 어린 시절, 부모가 자신의 감정을 이해해주고 달래주는 대신 그저 억누르고 참으라고만 말했거나, 혼자서 울고 분노하며 그 감정을 삭여야 했을 때 감정적으로 동조받지 못하는 경험이 누적됨에 따라 분노나 슬픔 같은 불편하고 고통스러운 감정을 처리하는 역량이 줄어든다. 감정에 성숙하게 대처하는 능력이 약화하는 것이다. 이는 마치 면적이 한정된 창고에 대면하기 싫은 감정들을 쌓아두는 것과 같다. 불편한 감정들을 하나둘씩 묻어두면 언젠가는 더 묻을 자리가 없어지고, 결국 갈 데를 잃은 감정이 폭발하게 된다.

어린 시절 느끼는 감정을 부모가 달래주면 불편한 감정이 들어도 곧 나아지리라는 전망을 품게 된다. 이런 경험을 하면 성인이 되어서도 우울증이나 불안에 덜 취약해진다. 그렇다고 해서 평생 정신적인 문제를 전혀 겪지 않고 살아간다는 보장은 없지만, 살면서 어떤 감정을 느끼든지에 상관없이 여전히 나는 사랑받을 수 있는 존재이며, 지금 아무리 힘들어도 곧 나아질 것이라는 믿음을 품고 사는 것과 그렇지 못한 것에는 큰 차이가 존재한다.

잊지 말자. 모든 부모는 실수한다. 중요한 건 실수를 하는지보다 저지른 실수를 어떻게 바로잡는가이다. 그러니 설령 지금까지 자녀가 속상해하거나 화를 낼 때 모른 척하는 게 최선이라고 생각해서 그리해왔어도 걱정할 필요는 없다. 이제부터라도 자녀의 감정에 대응하는 방식을 바꾸면 된다. 그렇게 함으로써 아이에게 부모가 내 마음을 알고 있고 인정한다는 믿음을 주면 된다. 물론 처음에는 행동을 바꾸는 것이 무척 이상하고 생경하게 여겨질 수 있다. 하지만 습관이 되면 자연스럽게 자녀의 감정에 아래와 같은 방식으로 대처할 수 있게 된다. 우선, 지금까지 내가 아이의 감정에 어떻게 대응해왔는지부터 생각해보자. 부모가 자녀의 감정에 대응하는 방식에는 크게 세 가지가 있다. 사실, 부모가 자녀의 감정을 대하는 방식은 부모가 자신의 감정을 대하는 방식과 유사할 때가 잦다. 또한 어떤 감정, 어떤 상황이냐에 따라 아래의 세 가지 방식 사이에서 왔다 갔다 할 때도 있다.

억누르기

억누르기 유형의 부모는 아이의 강렬한 감정과 대면했을 때 외면하거나 별것 아닌 것처럼 행동하려 한다. '별것도 아닌데 왜 호들갑이야'라든가 '그런 것쯤은 씩씩하게 털어내야지'라고 말한다.

이처럼 아이의 감정을 '별것 아닌' 것으로 치부하고 무시하기 시작하면 아이는 점점 부모와 어떤 감정도 공유하려 들지 않을 것이다. 심지어 정말로 '중요하다'고 생각하는 감정까지도 말이다.

과잉 반응

과잉 반응 유형의 부모는 아이의 감정에 지나치게 크게 반응한다. 아이가 울면 따라 울고, 아이의 고통이 마치 제 고통인 것처럼 행동하는 등 거의 히스테리적인 반응을 보인다. 특히 아이를 돌보기에 미숙한 부모들이 처음 몇 번 아이를 떨어뜨리거나 한 뒤에 보이기 쉬운 모습이다.

이처럼 부모의 감정이 아이보다 앞서나가면 아이는 부모와 감정을 공유하려 들지 않는다. 내가 표현하는 감정이 부모를 힘들게 한다고 생각하거나, 부모가 마치 나(아이)의 감정을 자신(부모)의 것인 양 행동함으로써 나를 침해한다고 느끼기 때문이다.

수용

감정을 수용한다는 것은 곧 감정을 있는 그대로 인정하고 긍정함을 뜻한다. 자신의 감정을 수용할 수 있는 부모는 자녀의 감정에 대해서도 자연스럽게 행동할 수 있다. 과잉 반응하지 않고도 얼마든지 감정을 진지하게 받아들일 수 있다. 그러면서도 계속해서 낙관적이고 절제된 태도를 유지하는 것 또한 가능하다. '우리 아가, 속상했구나. 엄마가 (또는 아빠가) 안아줄까? 이리 오렴. 기분 풀릴 때까지 토닥토닥 해줄게'라는 식으로 말하면 된다.

부모가 나의 감정을 평가하거나 재단하지 않고 있는 그대로 받아들여 주리란 믿음을 품으면 아이는 자연스레 부모에게 속내를 털어놓게 된다. 이것이 바로 부모의 역할이다. 아이가 감정을 쏟아낼 수 있는 안전한 그릇이 되어주는 것 말이다. 아이 곁에 서서, 아이의 마음을 이해하고 받아주되, 거기에 압도되지 않아야 한다. 심리상담가들이 내담자를 위해 하는 일도 이와 크게 다르지 않다.

감정의 수용자가 된다는 건 아이를 곁에서 지켜보며 아이가 화가 났을 때 이를 알아채고, 왜 화가 났는지를 언어로 설명할 수 있게 도와주며, 그 화를 표출하도록 건강한 방법을 지도해주는 것이다. 화를 낸다고 해서 아이를 벌주거나 아이가 표출하는 감정에 압도되어서는 안 된다. 이는 화뿐만 아니라 다른 감정에 대해서도 마찬가지다.

우리는 누구나 어린 시절의 경험에 따라 더 편하고 덜 편한 감정이 다르다. 성장 과정에서 주변 사람들과 자기 자신이 특정 감정을 무엇과 결부했는가에 따라 그 감정에 대한 나의 태도가 정해진다. 예를 들어 갈등과 다툼이 일상인 가정에서 자란 사람이라면 소리를 지르는 행동에 무감각할 확률이 높다. 심지어 이런 사람들은 소리 지르고 고함치는 것도 사랑의 표현 방식으로 생각할지 모른다. 반대로 일체의 충돌이나 갈등을 피하는 환경에서 자라온 사람이라면 분노라는 감정이 무척 불편하게 느껴질 것이다. 한편, 부모가 아이들을 마음대로 조종하는 가정에서 자란 사람은 타인의 친절과 사랑에도 불신과 불편함을 느낀다. 왜냐하면 겉으로 드러나는 호의 이면에 숨겨진 의도가 있으리라고 생각하기 때문이다.

연습 나는 나의 감정과 얼마나 친할까?

이 연습은 내가 나와 자녀의 감정에 보통 어떻게 반응하는가를 알아보는 데 많은 도움을 줄 것이다. 한 번에 한 감정씩 떠올려보자. 두려움, 사랑, 화, 즐거움, 죄책감, 슬픔, 기쁨 같은 감정 말이다. 이 중 가장 편안하게 느껴지는 감정은 무엇인가? 반대로 불편하게 느껴지는 감정에는 어떤 것들이 있는가? 감정을 느끼는 주체가 나일 때와 다른 사람이 나에게 이런 감정들을 느낄 때 나는 어떻게 대처하는가? 다른 사람이 제3자에게 이런 감정을 느낄 때는 또 어떠한가?

우리에게는 감정이 필요하다. 설령 불편한 감정이라고 해도 그렇다. 우리에게 불편함을 느끼게 하는 감정이란, 말하자면 자동차 대시보드의 연료 경고등 같은 것이다. 기름이 떨어졌을 때는 연료 경고등이 깜빡이는데, 이것이 신경 쓰인다고 연료 경고등을 뽑아버려서는 안 된다. 가까운 주유소를 찾아가 차에 필요한 연료를 넣어줘야만 계속 달릴 수 있다. 감정도 마찬가지다. 감정 자체에 너무 몰입할 필요도 없고, 그렇다고 감정을 완전히 무시해서도 안 된다. 어떤 감정에는 그만한 이유가 있음을 깨닫고, 자신이 원하거나 필요한 것이 무엇인가를 알아내서 되도록 그것을 제공해주려 노력해야 한다.

나의 진짜 감정
인정하기

—— 감정은 우리가 하는 모든 일, 우리가 내리는 모든 결정에 관여한다. 내가 내 감정을 어떻게 다루는가에 따라 내 아이가 감정에 대응하는 방법이 결정된다. 감정과 직관은 매우 긴밀하게 연결되어 있다. 그래서 아이의 감정을 부인한다는 것은 곧 아이들의 직관력을 무디게 하는 것과도 같다. 아이들의 직관은 스스로 보호하는 데 많은 도움이 된다. 명저 《하루 10분 자존감을 높이는 기적의 대화 How to Talk so Kids Will Listen and Listen so Kids Will Talk》에는 다음과 같은 예시가 소개되어 있다. 한 아이가 친구들과 함께 동네 수영장에 놀러 갔는데, 얼마 되지 않아서 그대로 집에 돌아왔단다. 엄마가 '왜 벌써 와? 친구들은 어쩌고 혼자 왔니?'라고 묻자 딸아이는 동네 수영장에 어떤 오빠가 있는데, 강아지 놀이를 하자면서 아이들의 발을 핥았다고 말했다. 자기 친구들은 그 오빠가 장난친다고 생각했지만 자기는 왠지 기분이 찝찝해서 돌아왔다고 했다. 아마도 아이의 친구들은 이런 일이 있을 때마다 민감하게 반응

하지 말라고 교육받았을 가능성이 크다. 아이가 감정을 표현했을 때 부모가 그것을 중요하게 받아들이지 않고 '별일 아닌데 호들갑 떨지 말라'고 일축한 것이다. 만일 그랬다면, 이는 부모가 자녀의 보호망을 해제한 것과 같다. 낯선 음식 앞에서 주저하는 아이에게 '별것도 아닌 걸 왜 겁내느냐'고 말하기는 쉽다. 하지만 자꾸 그러다 보면 정말 '별것'이 맞는 상황에서도 아이는 스스로 느끼는 두려움이 그저 호들갑이라고 생각하게 된다.

아이를 먹이고, 씻기고, 다치지 않게 지켜보는 것만으로도 하루가 다 갈 것 같은데 언제 저런 데까지 신경 쓰나 싶은 사람도 있을 것이다. 지금도 힘들어 죽겠는데, 아이의 감정 하나하나까지 일일이 헤아려서 받아주라고? 나는 육아에서 이른바 '꿀팁'이라거나 '요령' 같은 걸 신봉하지 않는다. 하지만 아이를 기를 때 강조하고 싶은 하나의 원칙은 있다. 아이가 느끼는 감정을 두고 절대 옳고 그름을 따지려 들지 말라는 것이다. 여덟 살짜리 아이가 '학교 가기 싫다'고 이야기한다고 해보자. 부모인 나도 오늘 처리해야 할 일이 있고, 한창 바쁜 와중이라면 '왜 또 억지 부려, 학교는 무조건 가야 한다'고 일축해버리기 쉽다. 그러나 '너 오늘 학교 가기 정말 싫구나'라고 답해주면 아이의 마음은 훨씬 편해진다. 그리고 자연스레 학교 가기 싫은 이유를 이야기하는 계기가 될 수 있다.

무엇보다, 아이의 감정을 무시하고 부정한다고 해서 반드시 문제가 더 쉽고 빠르게 해결되는 것도 아니다. 서둘러 나가야 하는 상황에서, 어린아이에게 코트를 입혀야 한다고 생각해보자. 아이에게 억지로 옷을 입히려 하지만 아이는 거부한다. 한창 실랑이하다가 아이에게 '그럼 네가 스스로 입어'라고 말하지만, 고집을 부리는 아이는 옷을 절대 안 입겠다고 버틴다. 어차피 그럴 거라면 처음부터 옷 입기 싫다는 아이의 생각을 존중하고, 그 감정을 인정하는 것이 나을 수 있다. 즉, 억지로 입히려 하지 말고 시간이 없으니 지금 코트를 입어야 한다고 알려만 주는 것이다. 이후 아이가 느끼는 바를 보고, 듣고, 관찰한 후 그대로 되돌려준다. 예를 들어 너무 더워서 코트를 입기 싫다고 하는 아이에게는 '코트를 입으면 더워서 싫단 말이지. 알겠어, 그럼 일단 입지 말고 밖에 나가자. 밖에 나가면 추우니까 저절로 코트를 입고 싶어질 거야'라고 말하는 것이다. 또한, 아침에 항상 시간에 쫓긴다면 아이가 준비에 필요한 시간을 고려해 조금 일찍 일어나자. 그렇게 함으로써 아이의 감정을 배려할 여유를 가질 수 있고, 삶이 조금은 덜 전쟁같이 느껴질 것이다.

케이트라는 이름의 한 여성은 아들 피에르가 어렸을 때 하루에도 몇 번씩 뭔가에 속상해하거나 울었다고 이야기했다.

> 저에게는 정말 사소한 것들이었어요. 밖에 비가 온다거나, 아주 살짝 넘어졌다거나, 동물원에 가도 펭귄들하고 같이 수영할 수 없다는 이야기를 듣고서 울곤 했어요. 어른인 제게는 사소해 보여도, 아기의 처지에서는 세상이 무너진 것처럼 느껴질 수도 있다는 생각에 어떻게든 이해해보려고 했어요. 하지만 피에르는 네 살이 되었는데도 여

전히 그대로였고, 그때쯤 되자 내가 태도를 바꾸지 않으면 피에르가 영영 떼쟁이로 자라는 것은 아닐까 걱정이 되기 시작했어요. 그동안 내가 너무 오냐오냐한 것이 아닐까 하고요. 어쩌면, 피에르에게 그런 건 별일 아니니 너무 신경 쓰지 말라고 말해줘야 하는 게 아닐까 생각했어요. 하지만 제가 어렸을 때 부모님이 저에게 별것도 아닌데 호들갑 떨지 말라거나, 어린애처럼 굴지 말라고 했던 게 생각났어요. 그때 느낀 속상한 감정도요. 그래서 피에르에겐 그러지 말아야겠다고 마음을 다잡게 됐죠.

지금 피에르는 여섯 살인데, 요즘은 고작해야 일주일에 한두 번 우는 게 다예요. 그리고 예전 같았으면 눈물바다가 되었을 일도 좀 더 성숙하게 대처하는 모습이 보여요. '괜찮아요, 엄마. 이건 제가 할 수 있을 것 같아요'라거나 '무릎이 안 아파질 때까지 안아주세요. 1분만 있으면 괜찮아질 것 같아요'라면서요. 변화는 정말 점진적으로, 눈에 띄지 않게 일어나요. 정말 힘들었던 바로 그 순간에 포기하지 않고 계속해서 아이의 감정을 받아주고 달래주었던 것이 얼마나 다행인지 몰라요.

당시에는 끝이 안 보이는 인내의 시간처럼 느껴졌겠지만, 사실 케이트가 선택한 방법이야말로 가장 빠른 지름길이다. 부정적 감정으로 힘들어하는 아이에게 감정을 억누르라고 말하면 오히려 아이에게는 짐이 하나 더 지워진 셈이다. 애초에 부정적 감정을 일으킨 사건도 해결되지 않았고, 이제는 부모님까지 화가 났으니 말이다. 우는 아이는 달래주어야 한다. 아이는 공감의 대상이지 내가 해결해야 하는 문제가 아니다. 아이의 감정을 진지하게 받아들이고 아이가 필요하게 여길 때 이를 달래준다면, 아이는 점차 평온한 느낌을 내면화하면서 나중에는 부모의 도움 없이도 스스로 감정을 달랠 수 있게 된다.

성장 과정에서 불편한 감정을 느끼는 것이 허용되지 않았던 사람은 나중에 부모가 돼도 자신이 받았던 것과 똑같은 대우를 아이에게 하게 된다. 이런 실수를 하지 않으려면 케이트가 했던 것처럼 내 어린 시절의 경험을 떠올리고 부모가 그렇게 했을 때 내 기분이 얼마나 나빴는가를 기억하면 된다. 살면서 슬픔을 느끼지 않을 수는 없다. 그런데 슬퍼하지 못하도록 학습된 사람은 어른이 되어서도 안 좋은 일이 생겨 슬프거나 울음이 터질 때 주변 사람들에게 오히려 미안하다고 사과하게 된다.

어린 시절 부모가 나의 감정을 받아주지 않았다면, 나 역시 아이의 감정을 있는 그대로 받아주는 일이 힘들 수 있다. 전혀 모르는 미지의 영역에 발을 디디는 기분이 들 수 있고, 실제로도 그러하다. 조상 대대로 이어져 내려오던 감정 표현의 사슬을 내가 끊으려는 시도이기 때문이다. 이때 당신이 잊어서는 안 될 것은 지금 하는 이 시도가 결국 아이의 정신 건강을 위한 기반 쌓기 작업이라는 사실이다. 때때로 아이의 감정을 억누르거나 과잉 반응하는 실수를 저지른다고 해서 그것이 아이에게 영구적이고 되돌릴 수 없는 상처를 주는 건 아니다. 특히나 그 실수를 바로잡는다면 말이다.

부모가 자기 감정을 다루는 데 능숙해질 수만 있다면 자녀의 감정도 수용하고 달랠 수 있다. 반대로 자신의 감정을 중요하지 않은 것으로 치부한다면 아이의 감정을 수용하기도 어렵다. 히스테리 성격은 아이의 감정은 고사하고 자기 자신의 감정조차 제대로 수용할 수 없다.

따라서 부모인 나부터 감정을 억누르거나 히스테리를 부리지 않기 위해 노력해야 한다. 내가 느끼는 것들을 그대로 인정하고, 감정을 달래는 방법을 고민하거나 주변 사람들의 도움을 받아야 한다. 감정과 '나' 자신 사이에 거리를 두는 것도 하나의 방법이다. 아이를 대할 때도 같은 전략을 사용할 수 있다. '나는 슬퍼'라거나 '너 슬프구나'라고 말하는 대신 '슬픈 기분이 든다', '기분이 안 좋아 보인다'라고 말하는 것이다. 이런 식으로 표현함으로써 내가 '슬픈 사람'이 되는 대신 내 기분이 어떠한가를 정의할 수 있다. 별것 아닌 것 같은 이런 실천은 큰 변화를 끌어낸다.

나 자신은 물론이고 자녀의 감정에 관해 이야기하는 습관을 갖는 것도 중요하다. 아이들의 뇌는 성장하면서 논리적 사고를 담당하는 부분이 점점 더 발달하게 된다. 그렇다고 100퍼센트 논리에만 기대어 사고하게 된다는 이야기는 아니다. 인간은 나이를 막론하고 감정적인 존재다. 다만 사진이나 그림, 언어를 사용해 자신의 감정을 이해하고 표현하게 된다는 이야기다. 그리고 이를 통해 지금까지는 감정의 지배를 받던 아이들이, 이제는 감정을 활용하게 된다. 아이의 감정을 말이나 그림 형식을 빌려 표현하면 훨씬 감정을 정리하고 이해하기 쉬워진다.

'기분이 좋아 보이는구나'라고 말하기는 쉽지만, 부정적인 감정, 혹은 내 아이가 느끼지 말았으면 하는 감정을 인정하기란 어렵다. 식사 전에 아이스크림을 못 먹게 했다고 우는 아이에게 아이스크림을 줘버리는 건 감정을 '인정'하는 게 아니다. 어린이집에 가기 싫다고 우는 아이를 위해 직장을 그만두거나, 아이의 요구를 모두 들어주는 것 역시 감정을 인정하는 것은 아니다. 아이의 감정을 인정한다는 것은 '떼쓴다'며 감정을 일축하는 대신 진지하게 받아들이고, 의사 결정을 내릴 때 아이의 감정을 고려하는 것이다. 무엇보다 아이의 감정을 있는 그대로 받아들이고 인정함으로써 그 감정을 달래주는 것을 말한다. 감정을 부인하거나, 다른 것으로 주의를 돌리거나, 감정으로부터 도망치지 않고서 말이다. 자녀가 느끼지 않았으면 하고 바라는 감정(예컨대 형제, 자매를 미워하거나 할머니 댁 가기를 싫어하는 것)을 있는 그대로 인정하고 직면한다는 것이 처음에는 어쩐지 위험한 일처럼 느껴질 수 있다. 그러나 부모가 자신을 이해하고 받아준다는 느낌이 들수록 아이는 덜 반항하고 덜 울게 된다.

톰 보이스Tom Boyce 박사는 1989년 캘리포니아 지진 발생 이후 등교 스트레스가 아이들의 면역 체계에 어떤 영향을 미치는지를 연구한 데이터를 2019년 1월 출간한 《난초와 민들레The Orchid and the Dandelion》에서 소개했다. 연구팀은 실험에 참여한 아이들에게 크레용과 종이를 주고 '지진을 그려보라'고 지시했다. 어떤 아이들은 밝고 경쾌한 느낌으로 지진을 그렸고, 어떤 아이들은 지진을 더 암울한 느낌으로 그려 괴로움을 표현하기도 했다. 두 그룹의 아동 중 어느 쪽이 지진을 겪은 후에도 건강하게 지냈을까? 그림을 통해 두려움, 화재, 사망, 재난 등을 표현했던 아이들보다 지진을 경쾌하고 낙관적인 느낌으로 그렸던 아이들에게서 호흡기 질환 발병률이 더 높게 나타났다. 보이스 박사는 이를 다음과 같이 해석한다. 이야기와 예술을 통해 생각과 감정을 표현하는 것은 아주 오랜 옛날까지 거슬러 올라가는 인간 고유의 특성으로 두려움을 극복하는 하나의 방식이다. 두려움의 대상을 자꾸 표현하면 할수록 점차 덜 무섭게 느껴지기 때문이다. 슬픈 이야기를 하면 마음이 아픈데도 자꾸 그 이야기를 하는 이유도, 그것을 표현할 때마다 슬픔이 조금씩이나마 줄어들기 때문이다.

보이스 박사는 이 책에서, 유달리 섬세한 기질을 지닌 아이가 있다고 말한다. 이 아이들은 환경에 더 깊게 영향을 받는다. 박사는 이 아이들을 난초에 비유했다. 반대로 더 탄탄한 기질을 지닌 아이도 있으며, 이 아이들은 민들레에 비유했다. 내 자녀가 민들레인지 난초인지를 명확하게 구분할 수 있는 기준은 없다. 확실한 것은 설령 민들레의 기질을 지닌 아이라 할지라도 감정을 받아줄 사람이 필요하다는 것이다. 난초과의 아이들에게는 특히 부모가 아이의 감정에 세심한 주의를 기울여야 한다. 민들레와 난초는 같은 상황에서 서로 다른 반응을 보일지는 몰라도, 결국 모두 자신의 감정을 이해하고 인정하고 알아주는 누군가를 필요로 한다.

다음에 소개할 사례 연구는 루커스라는 이름의 난초과 아이에 관한 것이다. 루커스의 부모는 요즘 많은 부부와 마찬가지로 맞벌이 부부다. 요즘은 부모 중 한쪽이 집에 있으면서 가정과 가족을 돌보는 일에 전념한다는 것이 일종의 사치처럼 되기도 했고, 또 꼭 경제적 이유가 아니어도 집에만 있는 것이 성격에 맞지 않아 보람을 느끼지 못하는 사람들도 많다. 사실 아이에게 필요한 건 삶에 만족하는 행복한 부모이지, 허구한 날 팔자 한탄만 하는 부모가 아니다. 여기서 말하고자 하는 건 부모 중 한쪽이 전적으로 아이를 돌봐야 한다는 것이 아니라 아이들이 자신을 둘러싼 세계와 집안에서 일어나는 일들에 대해 자유롭게 느끼고 그것을 표현할 수 있도록 해야 한다는 것이다. 다양한 감정을 자유롭게 느끼고 표현하도록 장려하는 가정에서 자란 아이는 행복을 느끼는 역량도 발달한다. 1989년 지진 연구에 관한 보이스 박사의 해석이 맞다면, 자신의 감정을 표현하고 또 그것을 이해하고 들어주는 누군가가 있는 아이들은 면역 체계 또한 더 건강해질 것이다. 우리는 때로 아이를 너무 사랑해서, 아이가 행복하기를 간절히 바란 나머지 아이들이 실제로 느끼는 것을 부정하는 오류에 빠지곤 한다. 보이스 박사의 연구와 다음에 소개할 이야기를 통해 그것이 현명하지 않은 행동임을 알게 되기를 바란다.

감정: 나는 왜 감정을 참지 못할까?

아이의 감정을
부정하지 말자

—— 애니스와 존은 따뜻하고 친절한 사람들로, 부부 사이가 화목할 뿐만 아니라 열 살 난 아들 루커스에게 상당히 헌신적인 부모다. 두 사람 모두 각자 작은 사업체를 운영하고 있고 업계에서 좋은 평판과 탄탄한 고객 기반을 쌓기 위해 엄청난 노력을 기울여왔다. 부부는 아파트를 매입했다. 부동산 투자가 가족의 미래에 경제적 안정성을 더해줄 것으로 기대해 무척 행복했다. 하지만 한편으로는 현재의 재정적 불안정성 탓에 고민하기도 했다.

루커스는 꽤 어린 나이에 유치원에 들어갔지만 잘 적응하지 못했다. 그래서 애니스와 존은 루커스를 돌볼 보모를 구했다. 경제적 여건상 부모 중 한 사람이 일을 그만둘 수는 없었고, 보모를 들이는 것이 유일한 선택지였다. 보모는 등하굣길에 루커스와 함께하고, 학교가 쉬는 날에는 집에 와서 아이를 보살폈다. 보모를 바꾸면서 공백이 생기면 친구나 루커스의 할머니, 할아버지가 와서 아이를 돌보기도 했다. 애니스와 존은 주말만큼은 가족이 함께 시간을

나의 부모님이 이 책을 읽었더라면

보내도록 노력했고, 그런 생활에 루커스도 만족하는 것 같았다. 부부는 항상 루커스를 생각했고, 아들을 아끼고 사랑하는 마음은 여느 부모 못지않았으며, 퇴근 후 아들과 함께 보내는 시간을 고대했다. 물론 부부가 퇴근할 즈음에 이미 루커스가 잠든 날이 더 많았지만 말이다. 루커스가 가족과 더 많은 시간을 보내고 싶다고 말할 때마다 부부는 주말에 맛있는 것을 먹으러 가자, 재미있는 곳에 가자고 약속했다. 루커스도 만족하는 것처럼 보였다.

루커스는 열 살이 되던 해에 창문 밖으로 뛰어내리려고 시도했다. 그때 루커스네 집은 6층이었다. 그날 만약 존이 집에 뭔가를 두고 온 것이 생각나 다시 돌아오지 않았다면 루커스를 막지 못했을 것이다. 그때 보모는 부엌에서 설거지를 하고 있었다. 이 이야기가 많은 독자에게 충격을 줄 것 안다. 루커스처럼 비교적 행복한 가정에서 성장한 아이가 자살을 시도한다는 건 꽤 이례적인 일이라는 사실을 우선 이야기하고 싶다.

애니스와 존은 잠시 일을 쉬고 루커스에게 전념하기로 했다. 비상 상황임을 느꼈기 때문이었다. 부부는 루커스가 무엇 때문에 힘들어하는지 전혀 알 수 없었다. "우리 부부는 보고 싶은 것만 봤던 것 같습니다"고 존은 말했다. 의사는 루커스에게 항우울제 복용을 권했지만, 존은 선뜻 그러겠다고 하지 못했다. 그는 아들의 마음을 무겁게 하는 문제가 있으며, 아이의 감정을 무디게 만드는 약은 해결책이 되지 못한다고 느꼈다. 존은 루커스와 함께 상담사를 찾았다. 이후 루커스는 혼자 상담사와 만나기도 했고, 때때로 부모가 동행하기도 했다. 상담 과정에서 루커스는 학교가 쉬는 날이면 친구 집에서 할머니 집으로, 또 보모의 손에 이끌려 다시 집으로 전전해야 했던 일을 이야기했다. 한번은 부모의 전화 통화를 들었는데, 자신을 맡길 곳을 찾느라 애먹는 통화 내용을 듣고 자신이 부모에게 짐이 된 것 같은 기분이 들었다고 했다. 물론 부모가 자주 사랑한다고 말했기 때문에 루커스도 이성적으로는 그 사실을 알았다. 그러나 사랑받는 '기분'을 느끼기는 어려웠다. "마치 내가 여기저기 운송되는 택배 상자처럼 느껴지기도 했어요."

또 보모와 조금 친해질 만하면 사정이 생겨 다른 보모로 바뀌던 상황도 이야기했다. 보모가 자꾸 바뀌니까 나중에 가서는 개인적 유대감을 쌓았던 보모라도 잘 기억나지 않았는데, 루커스는 이것이 매우 속상했다고 한다. 그리고 아마 그 보모도 자신을 다 잊어버렸겠지 싶었단다.

언제부터 슬픈 기분이 들기 시작했는지는 기억나지 않는다고 루커스는 말했다. 사실, 자신이 슬프다는 사실조차 모르고 있었다. 부모님에게 자신의 감정을 이야기해보려 했지만, 애니스와 존은 아들이 느끼는 부정적인 감정 이야기를 듣기 힘들어했다. 그래서 아들이 뭔가를 말하려 할 때마다 다른 이야기로 주의를 돌리거나 무조건 힘내라고 응원했고, 아니면 아예 단도직입적으로 루커스의 말을 부정하기도 했다.

모든 부모는 자식이 행복하기를 세상 그 무엇보다 크게 바란다. 그래서 자식이 행복하지 않다고 이야기하면 그것을 부정하려 한다. 사실 자녀는 행복할 것이라고 자기 자신과 자녀를 설득하려고 한다. 이렇게 하면 당장은 마음이 좀 편할지 모르지만, 아이는 자신의 마음을 알아주는 사람이 없다고 느끼면서 외로워진다.

다음은 존의 이야기다.

예전에는 루커스가 행복하지 않다는 이야기나 기색을 비추면 '기운 내, 아들. 주말에 동물원 데려갈게'라거나 '새 게임기를 사줄까?'라는 식으로 넘어갔어요. 그렇지만 상담을 받으면서 제 반응이 루커스에게는 무관심하거나 귀찮아하는 것으로 느껴질 수 있음을 알게 됐어요. 그게 아니라고 항변하고 싶었지만, 그럴 때마다 상담사가 정중하게 저를 저지하면서 루커스의 감정을 있는 그대로 인정해야 한다고 말했습니다.

학교를 마치고 집에 왔을 때 제가 없으면 슬퍼진다는 이야기를 듣고 거기에 수긍하면, 뭐랄까, 아이를 더 슬프게 만들 것만 같았어요. 그게 정말 힘들었죠. 하지만 그 사건을 겪으면서 정신이 번쩍 들었고, 우리의 방식이 단단히 잘못되었다는 걸 알게 됐어요. 그래서 상담사의 말을 듣기로 했습니다.

이제는 루커스가 슬프다고 이야기하면, 구체적으로 어떻게 슬픈지, 언제 어디서 그런 기분이 들었는지, 왜 슬픈 것 같은지 물어보게 됐어요. 아이가 느끼는 감정을 수용하니까 아이도 우리가 자기 이야기를 진심으로 귀 기울여 듣는다고 느끼게 됐고, 놀랍게도 우울감 역시 예전보다 훨씬 더 좋아졌어요.

아이에게 단지 사랑한다고 말하는 것만으로는 부족하다는 걸 깨달았죠. 말뿐만 아니라 행동으로도 루커스가 우선순위라는 걸 보여 줘야 한다는 걸요. 실제로도 루커스는 우리에게 가장 중요한 우선순위이고요. 루커스를 위해서가 아니라면 우리 부부가 왜 그렇게 열심히 일했겠습니까? 문제는 주말 한나절 재밌는 활동을 같이하고, 영상 통화로 사랑한다고 말하는 것만으로는 사랑을 느끼기에 부족하다는 거예요. 아이와 실제로 함께 있는 게 중요하죠.

저는 한 달 정도 일을 쉬고 루커스와 함께 있기 위해 대출을 받았어요. 아들과 함께 놀고, 만화영화도 보고, 상담사를 만나러 가기도 하고요. 루커스는 말수가 적은 아이지만, 아이가 입을 열면 열심히 귀 기울여 들어주었습니다. 아들의 말을 정정하려 하지 말고 그냥 들어주라고 상담사가 그러더군요. 그래서 한 달 동안 열심히 들으려고 큰 노력을 했습니다.

루커스는 이제 다시 학교에 나갑니다. 우리 부부 중 적어도 한 사람은 여섯 시까지 퇴근하기로 약속했어요. 루커스가 하루에 아무리 못해도 두 시간 동안은 '엄마 아빠의 1순위'라는 기분을 느낄 수 있도록 말입니다. 아이와 함께 저녁 식사를 준비하고, 놀이를 하거나 TV를 함께 봐요. 그 시간만큼은 휴대전화조차 들여다보지 않습니다. 그러지 않으려고 노력해요.

애니스는 이 상황을 받아들이는 것을 존보다 더 힘겨워했다. 그녀는 이 모든 일에 너무 충격을 받은 나머지 루커스가 얼마나 우울하고 슬픈가를 깨닫지 못했다. 아들을 영영 잃게 되거나 아들이 심각하게 다칠 수도 있었다는 사실은 애니스를 겁에 질리게 했다.

그러나 죄책감은 부모에게도, 자녀에게도 도움이 되지 않는다. 중요한 건 과거의 실수를 인정하고 변화하려고 노력하는 것이다. 이 책에서 수없이 강조하는 바이지만, 세상에 완벽한 부모는 없다. 모든 부모는 실수를 한다. 중요한 건 실수를 했는지 아닌지가 아니라 그것을 어떻게 바로잡는가이다. 아이들이 상처를 받는 건 사실이지만, 그것이 부모와의 관계에, 또 정신 건강에 문제를 일으키는 이유는 상처가 제대로 치유되지 않았기 때문이다.

또 한 가지 강조하고 싶은 부분은 루커스의 상담사가 지적했듯이, 부모가 맞벌이라는 게 문제가 아니라 루커스가 감정을 터놓고 이야기할 존재가 없었다는 것이다. 앞에서 지진을 겪은 아이들도 마찬가지였다. 아이들이 호흡기 질환에 걸린 건 지진이 나서가 아니다. 똑같이 지진을 겪었어도, 그에 대한 자신의 감상을 자유롭게 표현했던 아이들은 건강한 면역 체계를 유지했고 병에도 걸리지 않았다.

애니스가 루커스의 행동에 존보다 더 강하게 죄책감을 느낀 것은 아마도 여성에게 요구되는 전통적인 성 역할 때문이 아닐까 생각한다. 자녀에 대한 책임은 부모 양쪽이 똑같이 지는 것이 맞지만, 여러 세대에 걸쳐 내려온 성 역할이 영향을 준다는 사실을 부인하기는 어렵다. 그렇다고 기존 성 역할을 그대로 받아들이고 답습하라는 이야기는 아니다. 가족 간에 이런 주제로 자주 대화하면서 기본적인 전제에는 동의할 수 있도록 해야 한다.

애니스가 하루빨리 죄책감을 떨치기 바란다. 애니스와 존 모두 그동안 자신들의 실수가 무엇이었는지 깨닫고 그를 바로잡고자 노력하고 있기 때문이다. 두 사람 모두 자녀의 감정과 경험을 수용하는 방법을 배웠고, 이제는 루커스뿐 아니라 서로의 감정도 이해하고 능숙하게 수용할 수 있는 수준에 이르렀다.

정말 감사하게도, 아이들은 대부분 자살 시도를 하지는 않는다. 하지만 그런 끔찍한 일이 생길 때까지 기다려서는 안 된다. 아이가 학교에서 문제를 일으키기 전에, 분노 조절에 문제를 보이고, 자해하고, 우울증이나 불안 증세를 보이기 전에 아이에게 알려주어야 한다. 너는 언제나 가장 중요한 존재이고, 네가 느끼는 것들은 무척 중요한 의미가 있다고 말이다. 아이가 자신의 감정을 그림으로, 말로 표현할 수 있도록 장려하고, 그런 감정들을 수용하자. 아이들에게 네가 느끼는 감정을 중요하게 생각한다는 걸 보여주어야 한다.

사랑을 말로 표현하는 데는 한계가 있다. 사랑받는다고 느끼게 하려면 행동으로 보여줘야 한다. 사랑은 타인에게 위임할 수 없다. 돌봄은 위임할 수 있어도, 사랑까지 위임할 수는 없다. 사랑을 표현하는 것을 미뤄서도 안 된다. 주말에는 꼭 사랑하는 마음을 표현해야지, 라고 생각하겠지만 그렇게는 되지 않는다. 아이들은 매일, 적어도 한 명 이상의 부모에게 사랑을 느끼고 표현 받아야 한다. 아동 심리학자이자 정신분석가인 도널드 위니콧Donald Winnicott은 아이들이 숨바꼭질하는 모습을 지켜보며 다음과 같은 사실을 알아냈다. '아이들은 숨는 행위에서 즐거움을 느낀다. 그러나 술래가 자신을 찾아주지 않으면 더 크게 절망한다.' 이는 삶에서도 마찬가지다. 어른, 아이를 막론하고 누구나 보여주고 싶지 않은 비밀이 있다. 그렇다 해도 내가 원하는 순간에 나의 모습을 있는 그대로 바라봐줄 사람, 숨어 있던 나를 찾아주는 사람이 없다면 우리는 더 큰 절망감에 빠지게 된다.

감정: 나는 왜 감정을 참지 못할까?

감정은
상처와 치유의
연결고리

———— 감정에 관해 생각할 때는 항상 '상처'와 '치유'를 기억하
자. 나 역시 한 사람의 부모로서 아이에게 한 번도 큰소리를 낸 적
이 없고, 언제나 내 감정보다 아이의 감정을 우선시하며 살아왔다
고 자부할 수 있으면 좋겠지만, 그렇지 못하다. 나의 부모님이 나에
게 그렇게 하지 못했던 것처럼 말이다. 나의 부모님은 단 한 번도
당신들의 방식이 틀렸다거나, 실수했다는 사실을 인정하려 들지
않았다. 내가 성인이 되고 나서도 나에게 했던 불공정한 처우나 당
신의 실수를 사과하는 일은 없었다. 자식의 처지에서 그것이 얼마
나 속상한 일인지 알기에, 내 딸에게는 같은 실수를 반복하지 않겠
다고 의식적으로 다짐하게 되었다.

이런 결심에도 때때로 후회할 만한 행동을 한다. 그런 행동을
하고 있음을 스스로 깨닫거나, 나중에라도 알게 되면 나는 언제나
딸에게 사과했다. 그리고 내 사고방식이나 행동을 바꾸려고 노력
했다. 아이의 아버지와 나는 우리의 행동 방식이 잘못되었다고 느

낄 때마다 이를 바꾸려 노력했고, 동시에 딸에게 엄마 아빠가 실수했음을 인정했다. 그러나 우리의 이런 방식이 딸에게 어떤 영향을 미칠지는 알지 못했다. 당시 우리에게 이것은 수 세대를 이어온 감정의 사슬에 새로운 고리를 끼워 넣는, 완전히 새로운 시도였다. 하지만 얼마 지나지 않아 우리의 시도가 결실을 보기 시작했다.

딸 플로가 네 살 때 일이다. 하루는 부엌에서 케이크를 먹던 딸아이가 나에게 이렇게 말했다. "아까 차에서 짜증 부려서 죄송해요, 엄마. 배가 고파서 그랬어요. 이제는 짜증이 안 나요." 딸아이가 내게 사과한 것이다. 아이가 스스로 자기 행동을 되돌아보고, 나에게 준 상처를 치료해주려 하고 있었다. 내 마음은 기쁨으로 벅차올랐다. 전혀 예상하지 못한 일이었지만, 부모가 먼저 자기 실수를 인정하고, 이를 정당화하거나 다른 사람 탓을 하지 않으면 아이도 자연스레 같은 태도를 학습한다는 걸 확인한 사건이었다.

사실 이건 당연한 이야기인지도 모른다. 어른들과 마찬가지로, 아이들 역시 자신이 받은 대로 돌려주는 존재들이다. 감정에 귀 기울이고, 상처를 치유해 주는 관계가 항상 다투고, 상대를 이기려 들고, 상대방의 감정을 무시하는 관계보다 훨씬 낫다.

가슴이 벅차올랐던 순간이 하나 더 있다. 딸이 처음으로 "좀 있으면 엄청 화가 날 것 같아요"라고 말한 순간이었다. 감정에 휘둘려 무의식적으로 반응하는 대신 자신의 감정을 표현해낸 것이다. 나는 짐짓 태연하게 "맞아, 짜증 나는 일이야. 그렇지?"라고 되물었고, 딸은 짜증 대신 자신을 짜증 나게 한 일을 이야기했다.

아이는
해결해야 할 문제가 아닌
공감의 대상

───── 데이브는 네 살배기 딸 노바의 아버지다. 데이브는 딸 노바가 항상 똑같은 것, 익숙한 것만 고집하는 것이 마음에 들지 않았다. 또 뭔가가 자기 마음대로 되지 않으면 한바탕 떼쓰는 것도 너무 힘들었다. 예를 들어 차를 탈 때도 노바는 항상 자기가 앉던 좋아하는 자리에 앉아야만 했다. 데이브는 딸이 좀 더 유연한 태도를 보이도록 설득하고, 회유했지만 결국은 두 사람 모두 잔뜩 기분이 상한 채로 끝나곤 했다.

데이브는 어떻게 하면 노바를 좀 더 융통성 있는 아이로 키울 수 있느냐고 내게 물었고, 나는 아이가 원하는 것을 먼저 존중하는 것이 중요하다고 답했다. 데이브는 내 조언을 따르기로 했다.

노바의 사촌들을 집에 데려다주던 날이었어요. 한 아이가 실수로 노바가 늘 앉는 자리에 앉았죠. 노바는 곧바로 울기 시작했어요. 평소 같았으면 '유난 떨지 말고 다른 데 앉아라' 하거나, 아니면 사촌 아이에게 다른 데 앉아달라고 부탁했을 거예요. 하지만 이번에는 노바와 눈높이가 맞도록 쭈그려 앉은 다음 상냥한 목소리로 이렇게 이야기 했어요. "맥스가 네 자리에 앉아 있어서 무척 속상하지? 노바가 가장 좋아하는 자리인데 말이야." 그러자 아이는 울음을 가라앉히고 저를 봤어요. 그 순간에는 정말 아이의 기분을 이해할 수 있을 것 같았고, 노바도 제 표정을 보고는 그 사실을 느낀 듯했죠. 저는 노바에게, 다음번에 차에 탈 때는 꼭 그 자리에 앉을 수 있을 거라고 말해주었습니다. 그러고 나서 물어봤어요. "오늘은 창가 자리에 앉고 싶니? 아니면 앞좌석 카시트에 앉을래?" 그러자 놀랍게도 노바가 자발적으로 앞좌석 카시트에 앉더니 스스로 안전띠까지 매고, 즐겁게 조잘거리기 시작하는 겁니다.

데이브가 노바의 요청을 무시하거나 다른 것으로 달래려 할수록 노바는 더욱 고집을 부렸다. 그러나 아빠가 진심으로 미안해한다는 걸 알게 되자, 노바 역시 더 고집부릴 필요를 느끼지 못했다. 데이브가 한 일은 노바가 느끼는 것을 당연히 그럴 수 있다고 인정해준 것이다. 미끄러운 얼음 위에서 운전하는 모습을 생각해보라. 차가 미끄러질 때 반대 방향으로 핸들을 돌릴수록 차는 계속해서 미끄러진다. 그러나 미끄러지는 방향 쪽으로 핸들을 돌려 차가 가는 방향과 바퀴의 방향을 맞추면 다시금 차의 방향을 통제하고, 빙판에서 빠져나올 수 있게 된다.

내가 느끼는 것과 아이가 느끼는 것이 다를 때는 아이의 감정을

감정: 나는 왜 감정을 참지 못할까?

인정하기가 더 어려울 수 있다. 일곱 살 난 아이가 한숨을 쉬며 '우린 왜 맨날 집에만 있어요?'라고 말한다고 해보자. 이에 대해 당신은 반박하고 싶을지도 모른다. '지난주에 레고랜드 다녀왔잖아!' 혹은 '무슨 소리야, 엄마 아빠가 맨날 데리고 나가잖아'라고 말이다. 어쩌면 시간과 돈을 들여 아이를 데리고 놀이공원에 다녀온 노력이 무시당한 것 같아 화가 날지도 모른다.

부모라면 누구나 자녀가 행복하기를 바라고, 또 평생토록 자녀와 사랑에 기반을 둔 건강한 관계를 유지하고 싶어 한다. 자녀의 감정을 부인한다는 것은 곧 이런 중요한 사람의 감정을 부인한다는 것과 같다. 아이의 감정에 대해 보이는 반응을 의식적으로 바꾼다는 게 다소 부자연스럽게 느껴질지도 모르지만, 사람은 누구나 반박당하기보다는 인정받을 때 마음이 누그러진다. 아이들도 예외는 아니다. 아이가 떼쓰는 건 사실 그저 자신의 감정이 이렇다고 이야기하는 것일 뿐이다. 이를 밀쳐낼 것이 아니라 오히려 기회로 삼아 아이와 공감하고, 아이의 감정에 관해 이야기해보자.

부정적인 감정은 부인한다고 해서 사라지지 않는다. 오히려 마음속 더 깊은 곳에 똬리를 튼다. 앞의 예시로 돌아가보자.

아이: 우린 왜 맨날 집에만 있어요?

부모: 너 심심한가 보구나?

아이: 네, 오늘 종일 집에만 있어서요.

부모: 그렇지, 오늘은 계속 집에만 있었지. 뭐 하고 싶은 것 있니?

아이: 레고랜드에 또 가고 싶어요.

부모: 레고랜드 갔을 때 정말 재밌었지?

아이: 네.

이렇게 대화하면 아이도 훨씬 만족스럽고, 대화가 다툼으로 번질 일도 줄어든다. 아이 역시 매일 레고랜드에 갈 수 없다는 것쯤은 이해한다. 그런데도 부모와 함께 레고랜드에 가고 싶다는 걸 부모가 알아주었으면 하는 것이다. 레고랜드에 가고 싶어도 인생이 늘 뜻대로만 되지 않는다는 사실을 받아들이는 동안 속상한 기분을 달래줄 사람이 아이에게 필요하다.

어린아이만 그런 것이 아니라 어른도 마찬가지다. 속상할 때 굳이 와서 내가 틀렸음을 지적할 사람은 필요 없다. 누구나 공격보다는 공감을 받고 싶어 한다. 누군가가 나의 기분을 이해해주었으면, 그리하여 나 혼자 외롭게 그 감정과 직면하는 것이 아니었으면 하는 것이다.

이제는 성인이 된 내 딸 플로가 하루는 이렇게 말했다. "운전면허 시험에 떨어진 게 너무 부끄러워요." 자녀가 속상해하는 걸 보고 싶은 부모는 없을 것이고, 그렇기에 어떻게든 자녀가 느끼는 고통스러운 감정을 없애주려고 노력하게 된다. 나 역시 마찬가지였다. 어떻게든 딸의 부끄러워하는 마음을 없애주고 싶어서 "부끄러워할 필요 없어"라고 말했다. 그러자 플로는 "그냥 잠깐만 안아주시면 안 돼요?"라고 말했다.

우리는 모두 실수를 한다. 나 역시 아직도 종종 실수한다. 중요한 건 우리가 자녀의 감정을 부인하거나 밀어내려 하지 않고 함께 공감하는 것이다. 그러면 아이가 스스로 필요한 것이 무엇인지 알아내어 우리에게 요청할 것이다.

아이의 감정을 인정하고 진지하게 받아들이기 위해 꼭 아이가 말을 배울 때까지 기다려야 하는 것은 아니다. 아직 말을 못 하는 아이라도 전체적인 상황, 분위기를 보면 아이가 어떤 기분일지 짐작할 수 있고, 이를 부모가 대신 말로 표현하면 된다. 또, 말을 배운 아이라고 해서 항상 어른만큼 유창하게 자기 마음을 말로 표현해내는 건 아니다. 앞의 예시에서도 아이는 '지루하고, 좀이 쑤시고, 뭘 해야 할지 알 수 없는' 감정을 어떻게 표현할지 몰라서 그저 '왜 우리는 맨날 집에만 있어요?'라고 하지 않았던가? 때로는 부모가 아이의 기분을 파악해서 언어로 표현하면 그것이 아이의 마음속에 공명을 일으켜서 서로 간의 유대감으로 이어지기도 한다. 그러면 아이는 아마도 '맞아요'라고 답할 것이다.

아이의 말에 숨은
감정 이해하기

아주 어린 아이들은 때로 침대 밑에 유령이나 괴물이 산다고 이야기한다. 우리가 주목해야 할 것은 아이가 하는 이야기나 그 근거가 얼마나 타당한가가 아니라 아이가 그 이야기를 통해 어떤 감정을 표현하는가이다. 침대 밑에 괴물이 산다는 이야기를 터무니없는 이야기로 치부하고 넘어갈 것이 아니라 그 괴물이 상징하는 감정이 무엇인지를 알아보자. '괴물이 무서운 거니? 괴물이 어떻게 생겼는지 말해줄래?'라거나, '괴물 이야기를 만들어볼까? 이름은 뭐라고 할까?'라는 식으로 말이다. 그렇게 함으로써 아이와 함께 괴물을 무찌를 수 있다. 방식은 부모와 아이가 원하는 대로 정하면 된다. 중요한 건 어떤 단어를 사용하는가가 아니다. 아이의 두려움을 바보 같은 것으로 치부하지 않고, 아이가 마음이 누그러질 때까지 함께 있는 것이다. 누가 아는가? 아이가 말하는 괴물이란 사실 아이가 잠들 때까지 옆에 있지 않는 조급한 부모일 수도 있고, 아니면 아이가 아직 말로는 표현하기 어려운 복잡한 감정일 수도 있다. 모든 감정의 근원을 일일이 추적하기란 불가능하겠지만, 그렇다고 그 감정이 실재하지 않는 것은 아니다. 근원을 알기 어려운 감정이라도 수용해야 한다.

'바보 같은 소리! 세상에 괴물 같은 건 없어'라고 말하는 건 아이를 달래기는커녕 아이의 감정을 바보 같다고 일축하는 것밖에 되지 않는다.

중요한 건 아이와의 소통 채널을 열어두는 것이다. 아이의 말을 바보 같다며 막아버리는 순간 아이는 그 '바보 같은' 말뿐만 아니라 진짜 중요한 문제에서도 당신에게 입을 닫아버릴 것이다.

우리가 생각할 때는 '바보 같은' 이야기와 그렇지 않은 이야기가 너무나 분명하게 구분되니까 아이도 그러리라 생각한다. 한 가지 알아두어야 할 것은, 감정이란 우리가 선택하는 것이 아니라는 사실이다. 같은 상황에서 다른 사람들은 다르게 느낄지라도, 다른 사람들은 내가 느끼는 감정이 바보 같다고 생각할지라도 어쩔 수 없다.

부모는 자녀가 편하게 이야기할 수 있는 상대여야 한다. 할머니가 끓여준 렌틸콩 수프를 불평하는 아이에게 '쓸데없는 소리 하지 말라'고 핀잔을 주면, 나중에 변태 피아노 교사가 허벅지를 더듬었을 때도 아이는 당신에게 말하러 오지 않을 것이다. 우리가 생각할 때는 두 가지가 어떻게 같을 수 있나 싶지만, 아이가 생각할 때는 두 사건 모두 '불쾌했던 경험'이기 때문이다. 그리고 예전에 불쾌했던 경험을 부모에게 이야기했을 때 엄마 아빠가 관심을 보이지 않았으니까 이번에도 굳이 이야기했다가 무안당할 필요는 없다고 생각하게 된다.

　예시가 너무 극단적이라고 생각할지도 모르겠다. 할머니가 끓여 준 맛없는 수프와 아이의 허벅지를 더듬는 변태 피아노 선생님은 전혀 다른 차원의 문제라고 생각하기 때문이다. 그러나 아이들은 다르다. 아이들은 세상 물정을 모른다. 사회 경험도 없고, 학교 교육도 거의 받지 않았고, 무엇보다 성적 욕망의 개념을 모르는 상태다. 입맛에 안 맞는 뭔가를 먹었을 때만큼이나, 누군가가 부적절한 신체 접촉을 시도할 때는 경계해야 한다는 걸 모른다. 왜냐하면 아이들에게는 두 사건 모두 '불쾌한 신체적 감각'으로 인식되기 때문이다. 아이가 하는 말을 바보 같다고 하면 안 되는 이유는 아이가 소통의 의지를 잃어버리고 위험에 처할 수 있기 때문이다.

아이의 슬픔과 화는
교감의 기회

—————— 누군가 당신에게 아이가 어떤 삶을 살았으면 좋겠냐고 물으면 당신은 아마 '그저 행복하기만을 바란다'고 답할 것이다. 아이의 행복을 바라는 게 나쁜 것은 아니다. 하지만 혹시 우리는 '행복'이라는 것을 지나치게 과대 포장하는 건 아닐까?

완벽한 가족이 모여 완벽히 즐겁게 지내는 모습, 푸른 초원 위에서 소풍을 즐기며 모든 것이 완벽하게 조화를 이루는 그런 모습만을 행복이라고 여기지는 않는가?

여느 감정과 마찬가지로 행복감 또한 일시적이다. 사실 늘 행복한 사람은 자신이 행복한지 모를 것이다. 그와 비교할 만한 다른 감정적 상태라는 걸 경험해본 적이 없기 때문이다. 아이가 행복감을 느끼기 위해서는 아이가 느끼는 여러 가지 기분, 아이가 세계를 경험하는 방식을 부모가 수용해야 한다. 그리고 그 과정은 결코 소풍과는 거리가 멀다.

아이를 꾸짖거나 다른 것으로 주의를 돌리는 방식으로는 절대 아이를 행복하게 해줄 수 없다. 아이가 어떤 경험을 하고, 그것을 어떻게 느꼈든 상관없이 있는 그대로 아이를 받아주고 사랑해줄수록 아이 역시 행복해질 역량을 키우게 된다. 이는 아이뿐 아니라 부모에게도 적용되는 이야기다. 부모인 어른들도 자신을, 그리고 자신의 기분을 있는 그대로 받아들일 수 있어야 한다.

내가 열두 살 때, 아버지의 손님이 내게 행복한 어린 시절을 보내고 있느냐고 물어본 적이 있다. 나는 이렇게 답했다. "아뇨, 썩 그렇지는 않아요. 대부분은 특별히 행복하다고 느끼지 않는 것 같아요." 이 말을 들은 아버지는 화를 내며 항변했다. "그 무슨 말도 안되는 소리냐! 너만큼 걱정 없고, 행복한 어린 시절을 보내는 아이도 없을 거다. 헛소리하지 마라." 그 말을 한 사람이 (무섭긴 하지만 그래도 사랑하는) 아버지였기 때문에, 나는 내가 틀렸는가 보다 했다. 하지만 동시에 혼란스럽고, 나 자신의 감정에 확신이 서질 않았다.

부모가 되면 내게 행복을 주는 것이 아이에게도 행복을 줄 것으로 당연하게 생각하게 된다. 그러나 여러분도 잘 알겠지만, 늘 그런 것은 아니다. 아이가 행복하지 않다고 말하면, 마치 내가 부모로서 불합격 점수를 받은 것만 같은 기분이 들지 모른다. 그래서 그런 불편한 감정을 느끼고 싶지 않은 마음에 우리 아버지가 했던 것처럼 아이를 꾸짖어서 행복하다는 생각을 강요하려 할 수도 있다.

만일 내가 지금 알고 있는 것을 그때도 알았더라면, 아버지가 나를 꾸짖었을 때 내 감정을 더 구체적이고 정확하게 설명할 수 있었을 것이다. 그러나 당시에는 머릿속에 안개라도 낀 듯이 모든 것이

불분명하고 혼란스럽기만 했다. 나는 분명히 어떠한 감정을 느끼는데, 내가 우러러보는 인물이 내게 그 감정은 헛소리라고 말했을 때 느껴지는 혼란이었다. 그리고 혼란과 함께 수치심도 밀려왔다. 왜냐하면 내가 뭔가를(그 뭔가가 무엇인지는 알 수 없었지만) 틀렸다고 생각했기 때문이다.

이로써 아버지는 딸인 나와 교감할 기회를 놓치고 말았다. 그 순간에는 아니었을지라도 손님들이 다 떠나고 난 뒤에 말이다. 내 감정을 물어보고, 방어적으로 행동하지 않을 수도 있었을 텐데, 표현이 서투른 나 대신 내 감정을 언어로 정리해주고, 딸인 내가 보는 시각으로 세상을 보려고 노력할 수도 있었을 텐데 말이다. 아버지의 관점 자체를 바꾸라는 이야기가 아니라 사물과 자신을 바라보는 나의 시각 역시 나름대로 일리가 있었음을 인정했다면 좋았을 것이라는 이야기다.

자녀가 느끼는 슬픔과 화와 두려움을 반드시 고쳐야 하는 부정적인 무언가가 아니라 아이를 더 잘 알고 서로 교감할 기회로 삼는다면 아이와의 유대감을 강화할 수 있다. 이 과정을 통해 아이가 행복해질 역량도 키울 수 있다.

퇴근하고 집에 돌아와 배우자에게 '오늘은 정말 최악의 하루였어'라고 말했는데 배우자가 '그렇게 나쁘지는 않았을 거야'라고 답한다면, 당신 역시 배우자가 자신의 힘듦을 이해하고 받아들이지 못한다고 느낄 것이다. 심지어 나를 밀어낸다고 느낄 수도 있다. 그리고 상대방이 나의 고민에 자꾸 이런 식으로 대답한다면 결국에는 배우자에게 속내를 털어놓지 않게 될 것이다.

반대로 만일 배우자가 당신의 이야기에 '왜, 무슨 일 있었어?'라고 되묻는다면 당신 또한 그날 상사가 얼마나 못되게 굴었는지, 상사의 실수로 같은 일을 두 번이나 해야 했던 게 얼마나 짜증 났는지 이야기하게 될 것이다. 대화 끝에 배우자가 '진짜 최악의 날이라고 할 만하네, 고생 많았어'라고 말한다면, 당신의 기분 또한 조금은 나아지지 않겠는가?

반대로 만일 배우자가 '그럴 때는 말이야…'라는 말로 훈계하려 든다면 당신의 기분은 처음보다 더 나빠질 것이다. 혹은, 당신이 힘들었던 하루 이야기를 꺼내는데 배우자가 '우와, 밖에 고양이 있어, 고양이!'라면서 딴소리를 늘어놓으면 거기서 그냥 말을 멈춰버릴 것이다. 완전히 딴 이야기를 하는 사람에게 직장에서 있었던 이야기를 늘어놓는 것이 무슨 소용이 있겠는가? 고양이 이야기를 하면 그 순간에는 안 좋은 기분이 잊힐지 모르지만, 제대로 대면하지 않고 묻어둔 감정은 언젠가는 다시 돌아오게 되어 있다.

항상 기억하자. 당신의 어린 자녀나 성인 자녀가, 혹은 배우자가 고통스러운 감정을 털어놓을 때는 감정을 있는 그대로 긍정하고 받아주어야 한다. 그렇게 하면 고통스러운 감정이 더 악화할 것 같지만, 사실 이는 상대방이 그 감정을 겪으면서 극복하는 과정을 도와주는 일이다.

아이가 학교에서 힘든 하루를 보냈다는 이야기에 공감 능력을 발휘하기란 그다지 어려운 일이 아니다. 진짜 어려운 문제는 아이가 당신과 동의하지 않을 때 발생한다. 예를 들어 첫째가 갓 태어난 동생에 대해 '난 저 애 싫어요. 병원으로 돌려보냈으면 좋겠어요'라고 말한다고 해보자. 이럴 때야말로 첫째의 말에 귀를 기울이고, 아이가 느끼는 감정을 이해하고 인정하려고 노력하는 것이 중요하다. '요즘 우리 단둘이서 보내는 시간이 많이 줄어들었지? 그러니 네가 아기를 원망하는 것도 이해해'라거나, '어른들이 모두 아기만 보고 좋아하고, 너는 없는 사람처럼 취급하는 게 몹시 속상했겠구나'라고 이야기하면 된다. 아니면 심지어 '이제 동생이 생겼는데, 언니(혹은 오빠)가 된 기분이 어때?'라고 물어볼 수도 있다. 이 질문에 첫째가 뭐라고 대답하든 받아들여야 한다. 아이에게 동생을 사랑해야 한다고 강요해서는 안 된다. 아이는 이미 자신의 감정이 어떠한가를 선명하게 느끼고 있고, 그 감정을 담아줄 안전하고 넓은 그릇이 필요하다.

행복해야 한다는
강박에서 벗어나자

―――― 정신분석가 애덤 필립스Adam Phillips에 따르면 행복해야 한다는 강박감이 우리를 불행하게 만든다. 인생에는 필연적으로 즐거움과 역경이 공존하는데, 그중에 괴로운 것은 전부 제거하고 즐겁고 유쾌한 것으로만 삶을 채우려 든다면, 혹은 괴로움을 느끼는 감각을 무디게 하거나 다른 데로 주의를 돌리려 한다면 고통을 받아들이고 소화하는 능력을 발달시킬 수 없게 된다.

사람들은 대개 삶의 목표를 정해두고, 목표를 달성하면 자신이 '행복'해진다고 생각한다. 물론 그리될 때도 있지만, 우리가 행복의 조건으로 생각한 것 중에는 그렇지 못한 것이 더 많다. 세련된 건물, 고급 자동차, 비싼 명품들 사이에서 행복하게 웃는 예쁘고 잘생긴 사람들의 이미지를 보고 있자면 무의식중에 그를 행복으로 착각하게 되지만, 사실 그 이미지들은 사람들이 그 물건을 원한다고 무의식적으로 생각하게 하는 장치일 뿐이다. 광고에는 절대 평범한 외모의 사람들이 골치 아픈 일을 처리하고, 불가피한 일을 받아들이며 그 과정에서 즉흥성과 즐거움을 찾아가는 모습이 나오지 않는다.

세상 모든 사람이 알았으면 하는 사실이 하나 있는데, 그건 바로 '부정적인' 감정을 제거하면 결국 우리가 원하는 긍정적인 감정도 함께 사라진다는 것이다. 심리치료사 제리 하이드Jerry Hyde는 이렇게 말하기도 했다. "감정을 술에 비유한다면 칵테일과 같다. 슬픔이나 고통은 행복이나 즐거움만큼이나 중요한 재료다. 어느 하나만 선택적으로 빼거나 줄일 수 없다."

쾌락의 문화에 아직 노출되기 전인 어린아이들은 진정한 의미에서의 만족감을 주는 것이 무엇인지 잘 안다. 그것은 바로 타인과 연결되는 유대감이다. 부모가, 양육자가 나를 이해한다는 느낌, 그리고 내가 속한 환경을 이해하고 거기서 의미를 찾아 그 환경과 연결되는 느낌이다. 그렇게 이해받고 받아들여지기 위해서 아이는 우선 자신이 느끼는 모든 감정을 다 받아들일 수 있어야 한다. 분노, 두려움, 슬픔, 그리고 기쁨까지 모두 말이다. 자신의 감정과 연결되지 않은 사람은 타인과도 연결될 수 없다.

많은 부모는 자녀가 행복하길 바란다. 아무리 황금만능주의에 사로잡힌 사회에 산다고 해도, 부모가 바라는 자녀의 행복은 물질적인 것을 넘어서는 어떤 것이지 않을까. 그리고 똑똑하고, 돈 많고, 키 크고, 예쁘고 잘생긴 자식만을 바라는 것도 아닐 것이다. 우리가 바라는 자녀의 행복은 아마도 타인과의 관계를 비롯해 세상과 건강한 관계를 맺는 데서 오는 행복일 것이다.

부모, 형제, 자매들과 어떤 방식으로 관계를 맺었는가는 나중에 습관이 되어 앞으로 아이가 맺게 될 모든 관계 형성의 청사진으로 작용하게 된다. 누가 옳고 누가 틀리느냐를 따지거나 타인과 경쟁해서 항상 이기려는 습관, 물질적인 것을 우선시하거나 자신의 진심을 숨기는 습관, 그리고 무엇보다 자기 생각과 감정이 있는 그대로 받아들여지지 않는 상황이 반복되면 타인과 친밀해지고 행복을 느낄 수 있는 역량의 발달에 제동이 걸릴 수 있다. 반대로 아이의 감정을 수용하면 부모와 자식 간의 유대감을 강화할 수 있게 된다.

힐러리는 미용실을 운영하며 혼자 아이를 키우는 부모다.

타시가 세 살 무렵 남동생 나담이 태어났어요. 주변 사람들이 조언해준 대로 "아기가 주는 선물이래"라며 타시에게 선물을 사다줬지만 타시는 속지 않았죠. "갓난아기가 무슨 돈이 있어서 선물을 사요? 걷지도 못하는데 쇼핑은 어떻게 해요?"라면서요. 그래도 처음에는 자기가 누나라며 신나서 까불거리기도 하고, 손님들이 오면 그 사실을 곧잘 자랑했어요. 그러나 기쁨도 잠시, 아기에 대한 흥미가 시들해지자 다시금 타시의 짜증이 시작됐지요. 비협조적일 뿐 아니라 자다가 이불을 적시는 일이 또 시작됐죠. 그동안 저는 뭘 몰랐기 때문에, 그저 좋은 뜻에서 그래도 동생이 생겨 기쁘지 않으냐고 자꾸 아이에게 말했어요. 하지만 타시의 행동은 갈수록 악화되기만 했어요.

그러던 어느 날 저녁이었습니다. 아이를 재우느라 한바탕 난리 법석을 피운 뒤에 가만히 앉아 생각에 잠겼어요. 내가 아이였고 여동생이 태어났을 때 나는 어떠했는가 하고요. 저 역시 여동생이 정말 너무 싫었어요. 하지만 한편으로는 여동생을 싫어한다는 것에 죄책감도 느꼈죠. 나이가 들면서 문제는 더 심각해졌어요. 제가 여동생에게 못되게 굴 때마다 주변 사람들이 모두 저에게 '너는 못된 아이'라고 말했거든요. 그렇지만 어쩔 수 없었어요. 여동생을 볼 때마다 '너 죽고 나 살자'는 감정이 치밀어 올랐거든요. 솔직히 말하면 지금도 여동생만 보면 별다른 이유 없이도 화가 나곤 해요.

그제야 타시에게 동생을 좋아하라고 강요하는 것이 전혀 소용없는 일임을 깨달았어요. 나도 못 하는 일을 아이에게 강요할 순 없었죠. 저는 타시에게 미안했어요. 진심으로 타시의 마음을 이해하려 했어요. 그리고 타시가 표현하기 어려운 감정을 어른인 내가 말로 옮겨야겠다고 생각했어요. 아이와 진정한 유대감을 형성할 때까지 말이에요. 왜냐하면 당시 저는 타시와 너무 멀어진 기분이었거든요.

다음 날 아침 아이에게 찾아가 이렇게 말했어요. "나담이 우리 집에 온 게 네 마음에는 별로 내키지 않는 거지?" 타시는 아무 말도 하지 않았어요. 저는 계속해서 이렇게 말했죠. "너희 이모, 그러니까 엄마의 여동생이 태어났을 때 엄마도 동생이 정말 싫었어. 그때 주변 사람들이 엄마에게 동생을 사랑해야만 한다고 강요했지만, 도저히 그런 마음이 들지 않았단다. 그런데 엄마가 너에게 똑같이 행동하고 있었구나. 정말 미안하다, 아가. 동생이 태어난 것 때문에 네가 그만큼 속상하다는 걸 모르고 있었어."

그날 온종일, 타시가 놀이를 할 때도 아기 때문에 바쁘니 다른 데

가서 놀라고 말하는 대신 타시의 마음을 받아주었어요. "엄마가 아기만 돌보느라 예전처럼 놀아주지 못해 속상하지? 정말 미안해"라고요. 타시가 엄마인 저를 동생과 나누어 가져야만 하는 순간이 올 때마다, 혹은 동생 때문에 타시가 기다리거나 불편함을 겪을 때마다 저는 타시의 감정을 헤아려 아이에게 말로 표현했어요.

타시의 기분이 바로 풀리지는 않았지만, 차 마실 시간이 됐을 때쯤에는 훨씬 더 성숙하게 행동하는 걸 볼 수 있었어요. 무엇보다 타시와 훨씬 가까워진 느낌이 들었어요. 왜냐면 타시의 감정에 반박하고 부인하는 게 아니라 공감했기 때문이죠. 또 무엇보다 타시가 협조적인 태도를 보이기 시작한 게 기뻤어요. 심지어 기저귀를 가져다주고, 물티슈를 건네주는 등 육아를 도와주기까지 했고, 나담이 낮잠을 자다 일어났을 때 저에게 알려주기도 했어요. 그날 밤 나담이 태어난 이후 타시는 처음으로 이불을 적시지 않고 잤어요.

이 경험을 통해 깨달은 사실은 아이가 느끼는 감정이 설령 불편하다 해도, 그래서 부인하고 싶은 마음이 든다 해도 그 감정을 명명하고, 아이가 그런 감정을 느끼는 것이 맞는지 확인하고, 맞는다면 그 감정을 있는 그대로 인정해주어야 한다는 거예요. 며칠 전, 이제 세 살이 된 나담을 데리고 공원에 놀러갔을 때 일이에요. 분수에서 물놀이하고 기껏 타월로 물기를 닦아 두었는데, 한 번 더 물장구를 치고 싶다는 거예요. 그러면 온몸이 흠뻑 젖은 채로 차에 타야 하거든요. 저희 어머니는 나담을 설득하려고 하셨어요. 물에 잔뜩 젖어서 차에 타면 찝찝할 거라고요. 하지만 나담을 설득할 순 없었죠. 저는 어머니의 말을 가로막은 뒤에 나담에게 이렇게 말했어요. "물놀이가 많이 하고 싶을 텐데, 실망이 크겠구나"라고요. 고분고분하게 이 말을 받아들이는 나담을 보고 어머니는 무척 놀라셨어요.

그뿐만 아니라 나담과 타시 역시, 여전히 티격태격하기는 해도 서로 미워하거나 적대시하는 것 없이 잘 놀아요. 정말 잘된 일이죠.

연습 ∞ 다른 사람의 감정에 공감하기

타인의 감정이 어떨지 상상하고 공감하는 연습을 해두면 실제 상황에서도 똑같이 하기가 쉬워질 것이다. 나와 의견을 달리했던 사람 또는 사람들을 생각해보자. 투표에서 나와 다른 후보에게 표를 던진 사람들도 좋다. 그들을 '멍청이들'이라고 비난하지 말고 그들이 처한 상황을 상상해보자. 그들이 바라는 것은 무엇이고, 무엇을 가장 두려워할지 말이다. 그 사람의 처지에서 왜 그들이 그런 선택을 하게 됐을지 생각해보라. 그들이 느끼는 감정을 함께 느껴보는 것이다.

공감이란 생각보다 쉽지 않은 일이다. 공감한다고 해서 곧 내 주장, 내 감정을 포기한다는 이야기는 아니다. 공감이란, 내 입장을 유지하면서도 타인의 마음을 이해하고 그 이유를 헤아리며, 무엇보다 그들의 감정을 함께 느끼는 일이다.

아이의 불편한 감정을
외면하지 말자

────── 자녀가 원치 않는 행동이나 말을 할 때 많은 부모는 다른 쪽으로 관심을 유도하는 교란 전략을 사용한다. 흔하게 쓰이는 방법이지만 좋은 방법이라고 하기는 어렵다. 왜냐하면 교란 전략은 기본적으로 단기적으로만 효과가 있는 요령에 불과하기 때문이다. 장기적으로 볼 때 이런 식으로 아이를 조종하는 것은 아이가 행복할 수 있는 역량을 발달시키는 데 도움이 되지 않는다.

아기의 눈을 들여다보라. 거기에는 진심밖에 없다. 나는 어른들도 자녀의 나이가 몇 살이든 상관없이 똑같은 진심으로 아이를 대해야 한다고 생각한다. 자녀의 관심을 다른 곳으로 돌리려는 행동은 아이를 내가 원하는 방향으로 가도록 조종하려는 행동이며 진심 어린 행동과는 거리가 멀다. 또한 아이의 지적 능력을 무시하는 모욕적인 행동이기도 하다.

부모가 이런 교란 작전을 쓸 때 아이가 느끼는 감정이 궁금하다면, 다음과 같은 상황을 상상해보자. 길을 가다 실수로 넘어져서 무룶이 다 까졌다고 해보자. 당신은 무릎도 아프고, 상처에서 피도 나고, 무엇보다 넘어진 것에 대한 수치심 때문에 괴로워하고 있다. 그런데 옆의 친구는 그런 것에는 아랑곳하지 않고 멀리 지나가는 강아지를 가리키거나, 나중에 자기 집에 오면 비디오 게임을 하게 해주겠다고 말한다. 당신은 어떤 기분일 것 같은가?

물론 아이의 주의를 다른 데로 돌리는 행동이 항상 나쁜 건 아니다. 하지만 아이를 조종하려는 의도로 해서는 안 된다. 예를 들어 아이가 아프거나 다쳐서 병원에 갔는데, 치료를 받아야 한다고 치자. 이런 상황에서 아이에게 주삿바늘을 보지 말고, 이마를 쓰다듬는 엄마 아빠의 손가락에 집중하라고 말하는 건 좋은 전략일 수 있다. 이 상황에서 부모는 아이를 속이는 것이 아니라(아이도 상황을 정확하게 인지하고 있으니까) 단지 아이가 위안을 느낄 수 있도록 주의를 다른 데로 돌리는 것뿐이다.

아이는 부모가 자신을 대하는 방식 그대로 부모를 대한다. 아이와 학교 성적표 이야기를 나누는 상황에서 아이가 당신의 주의를 돌리기 위해 창밖을 가리키며 '엄마, 저기 지나가는 고양이 좀 보세요!'라고 말한다면 부모인 당신의 기분도 좋지는 않을 것이다.

아이를 보육 시설에 맡기는 상황이라면 보육 선생님이나 보모에게 아이가 감정을 표출할 때 다른 곳으로 주의를 돌리려하지 말아달라고, 아이의 감정에 공감해달라고 부탁하는 것도 좋은 방법이다. 아이들 사이에 싸움이 나는 것을 방지하기 위해 한 아이가 손에 쥐고 있는 장난감으로부터 다른 아이의 주의를 돌리는 행동은 어느 쪽에게도 싸우면 안 된다는 교훈을 주지도, 그렇다고 양보와 협상의 기술을 가르치지도 못한다. 불편한 감정을 피하기만 해서는 그 감정들을 대하는 방법을 배울 수 없다.

그뿐만 아니라 아이가 갖고 놀면 안 되는 것을 달라며 조른다고 해보자. 예컨대 자동차 키 같은 것 말이다. 이럴 때 중요한 건 당장 그 순간 아이의 관심을 다른 데로 돌리는 것이 아니라 왜 자동차 키를 가지고 놀면 안 되는지를 이해시키는 것이다. '여기 이 인형 좀 봐라' 하면서 주의를 돌리려고 할 게 아니라 차 키를 갖고 놀지 말라고 분명하게 이야기해야 한다. '자동차 키를 갖고 못 놀게 해서 화났구나. 네 말을 들어보니 화가 많이 난 것 같아'라고 말함으로써 아이가 원하는 바를 이루지 못한 데서 오는 좌절감을 직면하고 극복하도록 도와주면 된다. 부모가 차분한 태도로 아이의 감정을 수용하면 아이도 스스로 그렇게 하는 법을 터득해 나갈 것이다. 그냥 다른 데로 주의를 돌리기가 훨씬 쉽고 금방 끝날 것처럼 느껴질지 모르지만, 이런 순간 하나하나를 놓치지 않고 시간을 들여 아이에게 감정을 수용하는 방법을 일깨우면 아이도 그것을 내면화하게 된다.

자녀의 경험, 감정으로부터 주의를 돌리는 일이 반복되다 보면 의도치 않게 아이의 집중력을 떨어트리게 된다. 아이가 신체적, 정서적으로 상처를 입거나 원하는 것이 뜻대로 되지 않았을 때, 불편하고 속상한 감정에 직면하지 못하게 자꾸 다른 곳으로 주의를 돌리면, 나중에는 어려운 문제에 집중 자체를 못 하게 된다. 아이가

감정: 나는 왜 감정을 참지 못할까?

가뜩이나 까다로운 문제에 직면한 상황에서 집중력까지 흩어지는 일은 없어야 할 것이다.

그러나 주의를 돌리는 행동의 가장 큰 문제는 부모와 자식이 건강하고 친밀하고 열린 관계를 맺을 수 없게 한다는 데 있다.

이처럼 부모들은 아이의 주의를 다른 데로 돌리거나, 아이가 느끼는 불편한 감정을 애써 무시함으로써 상황의 심각성을 덜고자 하는 유혹을 느끼곤 한다. 이는 상황을 아이가 아니라 자신의 눈으로 바라보기 때문이다.

예를 들어 성인이 된 우리는 출근할 때 엄마가 데려다주지 않는다고 해서 세상이 끝난 듯한 기분을 느끼지는 않는다. 그러나 어린 아이에게는 그것이 정말 심각한 문제일 수 있다. 또, 나로 인해 자녀가 불편한 감정을 느낀 것 같은 죄책감 때문에 자녀의 불편한 감정을 부인하려는 유혹에 시달리기도 한다.

부부 중 한쪽이 출근해야 하는 상황에서 어린 자녀가 가지 말라며 떠나가라 우는 상황이면 어떻게 하는 게 좋을까? 일단, 내가 출근하는 쪽이면 단호하고 확신에 찬 태도로 집을 나서야 한다. 부모가 안정되고 단호하며 낙관적인 태도를 보일수록 아이도 덜 불안해한다. 아이가 운다고 해서 아이 몰래 슬쩍 나가려하지 말고, 애정 어린 태도로 인사하고 집을 나서면 된다. 아이와 떨어지는 것에 대해 부모가 공황 상태에 빠지면 지나치게 과잉된 감정을 보이게 되는데 이는 아이에게도 도움이 되지 않는다. 그렇다고 아이가 슬프고 괴로워하는 것을 무시해서도 안 된다. 부모는 자녀의 감정을 비추는 거울이 되어야 하기 때문이다. 아이의 감정을 받아주자. 아이를 안아준 다음 상냥한 태도로 '엄마(또는 아빠)가 나가는 게 싫은 거구나. 오후까지 꼭 돌아올게'라고 말하면 된다.

반대로 아이와 함께 집에 남게 되는 부모나 양육자라면 아이와 감정적 보폭을 맞춰주는 것이 중요하다. 방금 있었던 사건(부모의 출근)에 대해 아이의 감정을 있는 그대로 인정한다. '엄마가 나가서 속상하구나, 무척 슬프지?'라고 말이다. 사랑하는 존재가 떠날 때 슬프게 느껴지는 건 당연한 일이다. 아이에게 엄마가 언제 돌아오는지 이야기해줘도 괜찮다. '엄마는 오후에 돌아오실 거야.' 출근한 부모가 언제 돌아오는지에 대해 아이에게 거짓말해서는 안 된다. 아이가 잘못된 시간 개념을 갖거나, 아니면 다음번에는 당신의 말을 믿지 않게 될 것이기 때문이다.

아이와 함께 있으면서, 나 자신이 느끼는 불편함에 주의를 기울여보자. 과민반응하지 않되 아이의 마음을 헤아리려고 노력해야 한다. 침착한 태도를 유지하고, 아이가 혼자 우는 일이 없도록 하자. 아이의 주의를 다른 데로 돌리려 하거나, '쉿!' 하며 아이의 입을 막거나, 엄연히 존재하는 아이의 감정을 부인하려 하지 말자. 아이의 이야기에 귀를 기울이고, 아이가 원할 때는 안아주도록 하자. 잠시 후 진정된 아이가 놀고 싶어 하면 같이 놀아줘도 좋다. 단, 아이가 아직 진정되지 않은 상태에서 주의를 돌리기 위해 놀이를 제안해서는 안 된다. 당신이 아이 입장이었다면 어떠했을지 생각해보라. 그토록 사랑하고 없으면 못 살 것 같은 사람이 안 보이고, 어디에 갔는지도 모르는 상황에서 갑자기 다른 사람이 끼어들어 당신의 마음 깊숙이 자리한 진심을 존중해주기는커녕 그것을 부인하고 무시하려 든다고 말이다. 일단 감정을 표현해내고 나면 상황을 받아들이기가 좀 더 쉬워질 것이고, 그때는 아이도 다른 놀이나 활동에 더 적극적으로 응할 것이다. 이것은 사랑하는 엄마 아빠가 사라져서 상심한 아이에게 액션 맨(유명한 영국 피규어)이 춤추는 것을 보라며 부추기는 것과는 전혀 차원이 다른 이야기다.

∞ 연습 주의 돌리기에 관해 생각해보기

당신이 화났을 때를 생각해보라. 자신의 감정을 언어로 논리정연하게 표현할 수 있기까지, 감정을 이해하고 거기에 익숙해지기까지는 시간이 필요하지 않던가? 감정이 가라앉지 않았는데 책이나 영화에 집중할 수 있을 것 같은가? 우리가 보기에는 아이들이 사소한 것으로 화내는 것 같을지라도, 거기서 느끼는 감정만큼은 어른만큼이나 진지하고 강렬하다.

아이는 순수한 감정의 덩어리이고 그럴 수밖에 없다. 그러나 성장 과정에서 자신의 감정을 거리를 두고 바라보고 수용하는 방법을 배우게 된다. 여기에는 도움이 필요하다. 성장하는 아이의 모든 감정을 있는 그대로 수용하고 받아들일 어른이 있어야 한다.

아이가 행복하기를 너무나 간절하게 바란 나머지, 부모는 때때로 아이가 화를 내거나 슬퍼하면 그 감정을 부인하거나 밀어내려고 한다. 그러나 아이가 정신적으로 건강한 성인으로 성장하려면 자신의 감정을 있는 그대로 받아들이는 사람이 있어야 한다. 또 감정을 표출하는 건강하고 생산적인 방법을 배워야 한다. 이는 아이뿐 아니라 어른에게도 적용되는 이야기다. 따라서 자신의 감정을 부인하지 않고 받아들이는 것이 중요하다. 특히 아이들이 느끼는 감정의 경우 그것이 무엇이든 간에 절대적으로 수용해야 한다. 또한 아이가 자신의 감정을 말로(혹은 그림으로) 표현하도록 도와줌으로써 감정을 처리하고 타인에게 전달할 수 있는 건전한 방법을 가르쳐줄 수 있다.

The Book You Wish Your Parents Had Read

4

관계

나는 왜

아이와의 관계에

서투를까?

관계 쌓기의 첫 단계,
임신

──── 부모가 되는 일의 첫 단계라 할 임신을 4장에서야 다루는 것이 의아할지 모르겠다. 이미 출산을 한 부모, 심지어 자녀가 10대에 접어든 부모라도 임신 과정을 되돌아보면 현재 자녀와의 관계를 더 잘 이해할 수 있을 것이다. 자녀와의 관계에서 뭔가 막힌 부분이 있다고 느낀다면 이번 장의 내용이 관계를 바로잡는 데 도움이 될 것이다. 출산이 임박한 부모에겐 곧 태어날 자녀와 평생 가는 건강하고 바람직한 관계를 맺는 데 도움을 줄 것이다.

자녀 양육을 효율성이나 문제 해결의 측면에서 접근하는 부모들을 종종 본다. 대부분은 사는 것이 너무 바빠서, 그리고 무엇보다 그 부모의 부모가 자식을 대하던 방식이 그러했고, 그걸 보고 자란 결과이기도 하다. 양육 과정을 바쁜 생활 속에서 해내야 하는 의무 정도로 생각하는 낡은 가치관도 한몫할 것이다. 그러나 모든 것에는 대가가 따른다. 아이를 한 명의 사람으로 존중하지 않으면, 아이의 마음을 헤아리려 노력하지 않고 그저 해결해야 할 문제로만 대한다면, 막상 아이가 10대, 20대에 접어들어 말이 통할 나이가 되어 대화를 시도한다 한들 부모와의 대화에 소극적일 수 있다.

다음에 소개할 사례는 38세 여성과 그녀의 81세 모친에 관한 이야기이다. 과연 이들의 사례는 임신과 어떤 관계가 있을까? 임신 기간은 내가 부모와 맺었던 관계를 되돌아보고 앞으로 태어날 자녀와 어떤 관계를 맺고 싶은지 생각해볼 좋은 기회다. 어떻게 하면 자녀와 진솔하고도 개방적이며 역할에 얽매이지 않는 관계를 맺을 수 있을지 고민해보자.

우리는 자녀와 유대 관계를 형성한다. 나에게 다음 이야기를 들려준 나탈리도 어머니와 유대 관계를 맺고 있었다. 유대 관계란 단순한 부모 자식 관계 이상이다. 부모여서, 자식이어서 사랑하지만 동시에 한 인간으로서 서로에게 호감을 지니는 관계, 진정한 교감이 이루어지는 관계를 말한다. 서로에게 진솔하고 개방적인 태도를 유지할 때 이런 관계를 일구어나갈 수 있다.

"저희 어머니를 만나본 사람들은 다 그래요. 사람이 참 좋으시다, 어쩜 그렇게 매력적이시느냐면서요. 실제로도 그래요. 그런데도 어쩐 일인지 저는 어머니와 있을 때 어색하고 불편해요. 내가 나이지 않은 것처럼요. 더 자주 뵈러 가야지 생각하지만 도저히 뵈러 가고 싶은 마음이 안 드는 것도 그 때문이죠. 항상 억지로 발걸음을 옮겨요"라고 나탈리는 말한다.

나탈리가 말한 것처럼, 두 모녀의 관계에는 어딘가 풀리지 않는 구석이 있는 것 같았다. 나탈리는 이후 다시 어머니를 만나고 난 뒤에 무엇이 문제인지 알 것 같다고 말했다.

　몇 년 전, 저는 엄마와의 관계에서 모험을 해보기로 했어요. 제가 좀 더 진솔한 태도로 나가면 엄마도 그러지 않을까 생각했던 거죠. 그래서 엄마에게 제 마음을 솔직하게 말씀드렸어요. 이혼을 겪은 후 몇 차례 우울증을 앓아왔다고요. 엄마는 그저 "아, 난 요즘 너무 행복하단다"라고 답하셨죠. 그 뒤로 대화는 더 이어지지 않았어요.

　그때 알았어요. 엄마는 제가 우울하고 어두운 감정을 느낀다는 사실을 받아들일 수 없었던 거예요. 제 감정은 고사하고, 어머니 자신의 부정적 감정조차 부인하고 계셨을 거예요. 제가 우울해하는 게 어머니에게는 일종의 위협처럼 느껴졌던 것 같아요. 이런 문제를 어머니와 이야기해보려 했지만, 대화의 문은 굳게 닫혀 있었어요.

　저는 엄마에게 상냥하게 대하고 싶어요. 하지만 제 나이 서른여덟이 되도록 우리 모녀 사이에는 넘기 어려운 벽이 존재해요. 서로 예의 바른 대화만 나누는 단계에 머물러 있죠. 거기서 더 나아가기는 어려워 보여요.

　제가 브리지트를 임신했을 때였어요. 저는 엄마가 의무감에 저를 보러 오시는 게 싫었어요. 정말 제가 보고 싶고 걱정돼서 오셨으면 했죠. 오시든 안 오시든, 엄마가 진심으로 선택했으면 했어요. 엄마가 당신 모습 그대로 사셨으면 했고, 저에게 하고 싶은 말은 거리낌 없이 하셨으면 좋겠다고 생각했어요. 임신 내내 어떻게 하면 그럴 수 있을까를 많이 고민했어요. 그리고 내린 결론은, 내가 먼저 엄마를 향해 벽을 치는 행동을 그만두면, 엄마 역시 좀 더 본래의 모습으로 저를 대해 주시지 않을까 하는 거였어요.

바보같이 보일지 모르지만, 그때 저는 결심했어요. 브리지트를 대할 때 절대 벽을 치거나 가식적으로 행동하지 않겠다고, 항상 내 본연의 모습 그대로 행동하겠다고요. 이후 브리지트가 태어났고, 저는 아기만이 보여줄 수 있는 확고하고 순수한 진솔함과 마주하게 되었죠. 그때 아이에게 진솔한 모습을 보여주기로 했던 것이 올바른 결정임을 느꼈습니다. 그리고 그것을 실천하는 것이 아무리 힘들지라도 온 힘을 다하겠다고 결심했어요. 물론 아이의 나이와 발달 단계에 맞춰 솔직함의 정도를 조절할 필요는 있겠지만요.

지금은 브리지트가 느끼는 모든 감정을 다 수용하고 받아주기 위해 많이 노력하고 있어요. 긍정적이고 행복한 감정뿐만 아니라 모든 종류의 감정을 말이죠. 그리고 저 자신의 감정에도 그렇게 하려고 노력해요. 항상 울고, 보채고, 달래기 어려운 아기를 키운다는 게 얼마나 힘든 일인지 이제는 알거든요. 아이가 울고 보챌 때마다 온갖 감정이 다 들어요. 내가 쓸모없는 인간이 된 것 같기도 하고, 화도 나고, 한번은 새벽 세 시에 자다 깨서 아기랑 같이 운 적도 있어요. 하지만 스스로 그런 감정을 느낀다는 걸 인지하고, 당연히 그럴 수 있다는 생각으로 나 자신의 감정을 받아들이고 있어요. 그리고 딸에게 친절하고 상냥하게 대하려고 노력하고, 무엇보다 내가 아기였다면 바랐을 법한 방식으로 딸을 대하려고 해요.

처음에는 브리지트의 기분을 풀어줄 수 없는 것이 마치 내가 무능한 부모여서 그런 것처럼 여겼지만, 지금은 그렇게 생각하지 않으려고 노력해요. 아이가 겪는 문제나 불편한 감정을 없애려 하지 않고 그냥 내버려 두기도 쉽지는 않아요. 그런다고 해서 바로 효과가 나타나지는 않으니까요. 하지만 저는 여전히 브리지트와 함께하려 하고, 아이의 마음을 헤아리고 이해하려 애쓰죠.

그렇게 행동하는 게 쉽다는 이야기도 아니고, 늘 완벽하게 해내는 것도 아녜요. 하지만 아이와 계속 대화하려 노력하고, 또 함께할 때는 100퍼센트 거기에만 집중해요. 육아서에 나오는 100점짜리 엄마가 아니라 나 자신의 모습 그대로 아이를 대해요. 나중에 아이가 크면 제가 했던 것처럼 자기 모습 그대로를 저에게 보여주면 좋겠어요.

현재 임신 중인 부모도, 또 자녀를 낳아 기르는 부모에게도 가장 최선의 전략은 장기적 관점에서 양육을 바라보는 것이다. 당장 눈앞에 닥친, 아이를 먹이고 씻기고 재우는 '문제'에만 얽매이는 것이 아니라 장기적 관점에서 아이를 하나의 인간으로, 일생에 걸쳐 나와 알고 지내게 될 한 사람으로 봐야 한다. 이런 접근만이 아이와 장기적으로 지속하는 안정적인 유대 관계를 맺게 해준다.

부모가 되면, 아이와 유대감을 형성하기 시작한다. 이 유대감은 시간이 지날수록 강화된다. 그러나 유대감의 기반이 형성되는 건 임신 기간이다. 아이가 성장해 생활력을 갖게 되고, 부모에게서 독립해 자신만의 인간관계를 형성하기 시작하면 그때부터는 서로의 삶과 관심사에 관해 지속해서 소통해야만 유대감을 키울 수 있다.

관계: 나는 왜 아이와의 관계에 서투를까?

내가 행복할 때,
아기는 희망을 느낀다

──── 부모와 자식 간의 관계는 보통 이렇게 시작된다. 임신 소식을 주변에 알리는 순간부터, 뭘 먹어야 하고 뭘 마시지 말아야 하는지, 그 밖에 일반적인 행동 지침에 관한 주변인들의 끊임없는 조언이 시작된다. 구체적인 내용은 문화권이나 시대에 따라 조금씩 다르겠지만, 주변인들에게 조언을 듣는 과정 자체는 언제 어디서건 대동소이하다.

이렇게 무수한 규칙과 조언이 난무하다 보니 임신이나 양육에 '정답'이 있다고 생각하기 쉽다. 그 정답에서 한 치도 벗어나지 않는 완벽한 부모와 완벽한 아이도 있다고, 무의식적으로 생각하게 된다.

그러나 나는 이러한 사고방식이 아이와의 건강한 관계 형성을 방해한다고 생각한다. 임신이나 출산, 육아에 정답이 있다고 믿는 순간, 아이를 공감하고 교류하고 존중해야 할 하나의 인간이 아니라 완벽하게 기르고 입히고 최적화할 대상으로 바라보기가 쉬워진다. 도저히 실현 불가능한 완벽을 추구할 것이 아니라, 임신과 육아가 완벽하게 해내야 하는 '일'이 아님을 인정해야 한다. 출산이란, 지금껏 계속 말해왔듯이 평생 좋아하고 사랑할 사람을 세상에 데려오는 일이다.

임신한 순간 여기저기서 쏟아지는 다양한 조언이나 규칙에 어떻게 대처할 것인가 생각해봐야 하는 이유가 하나 더 있다. 그런 규칙을 하나도 빠짐없이 지키고, 주의할 것들을 챙기다보면(물론 그런 규칙 중에도 도움이 되는 것이 있을 수 있지만) 마치 자신이 임신 과정이나 아이에게 물려줄 유전자까지 통제할 수 있다는 착각에 빠진다.

이렇게 생각하면 편하다. 문화권마다 임신했을 때 지켜야 하는 규칙들이 다르다. 그런데도 많은 부모는 이런 규칙을 철저하게 지키지 않으면 큰일이라도 날 것처럼 여긴다. 예를 들어 영국에서는 임부가 반드시 저온 살균한 우유만 마셔야 한다고 생각한다. 임신 사실을 모를 때 저온 살균하지 않은 우유를 마신 임부는 자신이 아이에게 못 할 짓이라도 한 것처럼 불안해하게 된다.

개중에는 미리 알게 되는 규칙도 있지만, 나중에 가서야 알게 되는 규칙도 있다. 임신 과정에서 모든 안전 수칙을 다 지키기란 현실적으로 불가능하다. 임신이란 것 자체가 어느 정도의 위험을 수반한다. 보통 아이들과 다른 특성이 있는 아이를 낳을 수도 있다. 소위 말하는 완벽한 '인형' 같은 아이를 말이다. 하지만 아이는 애초에 인형이 아니라 우리가 소통하고 사랑하고 교류해야 할 한 명의 인간일 뿐이다.

파푸아뉴기니의 칼리아이Kaliai족 문화에서는 건강한 아이를 순산하려면 부부가 임신 중에는 물론이고 가능하다면 출산이 임박해서도 성관계를 지속적으로, 가능한 한 많이 해야 한다고 믿는다. 또 칼리아이족의 주식 중 하나인 날여우박쥐 고기를 임산부가 먹으면 아이가 정신장애를 갖고 태어나거나, 날여우박쥐처럼 부들부들 떨며 태어난다고 믿는다.

이런 금기나 규칙은 전 세계 곳곳에 존재한다. 인류학자들은 이것을 '공감 주술sympathetic magic'이라 부른다. 공감 주술은 주로 산모가 임신 기간에, 혹은 모유 수유 기간에 먹는 음식과 관련이 있다. 이처럼 우리가 임신 기간에 듣는 이런저런 규칙은 문화권마다 다르고, 또 시대에 따라서도 달라진다. 개중에는 의학적 근거가 있는 것도 있지만, 전혀 근거 없는 미신에 불과한 것도 있다. 의학적 조언을 무시해서는 안 되겠지만, 그런 조언이나 규칙을 따라야만 할 때 내 감정이 어떠한가를 생각해볼 필요가 있다.

한편, 예일 대학이 발표한 연구 결과에 많은 임부가 기뻐했다. 이 연구에 따르면 임신 막바지 3개월 동안 일주일에 다섯 조각 이상의 초콜릿을 먹은 임부들은 전자간증(pre-eclampsia, 과거의 임신중독증. 임신과 합병된 고혈압성 질환)을 보일 확률이 40퍼센트가량 더 낮았다고 한다. 그 밖에도 초콜릿이 임부에게 좋다는 증거는 더 있다. 2004년, 헬싱키 대학의 카트리 라이코넨Katri Räikkönen은 임신 기간에 임부가 섭취한 초콜릿의 양과 이후 태어난 아이의 행동 사이의 상관관계를 연구했다. 생후 6개월 된 아이를 대상으로 얼마나 두려움을 느끼고 쉽게 진정하는지, 얼마나 자주 미소 짓거나 웃는지 등 다양한 범주의 행동을 관찰하였다. 엄마가 임신 중 매일 초콜릿을 먹은 경우 아이 역시 더 활발하고, 더 많이 웃는 것으로 나타났다. 연구팀은 엄마들의 스트레스 수준도 측정했는데, 똑같이 스트레스를 받아도 초콜릿을 주기적으로 섭취한 엄마에게서 태어난 아이는 그렇지 않은 아이보다 공포를 덜 느끼는 것으로 나타났다.

임신 기간에 듣는 '조언'의 문제점은, 임신 막바지나 아이의 출생 이후에 조언을 듣게 되면 내가 나쁜 엄마인가 죄책감을 느낀다는 것이다. 나 역시 앞의 초콜릿 연구를 나중에서야 알게 되었다. 나는 초콜릿을 잘 먹지 않는 편이지만, 우리 아이는 그와 별 상관없이 잘 웃는다. 이처럼 공감 주술이란 의학적 근거가 있는 것에서부터 미신에 이르기까지 다양한 종류가 있으며, 그것을 충실히 따른 사람에게는 안도감을 주지만 잘 몰랐거나 따르지 않은 사람에게는 두려움을 느끼게 한다. 앞서 이야기했듯이, 임신 과정이나 태아에 대해 부모가 통제할 수 있는 요인은 생각보다 훨씬 적다.

임신 기간에 지속해서 신체적인 위협을 당하거나 트라우마를 겪는 등 극심한 스트레스(유독성 스트레스)에 시달리면 태아의 발달에 부정적 영향을 미칠 수 있다. 영양 부족도 마찬가지다. 당연히 임부들은 대부분 그런 상황을 피하려 할 것이다. 그러나 일에서 받는 스트레스나 인간관계에서 오는 스트레스 등 정상적인 범주에 속하는 스트레스는 태아에게 영향을 미치지 않을 가능성이 크다.

때로는 아이가 장애를 지니고 태어나거나, 유산되는 일도 있다. 이때 부모가 할 수 있는 일은 거의 없으며, 무슨 음식을 먹거나 먹지 않는다고 해서 예방할 수 있는 것도 아니다. 날여우박쥐 고기를 먹었다고 해서, 혹은 그 밖에 어떤 민간요법을 어겼다고 해서 그런 일이 생기는 것은 아니라는 이야기다.

공감 주술은 임신 중 부모의 경험이 태아에게도 영향을 미친다는 사고방식에 바탕을 두고 있기 때문에 부모들에게 도움이 된다. 아이는 태중의 환경을 통해 출생 후 마주하게 될 세상을 짐작할 수 있는 것처럼 말이다. 임부가 마음 편히 즐겁게 지내고, 몸에 좋은 음식을 먹고 긍정적으로 생활한다면 아이 역시 자신이 태어날 세상에 긍정적이고 희망적인 기대를 하게 된다.

그러려면 먼저 임신과 출산 관련 조언을 들었을 때 내 기분이 어떠한가를 생각해야 한다. 가능하면 불안과 두려움에서 눈을 돌려 긍정적이고 낙관적으로 생각하는 것이 좋다. 태아를 마치 잘못될 수 있는 무언가라고 생각하지 않는 것이 도움된다. 걱정과 두려움은 새롭게 만나게 될 아이와 서로 만족스러운 관계를 맺기 위한 최선의 기반이 될 수 없다. 인간관계에서도 처음 형성한 관계의 패턴이 습관이 되어 계속되듯이, 아이를 만날 때도 처음 형성하는 관계의 패턴이 중요하다.

뭔가가 잘못될 가능성에 집착하지 말고, 잘될 가능성에 더 집중하자. 특히 다른 산모들의 힘들었던 출산기에 너무 겁먹지 말고 말이다. 임부가 즐거운 기분을 유지하는 것이 태아에게도 긍정적인 영향을 미친다. 가고 싶지 않은 길을 자꾸 보지 말고, 가고 싶은 쪽을 바라보면 미래를 더 긍정적으로 전망하고 아이와의 관계에서도 더 탄탄한 기반을 쌓을 것이다(무엇보다, 걱정한다고 해서 나쁜 일이 일어났을 때 상심을 덜 하는 것도 아니다).

자녀 문제에서는 되도록 낙관적이고 긍정적으로 생각하는 습관이 필요하다. 아이를 위해서라도, 아이가 무사히 성장하고 세상을 배워나가리라는 믿음을 가져야 한다. 나는 내가 우러러보는 누군가가 나를 믿어줄 때 원하는 것을 성취하기가 훨씬 쉬워진다는 걸 깨달았다. 이렇게 느끼는 것이 나 혼자만은 아닐 것이다. 이 책만 해도 만약 내 편집자가 할 수 있다고 나를 믿어주지 않았다면 쓸 엄두를 내지 못했을 것이다. 아이도 마찬가지다. 부모가 믿어줄 때 자기에게 있는 기량을 전부 발휘할 수 있다. 임신 기간은 이처럼 아이를 향한 낙관적인 전망을 품는 연습을 하기에 좋은 시기다.

새로운 사람을 만나기 전에 때로 제3자에게서 그가 어떤 사람인지 이야기를 들을 기회가 생긴다. 그 결과 직접 만나보기도 전에 그가 어떤 사람인가 하고 나름의 그림을 그리게 된다. 이렇게 제3자에게서 듣는 이야기가 상대방에 대한 생각에 어떤 영향을 미칠 것 같은가? 누구나 말로는 직접 사람을 만나보고 나서야 판단하겠다고 하지만, 우리 대부분은 그렇지 못하다.

《오리진Origins》의 저자인 애니 머피 폴Annie Murphy Paul은 임부 120명에게 태아의 태동을 묘사해달라고 부탁했다. 이때 임부가 태아의 성별을 알면, 아기의 움직임을 묘사할 때 선택하는 단어에 큰 차이가 발생했다. 여아의 움직임을 묘사할 때는 '상냥하다', '부드럽다', '고요하다' 등의 단어를 썼지만, 남아의 움직임을 묘사할 때는 '힘이 넘친다', '건강하다', '권투선수 같다'는 단어를 썼다. 한편 태아의 성별을 모르는 임부는 아기의 움직임을 묘사할 때 성별에 얽매이지 않은 표현을 사용했다. 성별은 편견을 갖지 않도록 부모가 주의해야 하는 부분 중 하나다. 아직 세상에 나오지도 않은 아이에게 너는 어떤 모습이어야 한다고 잔뜩 기대를 지우지 않으려면 말이다. 아이를 평가하기보다는 있는 그대로의 모습을 관찰하는 습관이 필요하다.

부모가 태아를 어떻게 생각하는가도 앞으로 아기와의 유대감을 형성할 때 영향을 미칠 것이다. 배 속 아기를 성가신 짐이나 부모에게 기생하는 존재로, 혹은 내 삶을 침범한 침략자로 생각하는 사람이 있는가 하면 반대로 거의 신격화하거나 상상 속의 친구처럼 생각하는 사람도 있다. 물론 그 중간 어딘가에 속하는 부모도 있을 것이다. 어느 경우이건, 부모가 태아를 어떻게 생각하는가가 앞으로 아이와의 관계에 영향을 미치는 건 변함없다. 그뿐만 아니라, 생각에 따라 아이와의 만남이 설레고 기대되는 사건일 수도 있고 걱정되고 두려운 사건으로 느껴질 수도 있다.

연습 나는 아이를 어떻게 생각하는 걸까?

아직 태어나지 않은 아이를 나는 어떻게 생각하는지 살펴보자. 아기에 대한 내 생각과 그것이 앞으로 아이와 나의 관계에 어떤 영향을 미칠지 생각해보는 것이다. 그렇게 함으로써 아직 만나기 전인 아이와 어떻게 관계 맺기 시작할 것인가에 관해 더 나은 결정을 내릴 수 있다.

소리 내어 태아에게 말을 걸어보면 아이와의 유대감 강화에 도움이 된다. 태아는 임신 18주부터 주변에서 나는 소리를 들을 수 있다. 임부 역시 태아에게 말을 걸며 스스로 아이에게 느끼는 감정을 정리할 수 있을뿐더러 나아가 아이에게 어떤 엄마가 되고 싶은가를 인지하는 데도 도움이 된다. 또 출산 전부터 아이에게 말을 거는 습관을 들이면 아이가 태어난 뒤에도 그 습관을 이어나갈 수 있고, 아이를 하나의 인격체로 바라보게 된다.

나는 어떤 유형의
부모일까?

———— 약 30년 전 출간되었지만, 오늘날까지 여전히 많은 가르침을 주는 조앤 라파엘 레프Joan Raphael-Leff의 책《심리학으로 본 출산 과정Psychological Processes of Childbearing》에서 저자는 부모가 크게 두 유형으로 나뉜다고 말한다. 규칙 중심적 부모와 아이 중심적 부모가 그것이다. 전자는 더 부모 중심적이고, 아이를 돌볼 때도 명확한 루틴이 정해져 있다. 후자, 그러니까 아이 중심적 부모는 아이에게 맞춰주는 경향이 강하다. 어른들이 정한 일정에 아이를 맞추기보다 그때그때 아이가 원하는 것에 따라 일정을 선택한다.

규칙 중심적 부모는 루틴을 정하고 아기를 돌본다. 매일 같은 시간에, 같은 활동을 함으로써 아이가 안정감을 느낀다고 믿기 때문이다. 일정을 정해두면 예측 가능성을 확보할 수 있다는 것이 이들의 논지다. 부모 역시 언제 어떤 일을 하게 될지 미리 알고 있어야 하고 만약 부모 외에 다른 양육자가 있다면 그 역시 정해진 일정에 따라야 한다. 질서와 체계, 그리고 예측 가능한 일상을 선호하는 부모는 이런 방식을 선호한다.

그런가 하면 아이 중심적 부모도 있다. 이들도 아이에게 예측 가능한 환경을 만들어주는 것이 중요하다는 데 동의한다. 그러나 정해진 루틴을 통해 예측 가능성을 달성하기보다는 아이에게 일관된 반응을 보여줌으로써 달성하려 한다. 아이가 뭔가를 요청하거나 신호를 보낼 때마다 부모가 이에 한결같이 응하면, 아이는 자신이 안전한 환경에 있다는 사실을 인식하고 안정감을 느낀다는 것이다.

둘 중 어느 유형이 더 나은가를 놓고 갑론을박하는 것은 별 의미가 없다. 누구나 자신의 성장 환경이나 문화적 배경에 따라 한쪽으로 기울게 되어 있으며, 같은 부모라도 두 역할 사이에서 유동적으로 오갈 수 있기 때문이다. 첫 아이를 키울 때는 아이 중심적 부모가 되기 쉽다. 돌봐야 할 아이가 하나뿐이므로 아이가 하자는 대로 맞춰주기가 쉽기 때문이다. 그러나 둘째, 셋째가 태어나면 모든 아이의 필요를 다 충족하기 위해 어느 정도의 루틴을 세운다. 예를 들어 첫째의 학교 행사에 참여해야 하는 날에는 둘째를 집에서 혼자 재울 수 없으니 함께 데리고 나올 수밖에 없을 것이다.

부모 중 한쪽은 아이 중심적이고, 다른 한쪽은 규칙 중심적인 경우도 있다. 이때 각자 자신의 육아 스타일이 더 우월함을 증명하기 위해 사실이나 데이터를 들이대는 것은 도움이 되지 않는다. 통계나 데이터를 들이밀며 내 의견을 주장할수록 상대방은 더욱더 고집스럽게 자기 의견을 고수하려 할 것이다.

누구나 자기 의견은 감정이 아니라 이성과 사실에 기반을 둔다고 생각한다. 그러나 대부분 사람은 마음에 드는 답을 미리 정해두고, 그것을 지지할 통계나 자료를 찾으려고 한다. 따라서 이런 문제를 배우자와 이야기할 때는 누가 옳고 그르냐를 따지기보다 서로 감정이 어떤가를 위주로 대화를 이끌어야 한다. 감정은 감정일 뿐이다. 세상에 옳은 감정이나 그른 감정은 없다. 내가 규칙 중심적인, 또는 아이 중심적인 태도를 보이는 이유는 그것이 반드시 더 낫거나 우월한 육아법이기 때문이 아니라 내게 더 익숙하고 자연스럽게 느껴지기 때문임을 인정하고 나면 고집스러운 태도를 버리고 더 협조적으로 행동할 수 있다.

무엇보다 내 육아 철칙이 어느 쪽에 더 가깝든지 간에, 아이를 대할 때는(혹은 어떤 대인관계에서든) 수용적인 태도와 온정, 그리고 상냥한 태도가 가장 중요하다는 사실을 잊지 말자.

라파엘 레프는 아이 중심적인 성향을 보이는 부모일수록 임신 기간 중 경험하는 감정적 격변에 저항하지 않고 굴복한다는 사실을 알아차렸다. 반대로 규칙 중심적 부모들은 감정적 격변에 휩쓸리지 않기 위해 저항하는 때가 잦았다. 또한 아이 중심적 부모는 내면에 보다 집중하고, 임신으로 야기된 놀랍고 생경한 감정들을 기쁜 마음으로 받아들였다. 반대로 규칙 중심적 부모들은 임신 후에도 가능한 한 오랫동안 자신의 본래 성향을 유지하기 위해 노력했으며 임신 후 변화한 상태에 '굴복'하지 않기 위해 애쓰는 모습을 보였다. 규칙 중심적 부모들은 임신으로 자기 삶이 침해받는다고 느낄 수도 있다. 반면, 아이 중심적 부모는 태아를 친구처럼 생각할 가능성이 더 높은 것으로 나타났다.

아이 중심적 부모는 임신 후 자신의 정체성이 더 강화되었다고 느끼지만, 규칙 중심적 부모는 임신과 출산으로 자기 정체성이 위협받는다고 느끼는 경우가 있었다. 아이 중심적 부모는 출산을 아이와 부모가 함께 겪는 삶의 전환기로 받아들이지만, 규칙 중심적 부모는 출산을 고통스럽고 힘겨운 사건으로 생각하는 경우가 많았다. 이런 차이를 언급하는 까닭은 두 유형 모두 정상이라는 사실을 밝히기 위해서다. 주변에 함께 임신과 육아를 겪는 사람 중에서 나만 다른 유형의 사람이라면 고립감을 느끼기 쉬운데 그럴 필요가 없다.

지금까지 나온 다양한 책, 지침서, 관습, 전통 등은 모두 둘 중 어느 한 쪽이 다른 쪽보다 더 낫다고 주장해왔지만, 정작 가장 중요한 것은 규칙 중심적인지 아이 중심적인지가 아니라 자기 자신에게, 그리고 자녀에게 얼마나 솔직하고 진심으로 대하는가이다. 즉, 부모가 자신의 자연스러운 성향과 감정을 인정할 수 있는가이다. 내 말과 행동을 정당화하려 하지 않고 나는 본래 그런 사람이고 내 마음이 그냥 그렇다고 인정할 수 있는지가 중요하다.

관계: 나는 왜 아이와의 관계에 서투를까?

연습 출산을 기다리는 부모들에게

자식의 출생이 나에게 어떤 감정을 불러일으키는지 살펴보자. 기쁘고 즐거운 마음인가, 아니면 불안하고 도망가고 싶은 마음인가?

부모가 된다는 것에 나는 어떤 기대를 하는가? 이런 기대치를 현실적으로 조정하고, 또 그런 기대가 내 행동에 어떤 영향을 미치는지 생각해보자. 예를 들어 '만약에 …하면 어쩌지'라는 불안한 생각이 자꾸 든다면 '설령 …한다고 해도 괜찮아'라고 생각하는 연습을 하는 것이다. 아이들은 꾀어야만 말을 잘 듣는다고 생각했다면 생각을 바꿔야 한다. 아이를 속임수나 꼬임의 대상이 아니라 진심으로 소통하고 이해해야 할 대상으로 바라보는 것이다. 내 몸을 태아와 소통하는 수단으로 생각해보자. 내 몸이 아이에게 익숙해지고 편안해하는 모습을 그려보고, 또 아이가 내 몸에 익숙해지는 모습을 상상해보자. 아이에게 말을 걸어보자. 아이도 당신이 하는 말을 들을 수 있다. 아이를 만날 날을 기쁜 마음으로 기다려보자.

배우자와 아이를 기다리는 중이라면 이러한 연습을 통해 어떤 감정을 느꼈는지 서로 이야기하는 것도 좋다.

나의 부모님이 이 책을 읽었더라면

 이미 자녀를 양육 중인 부모들에게

이 글을 읽고 난 뒤 스스로 임신에 '잘못된' 태도였다고 느낀다면 즉시 자신을 용서하자. 비단 호르몬의 영향 때문만이 아니라 여러 가지 일에 지나치게 걱정하느라 스트레스 받았거나 감정적으로 되었다고 해도 말이다. 우리는 세상을 나름대로 해석하고자 노력한다. 이해할 수 있다면 통제할 수도 있을 것 같기 때문이다. 그러나 그런 해석을 할 때도, 돌이킬 수 없는 상처를 피하기 위해 노력해야 한다. 예컨대 어떤 부모는 자신이 임신했을 때 너무 많이 걱정하는 바람에 아이의 집중력에 문제가 생겼다며 자책한다. 그러나 아이에게 나타난 문제가 반드시 부모나 환경 때문은 아니다. 임신했을 때 했던 말, 행동 하나하나에 집착하는 것보다는 현재 아이의 상태를 직시하고 도와줄 방법을 찾는 것이 훨씬 생산적이다. 당신은 그때 그 순간에 주어진 자원과 지식으로 할 수 있는 온 힘을 다했다. 그 사실을 인정하면 임신에서 오는 부담감과 스트레스를 덜수 있다. 자책은 누구에게도 도움이 안 된다.

관계: 나는 왜 아이와의 관계에 서투를까?

아기와 부모 사이의
유대감

───── 지금부터 이어지는 내용은 아기와의 첫 만남, 그리고 출생 이후 몇 분, 몇 시간, 길게는 몇 달 동안 느끼는 감정에 관한 것이다. 누구나 아기가 태어나면 태연하고 어른스럽게 맞이할 수 있다고, 그리고 자동으로 유대감이 형성되리라 생각하지만, 그건 사실이 아니다. 많은 미디어와 이야기에서 출산을 인생의 가장 중요한 순간으로 그리지만, 현실은 동화 속 이야기와는 다르다. 다시 말해, 모든 일이 계획처럼 되지 않을 수 있다는 이야기다.

출산 과정과 출산 직후 안정감을 얻으려면 꽤 많은 공감 주술이 필요할 수도 있다. 도움이 필요하면 도움을 구하면 된다. 누구도 임신과 출산 과정을 혼자서 해내지 못한다. 그렇다고 주변의 조언을 모두 따를 필요도 없다. 특히 무리라고 느끼는 것을 억지로 하기보다는 내게 마음의 안정을 주는 방법을 선택해야 한다. 그러면 이상적인 임산부가 되지 못했다고 자책하거나 부정적인 예측을 하는 일도 없고, 상황을 있는 그대로 받아들이게 될 것이다.

출산에도
계획이 필요하다

───── 현재 임신 중이라면 자신에게 맞는 출산 방법을 나름대로 고민해보았을 것이다. 무통 분만, 수중 분만 등 방법은 다양하다.

이는 시간을 들여 알아볼 가치가 있다. 나에게 가장 적합하고, 덜 힘든 방법을 선택하면 된다. 그편이 아이와의 첫 만남을 더욱 수월하게 해줄 것이다.

다른 여성들의 출산기를 익히 전해 들었겠지만, 출산 과정은 계획대로 되지 않는다. 예정했던 경막외마취가 어려울 수 있고, 자연 분만을 원하더라도 제왕절개수술을 하게 되기도 한다. 그래도 미리 계획하면 원하는 출산 경험에 최대한 가까이 다가갈 수 있다. 중요한 것은 모든 가능성을 열어 두고 융통성 있는 태도를 보이는 것이다. 인생 계획을 세울 때와도 비슷하다. 가고자 하는 전반적인 방향에는 확고한 태도를 보이되 스스로 어찌할 수 없는 부분에서는 융통성을 발휘할 필요가 있다.

딸아이를 가졌을 때 나는 차분하고, 자연스럽고 평화로운 방식

161

으로 출산하겠다고 계획했다. 계획대로 되었다면 좋았겠지만, 실제 출산은 계획과 아주 달랐다. 탯줄이 아기 목에 감겨서 아기의 심박 수가 떨어지기 시작했고, 흡반 분만을 통해 아기를 끌어내야 했다. 이처럼 출산이 계획대로 되지 않는 사례는 흔한 일이다.

딸은 태어나자마자 집중 치료실로 보내졌다. 출생 후 엄마와 살 맞대기가 중요하다는데(이 생각은 여전히 변함없다) 그러지 못해 상심이 컸다. 나중에 안 바로는 딸아이에게 무슨 문제가 있었던 것은 아니지만, 그대로 두면 문제가 생길지 몰라서 예방 차원에서 시행한 조처였다고 한다. 나는 일어설 힘이 돌아오자마자 집중 치료실로 달려갔다. 간호사들이 아무리 괜찮다고 해도, 나는 딸이 있는 치료실 앞을 떠날 수 없었다. 지금껏 살면서 나는 이 이야기를 몇 번이나 했는데, 당시의 출산 경험은 내게 너무나 큰 트라우마를 안 겨주었기 때문이다. 25년이나 지난 지금은 그때 이야기를 해도 감정이 북받치지는 않지만, 그렇게 되기까지는 꽤 오랜 시간이 필요했다.

완벽한 출산, 완벽한 엄마란 존재하지 않는다

──── 임신과 출산 과정을 무사히 마치고 아기를 품에 안으면, 그동안의 경험이 얼마나 힘들고 고통스러웠든지 상관없이 감사해야만 할 것 같은 기분이 든다. 그러나 마음의 평정을 되찾으려면 감사함과 동시에 그동안 경험한 일을 되새기고 정리하는 일이 무척 중요하다고 생각한다. 그것도 가능한 한 자주 말이다. 어쩌면 임신했을 때 주변 사람들에게서 별일 없이 지나간 출산기보다 겁나고 무서운 출산기를 더 자주 듣는 이유도 이것 때문인지 모른다. 그들 역시 자신이 겪은 출산 경험을 되돌아보고 정리할 필요가 있기 때문이다.

출산 과정도 쉽지 않은데, 처음으로 부모가 된다는 것은 그 자체만으로도 무척이나 압도적이다. 한편으로는 아름답고 멋진 일이지만, 다른 한편으로는 무척이나 중요하고 책임 또한 막중한 일이어서 이에 관해 지속적인 대화를 나누어야 한다.

개중에는 출산 경험에서 죄책감을 느끼거나, 실망하는 엄마들도 있다. 이때 항상 기억할 것은 완벽한 출산, 완벽한 엄마란 존재하지 않는다는 사실이다. 인생이란 원래 잘못 든 길을 바로잡는 일의 연속이다. 잘못된 점을 꼬집는 것보다 중요한 일은 잘못을 바로잡는 것이다. 아이를 알아가고, 아이와 유대감을 쌓다 보면 자연스레 본래 가려던 길로 돌아갈 수 있다.

출산 직후 딸과 떨어져 지내야 했던 것이 나를 더 불안하게 했는지, 아니면 딸을 더 소중하게 여기도록 했는지는 알 수 없다. 어쩌면 출산 직후 딸과 떨어지는 경험을 하지 않았더라도 결과는 같았을지 모른다. 그렇지만 생후 몇 개월 동안 나는 딸아이를 달래기 어려운 아기라고 생각했고, 그럴 때마다 불안했다. 또 출생 과정이 아이를 더 예민하게 한 건 아닐까 고민했다. 그러나 점차 딸을 달래는 방법을 배워가면서 나 스스로 조금씩 진정하기 시작했다. 출산 경험은 나와 딸 모두에게 트라우마를 안겨주었지만, 시간이 지나면서 서로의 상처를 조금씩 치유해나간 것이다.

아기의 젖 찾기 본능과
신호 주고받기

————— 부모는 자식 문제에서는 쉽게 조바심을 내곤 한다. 임신 기간에는 어서 아기를 만나고 싶어 안달이고, 출산 과정을 빨리 끝내고 싶어 하고, 아기가 태어나고 나서는 왜 젖을 잘 물지 않는지, 언제쯤이면 밤새 잠을 푹 잘지, 또 언제쯤 이유식을 시작하고, 걸음마를 떼고, 말하게 될지 궁금해한다. 그뿐만 아니라 언제 커서 독립할지, 좋은 직장에 들어가 높은 연봉을 받고, 꼬박꼬박 저축할지도 알고 싶어 안달이다. 하지만 이런 조바심을 조금만 접어두고 아이들의 지금 모습을 있는 그대로 지켜보면 서두르지 않는 법을, 그리고 무엇보다 현재에 충실하게 사는 법을 배우게 된다.

그 좋은 예를 출산 직후 관찰할 수 있다. 신생아들은 엄마 젖을 찾는 능력이 발달하여 생각보다 어려움 없이 젖을 물릴 수 있다. 이를 젖 찾기 본능이라고 한다. 스웨덴 카롤린스카 연구소의 위드스트룀Widström 박사 연구팀은 이를 가지고 실험했는데, 막 태어난 신생아를 산모의 배 위에 올려놓자 아기는 다른 사람의 도움 없이도 혼자서 엄마 젖을 찾아냈다. 산모의 배 위에 둔 신생아가 평균적으로 15분 정도 가만히 누워 있다가 다리로 몸을 밀며 모유 수유가 가능한 자리를 찾아 자세를 잡는 모습을 볼 수 있다. 이후 아기는 힘든 일을 마쳤다는 듯 엄마 품에서 휴식을 취한다.

생후 약 35분이 지나면 아기는 손을 입에 가져가면서 반사 신경으로 엄마의 젖꼭지를 잡는다. 생후 45분쯤 지나면 본격적으로 입을 오물거리며 빨고 젖을 먹으려는 움직임을 보인다. 생후 55분이 지나면 신생아는 어려움 없이 젖꼭지를 찾아 젖을 빨기 시작한다. 여러 후속 연구에서도 비슷한 결과를 확인했다. 특히 산모의 가슴에 양수가 묻어 있으면 아기가 더 쉽게 찾아갈 수 있다고 한다.

신생아가 젖을 찾는 본능이 있다는 건 결코 놀랄 만한 일이 아니다. 포유류의 새끼는 모두 이런 능력이 있다. 다른 동물들과 마찬가지로, 신생아 역시 야생에서 생존 확률을 높이기 위한 본능적인 반사 신경을 가지고 태어난다. 배고프거나 안아줄 사람이 필요할 때, 기저귀를 갈아야 할 때 우는 것도 그러한 본능이다.

다른 연구에 따르면 출생 직후 아기가 엄마와 살을 맞댔을 때 아기가 훨씬 덜 운다고 한다. 생후 25분이 지났을 때 엄마와 신체 접촉을 한 아기들은 평균적으로 약 60초만 울었지만, 다른 침대에 누인 아기들은 18분 정도 울었다. 생후 55분에서 60분 후, 엄마와 살을 맞대고 젖을 찾아가도록 놓아둔 아기들은 완전히 울음을 그쳤으나 그렇지 않은 아기들은 16분 이상 계속 울었다. 생후 85~90분이 지났을 때, 엄마와 신체 접촉을 한 아기들은 평균 10초 정도만 울었으나 떨어져 있던 아기들은 12분 넘게 울었다.

이쯤 되면 아기들이 여느 포유류 새끼들처럼 자신에게 필요한 것을 본능적으로 찾아갈 수 있음에도 오히려 우리가 그 과정을 방해하는 것은 아닌가 하는 생각마저 든다. 진통제를 쓰거나 제왕절개수술로 출산할 때 아기들이 본능에 따라 행동하기 어려울 수 있다. 실제로 많은 아기가, 어쩌면 이 글을 쓰는 나나 읽는 여러분 중에도 상당수는 이와 같은 자연스럽고 자발적인 출산 과정을 겪지 못했을 것이다. 그래도 우리는 결국 멀쩡하게 사회생활을 하고, 균형 잡힌 삶을 살며 사랑이 넘치는 어른으로 성장하지 않았는가? 일생토록 지속하는 유대 관계를 맺고, 친구도 잘 사귀면서 말이다.

위 연구 결과를 통해 알 수 있는 사실은 아이를 지켜보며 아이가 스스로 할 수 있는 것과 필요로 하는 것을 알아가도 괜찮다는 것이다. 아이를 지켜보는 과정에서 아이가 보내는 신호를 탐지할 수 있다. 그리고 이 신호 주고받기는 부모가 자식에게 일방적으로 주기만 하는 관계가 아니라 능동적인 상호작용에 가깝다. 가만히 놓아두면, 아기들은 알아서 젖을 빨고, 부모를 바라보고, 필요한 게 있으면 소리 내어 운다. 아이들이 해야 할 일을 알아서 하도록 그대로 두는 것 자체가 아이를 존중하고 신뢰한다는 신호다. 또한 이를 통해 아이에게 너는 일방적으로 보살핌을 받고 부모가 내리는 결정을 받아들이기만 하는 수동적 존재가 아니라 자유 의지를 지닌 인격체라는 사실을, 그리고 무엇보다 부모와 수평적인 관계를 맺을 수 있는 한 사람이라는 사실을 알려줄 수 있다.

관계: 나는 왜 아이와의 관계에 서투를까?

아기와의
첫 만남

───── 임신 기간에, 아기는 엄마의 몸을 통해 엄마가 어떤 사람인지, 태어날 환경은 어떤 곳인지를 배운다. 엄마가 느끼는 감정, 엄마가 먹는 음식, 엄마 주변에서, 엄마 몸속에서 들려오는 소리는 곧 태아에게 전달된다. 그리고 아기가 엄마 몸 밖으로 나온 뒤에도 둘의 이야기는 계속된다. 에마처럼 아기가 태어나자마자 즉시 아기에 대한 사랑과 유대감을 느끼는 부모도 많다.

처음엔 아들 존에게 애착을 느끼지 못하면 어떻게 하나 걱정했어요. 왜냐하면 전 원래 아기에게 별 관심이 없는 사람이었거든요. 하지만 제 아이를 품에 안은 순간 알게 됐어요, 제가 아들을 얼마나 사랑하는지요. 존을 낳을 때 진통을 열 시간이나 했어요. 임신 기간엔 산책을 많이 했고 출산할 때는 출산 의자를 사용했어요. 제게는 그 방법이 잘 맞았거든요. 출산 과정이 고통스럽긴 했지만, 진통이 간격을 두고 왔기 때문에 중간마다 쉴 수 있었어요. 진통이 구체적으로 어떻게 오는지를 알고 있었던 게 도움이 많이 됐던 것 같아요. 임신 막바지에 접어들어서는 엔토녹스(entonox, 진통제의 일종)도 사용했습니다. 존을 처음 본 순간, 솔직히 말해 다른 엄마들에게 너무 미안했어요. 세상에서 제일 예쁜 아기를 제가 데려가는 것 같아서 말이죠! 그때의 경험이 너무 특별하고 소중해서였는지, 다른 엄마들도 저와 똑같이 느낀다는 걸 그때는 몰랐어요. 어쩌면 다른 엄마들도 자기 자식이 세상에서 제일 예쁘다고 느끼고, 저에게 미안해하는지도 모르죠.

출산 후 에마와 같은 기분을 느끼는 건 '사랑 호르몬'으로 불리는 옥시토신이 분비되기 때문이다. 그러나 출산할 때 쓰는 약물이나 출산 도중 겪게 되는 충격적인 상황, 트라우마 등에 따라 옥시토신의 분비량은 달라질 수 있다. 그리고 그에 따라 에마가 묘사하는 것과 같은 행복감, 사랑의 감정을 덜 느끼는 산모도 있을 수 있다. 미아가 바로 그랬다.

루카는 유도 분만으로 낳은 아기였어요. 출산의 고통이 어마어마했어요. 제가 살면서 겪은 최악의 고통이었어요. 마취 전문의가 바늘을 잘못 꽂아서 무통 주사도 맞을 수 없었고요.

루카가 태어난 뒤에도 충격 외에는 그 어떤 감정도 느끼지 못했습니다. 마침 친정어머니가 함께 계셨기 때문에 엄마에게 루카를 대신 안아달라고 했죠. 왜인지 아기를 만날 마음의 준비가 되지 않더군요. 얼마 지나지 않아 간호사들이 루카를 집중 치료실로 데려갔어요.

솔직히, 처음 2주 동안은 루카가 낯설고 내 아들이라는 사실조차 실감이 안 났어요. 아기가 바뀐 건 아닐까, 친자 검사를 해봐야겠다는 생각마저 들었으니까요. 그런 와중에 엄마가 곁에 계셨던 건 정말 다행이었습니다. 엄마는 제 이야기를 귀 기울여 들어주셨고, 제가 느끼는 감정을 있는 그대로 받아들여 주셨어요. 그리고 시간이 지나면 달라질 수 있다고도 말해주셨죠. 엄마는 그 뒤로도 한 달 가까이 함께 지내주셨어요. 그러면서 종종 "얘, 아기가 네 눈을 똑 닮았구나"라던가 "너 어렸을 때랑 하는 행동이 판박이다" 같은 이야기를 해주셨죠. 저는 점차 아들과 유대감을 느끼기 시작했어요.

그러나 아들과의 유대감이 정말 단단해졌다고 느낀 때는 루카가 태어나고 6개월이나 지나서였습니다. 신생아 수영 교실에 루카를 데리고 간 날이었어요. 풀장에서 루카를 안고 있는데 애가 주먹으로 물장구를 치더라고요. 그러더니 저를 보고 까르르 웃는 게 아니겠어요? 그 순간 저도 모르게 웃음이 나오며 아들과 함께 웃었죠.

솔직히 출산 후 몇 개월 동안은 정말 힘들었습니다. 아들과 유대감을 느끼는 것처럼 행동했지만, 진심은 아니었고 스스로 그 사실을 알았어요. 그렇게 힘든 시간을 버티긴 했지만 동시에 우울해졌죠.

출산 후 어떤 감정을 느끼든 간에 내가 이상한 엄마라거나 이런 사람은 나밖에 없겠지 하고 생각하지는 말길 바란다. 당신은 그저 당신의 감정을 들어주고 수용해줄, 그리하여 스스로 감정을 받아들이도록 도와줄 사람이 필요한 것뿐이다. 막연히 엄마는 이러해야 한다는 생각에 스스로 닦달하고 자책할 것이 아니라 내가 현재 느끼는 기분을 있는 그대로 받아들이고 '그럴 수도 있다'고 생각해야 한다. 미아가 아들 루카와 유대감을 형성할 수 있던 것도 그 덕분이다. 미아의 어머니는 그녀를 가르치려 들지도, 미아의 감정이 잘못된 것이라고 꾸짖지도 않았다. 그저 딸의 이야기를 들어주고 그녀의 감정을 수용했을 뿐이다.

연습 ✒ 아기 처지에서 생각해보기

바닥에 누워보자. 그 상태에서 외롭고, 배고프고, 목마르고, 자세가 불편하다고 상상해보자. 그런데 불편함을 말로 표현할 길은 없다. 뿐만 아니라 자기 고통을 언어화하지도 못한다. 논리적이고 이성적으로 사고할 수 없고, 그저 내 몸의 감각과 감정만이 느껴지는 상태, 그러나 자기 의지로 앉거나 구를 수 없고 어딘가에 소속감을 느끼지 못하는 상태를 생각해보라. 할 수 있는 일이라곤 그저 바닥에 누워 내면의 감정을 느끼는 일뿐이다. 그런데 갑자기 누군가가 와서 나를 구해준다. 바닥에 누워 있던 나를 들어 올려 안아주고, 편안하게 해주고, 혼자라는 느낌이 들지 않게 해준다. 여전히 말로는 이런 감정을 표현할 수 없고, 과거도 미래도 없이 순수하게 신체 감각과 감정만 존재하는 상태지만 말이다.

부모에게도
기댈 언덕이 필요하다

———— 내 마음이 텅 비었는데 아이에게 시간과 에너지를 들여 존중과 온정 어린 반응을 하기란 어려운 일일 수 있다. 평소에는 그렇지 않은데 지금 이 순간에만 지쳐서 그럴 수도 있고, 아니면 성장기에 부모에게서 온정과 존중을 받지 못해서 그렇게 느낄 수도 있다. 부모에게 사랑과 존중을 받은 사람은 자식에게도 사랑과 존중을 줄 수 있다. 대부분 사람은 내 안에 이렇게 많은 인내와 에너지가 저장되어 있었다는 사실에 놀라곤 한다. 또 스스로 그토록 오랫동안 버틸 수 있다는 사실에도 놀란다. 그렇다고는 해도 우리의 인내심에는 한계가 있어서, 때때로 연료 탱크가 바닥난 기분이 들 때는 도움을 받아야 한다.

아이와 더 많은 시간을 보낼 수 있도록, 혹은 아이를 돌보느라 못 잔 잠을 잘 수 있도록 육아나 기타 생활적인 측면에서 도움을 받을 수 있고, 아니면 내가 받아본 적 없는 사랑과 인내심과 존중을 아이에게 주려고 애쓰는 과정에서 누군가가 내 이야기를 들어주고 나와 공감해줄 수도 있다. 꼭 전문 상담사여야만 육아가 가져오는 감정을 평가하거나 비난 없이 이야기를 들어줄 수 있는 건 아니다. 육아의 현실을 알고 공감할 수만 있다면 친구나 가족도 충분히 할 수 있는 일이다. 부모가 어떤 감정을 느끼거나 상상한다고 해서 그것만으로는 아이에게 해가 안 된다. 중요한 건 우리가 어떻게 행동하는가이다. 1장에서 확인한 마크의 사례를 생각해보라. 아들을 버리고 도망치고 싶다는 마음이 들었지만, 그 자체만으로 아이에게 해가 되지는 않았다. 그런 마음이 들었어도 실행하지 않았기 때문이다. 다음은 샬럿의 이야기다.

고백하자면, 저는 한때 무서운 생각을 한 적이 있습니다. 딸 로잔을 때리고 싶다는 생각이요. 예를 들어 한밤중에 울음을 터뜨리며 저를 깨울 때면 정말 아기를 집어던지거나 집어 들어 흔들고 싶다고 생각했어요. 아기 울음소리보다 그런 생각이 저를 더 힘들게 했죠. 그런 생각을 한다는 것 자체가 너무 부끄러웠어요. 이 사실을 누가 알기라도 하면 경찰에 신고하겠구나 생각했어요. 그러다 나 같은 엄마는 벌을 받아도 싸다는 생각도 들었죠. 10대 시절, 엄마 아빠를 죽여버리고 싶다고 생각했을 때 이후로 그런 감정은 처음이었습니다. 하지만 10대 때 느꼈던 감정은 엄마가 된 뒤에 느낀 감정만큼 거슬리지는 않았어요. 딸아이를 낳고 나서는 이러다 정말 언젠가 사고 치는 게 아닐까 걱정될 정도였으니까요. 견디고 견디다 도저히 안 되겠다 싶은 생각이 들어 용기 내서 언니를 찾아갔어요. 언니는 제게, 부모라면 누구나 그런 감정을 느낄 때가 있다고 이야기해주었습니다. 그런 기분이 들 때면 어느 정도 거리를 두고 자기 생각을 마치 제3자의 생각인 것처럼 지켜본다고도 했죠. 다른 사람들이 불편하고 부정적인 이야기를 한다고 해서 꼭 거기에 휘둘려야 하는 건 아닌 것처럼 말이에요. 내 감정이 정상이라는 이야기를 듣고, 또 내가 미친 게 아니라는 확인을 받고 나니 기분이 훨씬 나아졌습니다. 그 뒤로 아이를 때리고 싶다는 마음도 사그라졌고요. 설령 다시금 그런 기분이 든다 해도, 언니와 대화할 수 있으니까요. 좀 더 빨리 언니를 찾아갔으면 좋았겠다는 생각뿐입니다.

부모로서 썩 바람직하다고 할 수 없는 생각, 감정, 바램을 품게 되었을 때 그에 관해 대화하지 않고 속에 쌓아두고만 있으면 그것들은 더 커지고 통제 불능이 된다. 내가 생각하고 느끼는 바를 누군가와 이야기할 수 있고 또 해결할 수 있어야 그런 생각을 실제로 행동으로 옮기거나 자녀에게 상처 주는 일을 막을 수 있다.

이때 우리에게 필요한 것은 우리의 이야기를 귀 기울여 듣고 이해해줄 사람, 감정에 압도되지 않고 공감해줄 사람, 즉 우리의 감정을 차분하게 받아들이는 그릇 역할을 해줄 사람이다. 이들이 차분한 태도를 유지할 수 있는 이유는 우리가 겪는 불안이나 불행도 언젠가는 지나갈 것을 알기 때문이다. 그들이 보여주는 온화하고 낙관적인 태도는 우리가 힘든 시기를 견뎌내는 데 큰 힘이 될 것이다. 앞서 소개했던 미아의 사례에서는 미아의 어머니가 그 역할을 했고, 샬럿에게는 언니가 그런 존재였다.

당신의 감정에 압도되지 않고 차분히 수용해줄 누군가가 있어야만 당신도 아기를 위해 똑같이 해줄 수 있다. 자녀를 지지하고 수용하는 관계를 맺는 건 부모인 당신의 의무다. 그러나 당신이 먼저 다른 누군가에게서 그런 정서적, 정신적 지지를 받지 못한다면 자녀에게 그렇게 하기란 무척 어려울 것이다. 당신한테 필요한 도움이란 바로 이런 것이라고 가장 가깝고 소중한 이들에게 구체적이고 분명하게 이야기해야 할지도 모른다.

때로는 더 현실적인 도움이 필요하기도 하다. 이미 주변에서 당신의 사정을 잘 헤아려 도와준다면 잘된 일이지만, 그렇지 못하다면 스스로 도움을 청해야 한다. 또, 엄마만큼이나 아빠들도 정서적 지지가 필요함을 잊지 말자. 사람은 혼자, 침묵 속에서 버티며 살 수 있는 존재가 아니다. 우리는 사회적 동물이고, 공동체의 일원이다. 어려울 때는 공동체로부터 도움을 받아야 한다. 이전 세대에 비하면 요즘은 경제적으로 가정을 지탱하기 훨씬 더 어려워졌다. 집값이 과거보다 수 배 이상 훌쩍 급등했기 때문이다. 근본적인 해결책을 내놓는 것은 정책 결정자들의 일이겠지만, 그동안만이라도 과거의 부모 세대가 나서서 현재의 젊은 세대에게 경제적, 정서적 지지를 제공하면 어떨까.

부모에게 필요한 것은 아이와 부모를 더욱 멀어지게 하는 도움이 아니라 둘 사이 관계를 더욱 돈독하게 하는 그런 도움이다. 시나의 사례는 멀어졌던 부모와 자식 관계가 어떻게 다시 가까워지는지 보여준다. 파트타임 스타일리스트인 시나는 두 아이가 있는 상태에서 쌍둥이를 임신했다.

출산이 한 달 남았을 때 시나는 병원에서 쌍둥이 중 한 명의 상태가 안 좋아 보이니 유도 분만을 해야 한다는 이야기를 들었다. 출산 과정은 트라우마를 남길 만큼 고통스러웠고 시나와 쌍둥이 모두 목숨을 걸어야 할 만큼 위험했다. 쌍둥이 중 찰리는 문제없이 태어났지만, 테드는 달랐다. 출산 과정도 힘들었고 출생 후에도 한동안 인큐베이터에서 지냈다. 출산 후, 찰리는 무사히 집에 갔고 시나는 병원에 남아 테드를 지켰다. 시나는 4주 동안 테드 곁에 머물며 아기를 돌봤고 테드의 몸 상태가 호전되자 집에 올 수 있었다. 시나의 배우자 저드는 유명한 뮤지션이었는데 항상 늦게까지 일했고 공연하러 다니느라 집을 비우는 날이 많았다. 무엇보다 일부러 시간을 내서 가족과 함께하고 싶은 의지가 없거나, 의지는 있더라도 그렇게 하기가 쉽지 않은 듯했다. 어쩌면 저드는 쌍둥이를 출산하는 과정에서 아내와 쌍둥이 중 하나를 영영 잃을 뻔했다는 사실을 떠올리면 자신의 감정을 통제할 수 없을 것 같아 두려웠는지도 모른다. 남자는 항상 강해야 한다는 전통적인 성 고정관념은 득보다 실이 많다고 나는 생각한다.

병원에서 집으로 돌아왔지만, 시나는 테드 외에 찰리도 자기 아이라는 사실을 받아들이기 어려웠다. 그래서 퇴원 후에도 보모를 고용해 찰리의 양육을 일임했다. 시나도 이성적으로는 찰리가 자기 자식이라는 걸 알았지만, 도저히 그 사실이 가슴에 와 닿지 않았다고 했다. 마치 찰리는 보모의 자식이고, 테드만 자기 자식인 것처럼 말이다. 그런 감정이 너무 불편하게 느껴졌던 시나는 어떻게든 그 감정을 잊으려 했고 모든 것이 괜찮은 것처럼 행동했다.

시나는 불편한 감정을 다른 것으로 덮으려 노력했고, 주변 사람들에게 자기가 아무 문제가 없음을 보여주려고 했다. 자주 친구들을 만나러 나가고, 새벽 늦게까지 클럽에서 놀다 오기도 했다. 그러나 불편한 감정들은 문득문득 되돌아와 시나에게 충격을 주었다. 쌍둥이를 낳았을 때의 충격, 위험했던 출산의 트라우마, 테드를 떠나보낼 뻔했던 기억, 무엇보다 찰리가 내 자식이 아닌 것 같다는 불쾌한 기분. 시나는 이런 감정이 느껴질 때마다 직면하기보다 도망치기에 바빴고, 그럴수록 육아는 보모에게 위임하게 됐다.

어린 찰리가 울어도 시나는 도저히 아이를 달래려는 마음이 들지 않았다. 보모가 없는 날에는 첫째나 둘째 아이, 남편, 친정엄마, 심지어 청소 도우미에게 아기를 돌보아 달라고 부탁하곤 했다. '제발, 나만 아니었으면' 하고 생각했다고 시나는 나중에 털어놓았다. 피할 수 없을 때조차 찰리의 감정을 달래는 대신 다른 쪽으로 주의를 돌리는 것이 전부였다. 자기 자신의 불편한 감정을 받아들이기보다 외면하려 했던 것처럼 말이다.

시나가 찰리를 비로소 친아들로 느끼고 받아들인 건 찰리가 네 살이 되어서였다. "3년 넘게 출산의 충격에서 벗어나지 못했던 것 같아요. 그 사실조차 충격에서 서서히 벗어나면서야 알게 되었죠"라고 시나는 말했다.

시나의 이런 태도는 찰리에게 어떤 영향을 미쳤을까? 쌍둥이는 올해 열 살이 되었다. 찰리를 제외하면, 티나의 다른 세 아이는 무척 쾌활하고 그늘이 없다. 반면 찰리는 항상 불안해하고 집착이 심하다. 스스로 당연히 사랑받아야 하는 존재라고 느끼지 못하고, 사랑받으려면 항상 열심히 노력해야 한다고 생각하는 듯하다. 찰리는 테드의 부탁이라면 뭐든 들어준다고 시나는 말했다. 테드가 자기에게 그만큼 잘해주지 않는데도 말이다. 형제들이나 친구들 역시 다른 사람의 비위를 맞추려 노력하는 찰리의 모습을 보고 오히려 찰리를 무시하곤 한다. 사람들에게 이런 대접을 받을수록 찰리는 불안을 느끼고 남의 눈치를 보는 악순환에 빠졌다. 찰리가 대인 관계에서 보이는 이러한 불안감은 출생 직후 엄마와 떨어져 있던 경험, 그 이후 부모와의 유대 관계 부재 때문일 가능성이 크다. 시나는 찰리가 자신과 단둘이 시간을 보낼 때만 다소 안심하는 모습을 보인다고 말했다. 하지만 직장이 있고 자녀가 넷이나 있는 시나에게 찰리를 위해서만 시간을 낸다는 건 결코 쉬운 일이 아닐 것이다.

그래도 시나는 일주일에 한 번은 찰리만 데리고 아트 클래스에 간다. 둘만의 시간을 보내는 것이 도움되는 것 같다고 시나는 말한다. 연휴가 겹쳐 아트 클래스가 휴강하는 주에도 반드시 아트 클래스가 열리는 바로 그 시간에 맞춰 두 시간 정도 짬을 내어 찰리와 단둘이만 보내려고 노력한다. 다른 아이들 없이, 둘이서만 창작 활동을 한다.

나는 시나에게, 다른 방법은 없었느냐고 물어보았다. 쌍둥이가 지금보다 어렸을 때 찰리와의 관계를 개선하려 노력해볼 수는 없었느냐고 말이다. 시나는 쌍둥이 출산 경험이 그토록 힘들지만 않았어도 덜 충격받았을 것이라고 말했다. 출산의 고통과 충격으로 자신이 쌍둥이 엄마라는 사실을 한동안 부인했었다고 말이다. 하지만 찰리에게 상처를 준 가장 큰 이유는 출산 직후 찰리와 떨어져 지낸 그 4주간의 시간이었다고 시나는 말했다. 퇴원 후 집에 돌아왔을 때 "찰리에게서는 낯선 냄새가 났어요. 하지만 테드는 내 아기 같았죠"라고 시나는 말했다. 시나는 또, 당시 전문 상담가에게 상담을 받았더라면 좀 더 자기 경험을 직면하고 그것이 자신에게 미친 영향에 관해 이야기하기가 쉬웠을 것이라고 말했다. 찰리에게 자신을 보듬어줄 엄마가 필요했던 만큼 시나도 자신을 이해하고 받아줄 사람이 필요했던 것이다. 시나는 자신의 감정을 받아들이지 못했기 때문에 다른 사람들, 특히 찰리에게도 공감해줄 수 없었다. 그리고 공감할 수 없었기에 더더욱 쉽게 찰리를 보모 손에 맡겨두고 찰리로부터 도망칠 수 있었다.

오늘날 시나는 찰리를 누구보다 아끼고 사랑한다. 찰리와 단둘이 보내는 시간 또한 무척 소중하게 여긴다. 시나는 찰리와 가능한 한 많은 시간을 함께 보냄으로써 찰리에게 입힌 상처를 치유하려 노력 중이다. 모든 부모는 자녀를 기를 때 자신이 할 수 있는 온 힘을 다하지만, 그런데도 상처를 줄 때가 있다. 계속해서 이야기하는 바지만, 아이와의 관계 맺기에서 중요한 것은 상처를 주었는가가 아니라 그 상처를 치유하기 위해 어떤 노력을 했는가이다.

시나와 찰리의 관계는 비 온 뒤의 땅처럼 더욱 단단해지고 있다. 찰리 역시 대인관계에서 점점 자신감을 되찾아가고 있다. 애정을 덜 갈구할수록 대인관계에서 더 큰 즐거움을 느꼈기 때문이다. 아기 때 스펀지처럼 많은 것을 흡수하지만, 이후에도 아이는 새로운 것을 계속 받아들인다. 우리는 평생에 걸쳐 관계를 통해 만들어지고, 또 관계를 통해 변화한다. 시나가 찰리에게 준 상처를 치유하기 위해 노력하지 않았다면 찰리는 아마 성인이 되어 연애할 때도 어린 시절과 마찬가지로 자신감 없고 불안한 모습을 보일 것이고, 찰리에게 사랑이란 즐거운 만남이 아니라 애정을 갈구하는 고통스러운 과정이 될 것이다.

물론 찰리가 다른 사람을 신뢰하고 불안을 덜 느끼려면 더 많은 도움이 필요할 수도 있다. 어쩌면 어린 시절 있었던 일에 관해 부모에게 이야기를 듣고 나서야 자신의 감정이 어디에서 기원하는가를 이해할지도 모른다. 중요한 것은 그런 감정을 느끼는 것이 자기 잘못이 아니라는 사실을 깨닫는 것이다. 자신이 다른 사람보다 못나서 그런 것이 아니며, 단지 모든 것을 스펀지처럼 흡수하는 유아기에 그런 경험을 했기 때문임을 알아야 한다.

시나의 배우자인 저드는 시나와 찰리 사이에 애착 관계가 형성되지 않았다는 것도 알아차리지 못했고, 저드 본인도 찰리와 친해지려고 노력하지 않았다. 아빠인 저드가 보모에게 찰리의 모든 양육을 일임하지 않고 주 양육자의 역할을 맡았다면 찰리는 대인관계에서 훨씬 자신감을 느꼈을지도 모른다. 양육할 때 보모를 쓰는 것은 좋지만, 그래도 자녀와 가장 깊은 유대 관계를 맺는 이는 부모여야 한다.

위 사례를 소개한 것은 시나와 저드를 비난하기 위함이 아니다. 저드는 그의 아버지가, 또 할아버지가 했던 행동을 그대로 했던 것뿐이다. 과거의 많은 남성은 어린 자녀의 양육을 엄마나 보모에게 일임해왔다. 이미 깊게 자리 잡은 문화적 패턴을 한 번에 타파하기란 쉽지 않다. 우리가 이런 문제점들을 인지해서 고치려고 노력하지 않는다면 말이다.

시나 역시 불편한 감정을 수용하는 대신 외면하고 다른 것으로 주의를 돌리는 습관을 어린 시절 들였을 것이다. 시나가 어린 시절 낙담한 모습을 보일 때마다 시나를 돌보던 양육자가 그런 방식으로 시나를 위로하려 했을 것이다. 저드가 양육을 당연하게 엄마의 일로 생각했던 것처럼, 어떠한 행동 양식을 실제로는 누군가로부터 주입받은 것임에도 그것이 당연하고 본디부터 그래야 한다고 믿기 쉽다. 이렇게 주입받은 행동은 자녀와의 관계 맺기를 방해하곤 한다. 좋은 부모냐 나쁜 부모냐의 문제가 아니다. 모든 부모는 자신에게 주어진 여건에서 최선을 다하고자 노력한다. 다만, 부모가 자신의 성장 환경이나 자신이 속한 문화적 배경이 양육에 어떤 영향을 미치는가에 관해 많이 알수록 자녀에게 저지른 실수를 만회하고 더 순기능적인 관계 맺기를 시도할 수 있게 된다.

일과 육아를 병행하려면, 혹은 육아를 하면서 제때 샤워라도 할 수 있으려면 친지나 전문 보모의 도움이 필요하다. 그래도 아이의 삶에서 가장 중요한 인물은 그 누구도 아닌 부모(여기서 부모란 한때 양육을 분담하는 사람이 아닌 아이에 대한 주된 양육 책임을 지는 사람을 말한다. 따라서 수양부모나 입양 가정의 부모, 계부모, 후견인, 대리 부모도 맡은 역할에 따라 부모가 될 수 있다)여야만 한다. 어린 시절 주 양육자와 맺은 유대감은 일생에 걸쳐 안정감을 주는 원천이 된다. 아이가 부모가 아닌 보모와 유대 관계를 맺으면 보모가 그만뒀을 때 그와 맺었던 유대 관계도 단절되면서 나중에 아이에게 영향을 미칠 수 있다. 아이들, 특히 유아기의 어린아이는 부모가 자신을 가장 우선시한다는 느낌이 필요하다. 자신이 그저 이 사람에게서 저 사람에게로 떠넘겨지는 부담이자 일거리가 아니라 관계를 맺을 수 있는 어엿한 인격체로 대접받고 싶어 한다.

∞ 연습 나에게 가장 필요한 도움은 어떤 것일까?

종이를 한 장 꺼내 가운데에 당신을 나타내는 이름이나 상징을 그리고, 그 주위에 사회적 지지망을 그려보자. 사회적 지지망에는 당신이 말하지 않아도 당신을 지지하고 도와줄 사람과, 당신이 요구해야만 도와줄 사람들이 포함된다. 예를 들어 엄마는 당신이 먼저 말을 꺼내지 않아도 도움이 필요한지 물어보고, 사정을 들어주고, 1년 치 월세를 내주겠다는 제안을 할지도 모른다. 언니(또는 누나)는 불평하면서도 맛있는 것을 해줄지 모르고, 배우자나 연인은 당신 곁에 있으면서 청소도 해주고 재정적인 부담을 덜어줄 수 있다. 그런가 하면 더 체계적인 조직이 필요할 때도 있다. 비슷한 상황에 있는 다른 부모들과 함께 모임에 참여하거나, 필요하다면 전문가의 도움을 받을 수도 있다. 사회적 지지망 그림을 그릴 때, 요구하거나 노력하지 않아도 자연스럽게 도움받을 수 있는 사람과의 관계는 실선으로, 요구와 조정을 거쳐야 도움받을 수 있는 사람과의 관계는 점선으로 표시한다. 그리고 나에게 필요한 도움은 정서적 유형의 도움인지, 물질적 유형의 도움인지 생각해보자. 지지망 그림에 빠진 부분이 없는지 확인하고 빈자리를 채워보자.

출산 직후에만 도움이 필요한 게 아니라, 자녀가 독립하기 전까지는 계속해서 주위의 도움이 필요할 수 있다. 몇 년 간격으로 사회적 지지망 그림을 그려보면서 자녀와의 관계를 최상의 상태로 유지하는 데 필요한 도움을 받도록 하자.

아기와 안정적인
애착 관계를 형성하는 방법

———— **아기가 된다는 건 어떤 의미일까?**

우리는 이미 육아에서 상당한 이점을 지니고 있다. 부모가 된다
는 게 어떤 일인지를 조금이나마 알기 때문이다. 어릴 때 부모가
동생을 돌보는 모습을 보며 배웠거나, 다른 부부들이 먼저 아이를
낳아 기르는 모습을 보며 알게 됐을 수도 있다. 아니면 자신이 아
이였을 때 어떠했는지 기억하거나, 육아서와 육아 블로그를 통해
정보를 접했을 수도 있다. 그러나 가장 중요한 건 우리 모두 한때
는 아기였다는 사실이다. 그때의 경험은 무의식적 기억에 숨겨져
있지만, 그래도 사라지지 않고 우리 안에 존재한다.

반대로 아기는 부모가 된다는 게 어떤 일인지 전혀 알 수 없다.
그렇다고 아기로 지낸 경험이 있는 것도 아니다. 아기는 모든 경험
이 처음이고 낯설다. 그게 어떤 기분일지 상상조차 하기 어렵지만,
그래도 아기에게는 모든 것이 낯설다는 사실을 기억하자. 무엇이
든 첫 경험은 가장 강렬한 인상을 남긴다. 이미 어른이 된 우리에

게는 '처음'이 별로 없다. 새로운 사람을 만나면 첫인상이 남겠지만, 그렇다고 해서 이미 오래전에 형성되어 굳어진 타인에 대한 인식 자체가 변하는 일은 없을 것이다.

휴가 때 놀러 간 곳에서 사람들이 친절하고 날씨도 좋았다면 아마도 당신은 그 장소를 무척 행복하고 좋았던 곳으로 기억하고, 떠올릴 때마다 기분이 좋아질 것이다. 아기도 마찬가지다. 태어나 처음 만난 세상이 안전하고 사랑이 넘치는 곳, 나를 받아주는 곳이라고 느껴지면 아기는 앞으로 살아가면서도 세상에 대해 비슷한 느낌을 받을 것이다. 살면서 아무리 힘든 일이 닥쳐도 쉽게 좌절하거나 무너지지 않을 것이고, 무엇보다 자신이 중요한 존재라는 느낌, 사랑받을 만한 존재이고 어딘가에 소속된 존재라고 느끼는 한, 좌절하더라도 더 빨리 회복할 수 있다. 최초의 양육자인 당신이 아기에게 이런 기분을 느끼게 해주지 않으면 아기는 혼란을 겪는다.

어느 날 갑자기 사막에 홀로 남겨졌다고 생각해보자. 음식도, 몸을 쉬게 할 쉼터도, 물도 없고, 무엇보다 나 혼자인 상황이다. 그 상태로 한 시간이 지나면 어떤 기분일 것 같은가? 두 시간 뒤에는? 그때 저 멀리서 한 무리의 사람들이 보인다면 어떨까? 아마 무슨 짓을 해서라도 그들의 눈에 띄려 할 것이다. 필요하다면 소리도 지르고, 고함도 치고, 손발을 휘두를 정도로 절박할 것이다. 어쩌면, 세상에 태어난 아기들은 조난당한 기분일지 모른다.

아기가 머물던 자궁은 아기의 모든 필요에 맞게 최적화한 편안한 환경이었다. 그런 곳에서 살다가 어느 날 바깥세상으로 나온다.

이제부터는 필요한 게 무엇인지 부모에게 적극적으로 알려야만 한다. 아기가 보내는 신호를 읽고 해석해서, 무엇이 필요한지 알아내는 건 부모인 우리의 몫이다. 아기가 보낸 신호를 부모가 정확하게 해석하여 필요한 것을 제공해준다는 건 아기에게는 마치 사막 한가운데서 나를 도와줄 사람을 만난 것과 같은 일일 것이다.

세상에 태어나 처음 한 경험이 사막에 홀로 남겨지는 것과 같다면, 지나가던 사람들이 나에게 어떻게 대해주었는지에 따라 세계관이나 성격 형성도 많은 영향을 받을 것이다. 내게 필요한 것을 제공해주었는지, 아니면 내 말을 못 알아듣고 다른 것을 가져다주었는지, 내가 한참이나 울고 소리를 지르고 나서야 나를 돌보러 와주었는지, 나한테 필요한 것을 빠르게 파악해 제공해주었는지에 따라서 말이다. 그리고 무엇보다 보호자가 필요한 상황에서 얼마나 오랫동안 혼자 남겨져 있었는지에 따라, 어떤 감정이 형성되고, 그것은 우리 내면 깊숙한 곳에 자리 잡으며 이른바 성향이라는 것이 된다. 한번 형성된 이 성향을 바꾸려면 아주 오랜 시간과 생각을 바꿀 만한 경험이 쌓여야 한다.

아기들은 이미 타인과 애착(유대감)을 형성할 수 있도록 프로그래밍이 된 상태로 세상에 태어난다. 그런데도 어떤 사람은 쉽고 편안하게 친밀하고 애정 어린 관계를 맺지만, 어떤 이는 항상 보채고, 매달리고, 상처투성이인 관계를 맺는다. 또 누군가는 애착을 갖기가 어렵다고 느끼지만, 타인과의 관계 속에서 물 만난 물고기처럼 살아가는 이도 있다. 애착 이론에 의하면, 이런 차이는 아기였을 때 주변과 어떻게 관계 맺었는가에 의해 결정된다. 애착 형성의 유형은 크게 네 가지로 나뉜다. 안정 애착, 불안정/양면적 애착, 회피 애착, 무시 애착이 그것이다. 이 중 아이에게 가장 바람직한 유형은 안정 애착이다. 아기가 안정 애착을 형성하게 하고 싶으면 우선 내가 부모와 어떤 애착 유형을 형성했는가를 생각해야 한다. 부모와 안정적 유대감을 형성하지 못한 사람은 아이를 대할 때 자연스럽게 아기와 공감이 되는 사람보다 한층 더 사려 깊고 신중하게 접근해야 한다.

안정 애착 유형

유아기에 부모가 친밀감을 느끼게 해주고, 여러 가지 욕구를 일관성 있게 받아주었다면 성인이 되어서도 세상 사람들이 나에게 호의적일 것으로 생각할 확률이 높다. 즉 타인을 신뢰하고, 원만한 관계를 유지하며, 대체로 미래에 대해 낙관적이고 다른 이와 쉽게 유대감을 맺게 된다. 이런 특성이 있는 사람은 만족스러운 삶을 사는 것이 좀 더 쉬워진다. 나 자신이 꽤 괜찮은 사람이고, 내 주변 사람들도 좋은 사람들이라고 생각한다면 삶이 그리 힘들게 느껴지지만은 않을 것이다. 비유하자면 이렇다. 내가 사막에 떨어졌는데 이미 거기에 다른 사람들이 나를 도와줄 준비를 하고 기다리고 있다고 말이다. 내가 열심히 소리 지르고 찾아다닐 필요도 없이 이미 나를 도와주려고 사람들이 준비하고 있고 혼자라고 느낄 새도 없다면 사막에 떨어지는 일이 그리 고통스럽지는 않을 것이다.

우리가 목표로 삼아야 하는 것은 바로 이것이다. 부모들은 때때로 아기가 생후 몇 개월이 지나면서 갑자기 부모에게 집착하기 시작했다며 걱정한다. 그러나 아기들이 부모 외에 다른 사람을 거부하는 건 무척 흔한 일이다. 아기가 부모에게 집착을 보이는 이유는 안정적으로 애착이 형성되었기 때문이고, 이는 좋은 일이다. 다만 이 시기 아기들은 아직 정신과 의사들이 '대상 영속성'이라 부르는 능력을 발달시키지 못했기 때문에 그런 모습을 보이는 것뿐이다. 대상 영속성이란 어떤 사람이나 사물이 당장 눈앞에 보이지 않아도 존재하고 있음을 인지하는 능력이다. 부모가 주기적으로 아기의 욕구를 충족해주면, 아기도 머지않아 대상 영속성을 발달시키고 부모에게 집착하는 시기는 자연스럽게 지나간다. 그렇다고 대상 영속성을 발달시키는 평균적인 나이 같은 것을 적고 싶지는 않다. 조금 빠른 아이도 있고, 조금 느린 아이도 있을 뿐이다.

불안정/양면적 애착 유형

부모가 욕구를 충족해줄 때 일관되지 못한 태도를 보이면, 혹은 장시간 울고 소리를 질러야만 부모가 달려오거나 심지어 울고 소리쳐도 부모의 관심을 얻지 못했다면, 아기는 자라서 다른 사람들이 자신을 무시하거나 얕잡아볼 거라고, 다른 사람의 관심을 끌기 위해 큰소리를 내야 한다고 생각할 확률이 높다. 친구나 배우자를 만나도 늘 불안해할 것이고, 스스로 괜찮은 사람이라는 느낌을 받지 못해 힘들어한다. 또한 타인은 기본적으로 나에게 적대적일 거라고, 혹은 믿을 수 없다고 생각할 수도 있다. 사막 비유를 다시 들면, 한참을 이리 뛰고 저리 뛰며 소리를 질러야 겨우 지나가던 사람들의 관심을 끌 수 있는 그런 상황에 부닥친 것이다. 그나마 관심을 끄는 데 성공해도 나를 도와주지 않고 그냥 가버린 경우가 태반이고 말이다. 유아기의 경험이 앞으로 인간관계를 형성할 때 청사진 역할을 하는 것은 사실이지만, 이후 대인 관계에서 이러한 초기의 관계 형성 패턴을 뒤엎을 만큼 긍정적인 경험이 충분히 쌓이면, 안정적인 애착 유형을 발달시키는 것도 불가능하지는 않다.

회피 애착 유형

한참을 울었는데도 부모가 달래주지 않거나, 아예 무시하고 지나가 버릴 때 아기는 아예 포기하고 만다. 그 결과 '울어도 어차피 봐 주지 않는데, 시도조차 하지 말자'는 신념 체계를 내면화한다. 이렇게 자란 아이는 아무도 자기 생각이나 감정에 신경 쓰지 않는다고 믿게 되고, 누구도 자신을 이해하지 못한다고 생각하거나 스스로 외톨이라고 생각한다. 사막에서 아무리 도움을 요청해도 모두 무시하고 지나가 버리면 결국에는 지쳐 포기한다. 어차피 소리 지르고 손 흔들어봐야 아무 소용이 없기 때문이다. 이제 사람들은 당신이 울지도, 소리 지르지도 않으니 도움이 필요 없다고 생각한다. 이 애착 유형의 문제는 성인이 되어서도 타인에게 친밀한 관계를 허락하지 않는다는 것이다. 불안정 애착 유형과 마찬가지로, 많은 연습과 경험을 축적하면 회피 애착 유형을 바꾸는 것도 가능하다.

무시 애착 유형

다시 사막으로 돌아가보자. 열심히 구조 요청을 하는 당신. 그러나 사람들은 대부분 관심 없이 그냥 지나가 버린다. 그나마 멈춰선 몇몇 사람은 당신을 도와주기는커녕 오히려 자기 좀 도와 달라며 다가온다. 심지어 이미 아주 힘든 당신을 괴롭히고, 굶기고, 때리기까지 한다. 이런 상황에 부닥친 사람이 어떤 신념 체계를 지니게 될 것 같은가? 어떤 관계의 패턴을 학습하게 될까? 아마도 세상 모든 사람이 나를 해치려 하는 것처럼 보일 것이고, 타인에 대한 공감 능력을 발달시킬 수도 없을 것이며 무엇보다 불안정한 도덕적 양심을 갖추게 될 것이다.

∞ **나의 애착 유형은 어느 쪽일까?**

나는 부모와의 관계에서 어떤 애착 유형을 발달시켜 왔을까? 또 이런 애착 유형이 어떻게 전해져 내려왔는지 그 과정을 추적할 수는 없을까? 자신이 불안정 애착 유형이나 회피 애착 유형, 혹은 무시 애착 유형이라고 생각된다면, 아이에게는 그것을 물려주지 않기 위해 어떤 노력을 할 수 있을까? 또 애착이 안정적으로 형성되었다면 과연 그러한 안정감은 어디에서 오는 것일까? 또 아이에게 그러한 애착 유형을 물려주려면 어떻게 행동하면 좋을까?

부모도 아기의
울음소리는 힘들다

———— 갓난아기의 울음소리를 들으면 서둘러 아기를 달래야 할 것 같은 기분이 든다. 이것은 아기들의 울음이 이른바 '강압적 울음'이기 때문이다. 인간을 비롯한 모든 포유류는 강압적 울음소리를 들으면 본능에 따라 반응하게 되어 있다. 이는 종 전체의 존속에 매우 중요한 메커니즘이다. 아기의 울음소리는 마치 알람 소리와도 같다. 얼룩말 무리에서 한 마리의 얼룩말이 사자를 발견하면 이 사실을 무리와 공유하고, 무리 전체가 위기에 대처하는 것처럼 말이다. 우리는 본능에 따라 아기의 울음소리를 들으면 거기에 신경 쓰게 된다.

게다가 아기들의 감정이란 대체로 몹시 원초적이고 다듬어지지 않은 날것 그대로의 상태다. 아기들은 불편한 것이 있으면 세상이 끝난 것처럼 운다. 왜냐하면 아기들은 실제로 그렇게 느끼기 때문이다. 아기에게는 필요가 곧 욕구라는 사실을 알면 이해하기가 좀 더 쉬울 것이다. 아기는 말 그대로 당신에게 생존을 의지하고 있다.

이런 강압적 울음을 차단하기 위해서는 사실상 본능을 거슬러야 한다. 그뿐만 아니라 아기의 울음소리를 무시한다는 건 아기의 발달을 저해하는 것과도 같다. 왜냐하면 아기에게 가깝고 친밀한 부모의 존재란 무척 중요하며, 또 아기와 유대감을 형성할 때도 무척 중요하기 때문이다. 아기의 뇌는 혼자서 발달하는 것이 아니라 주변 환경에 있는 다른 이들의 뇌와 상호작용을 통해 발달한다. 사실, 우리의 뇌는 죽는 순간까지도 주변인과의 상호작용을 통해 변화하고 발달한다. 특히 생후 며칠, 몇 주, 혹은 몇 달 된 신생아의 뇌는 가장 활발하게 발달한다. 따라서 아기에게는 부모와 나누는 상호작용이 무엇보다 중요하다.

아기였을 때 부모가 곁에 있지 않거나 상호작용이 부족했던 사람은 자식의 강압적 울음소리를 듣고 달래는 과정에서 남들과는 다른 감정을 느끼게 된다. 이 이야기를 반복하는 것 같지만, 자녀를 양육하며 작게는 불안감에서 크게는 절망감에 이르기까지 불편한 감정들이 자꾸 느껴진다면 반드시 도움을 받아야 한다. 당신에게는 이런 감정에 압도되지 않으면서도 이를 수용해줄 사람이 필요하다. 내 감정을 받아줄 사람이 있을 때, 나도 아기의 감정을 받아줄 수 있다.

계속 요구하고 울어도 이에 응해주는 사람이 없을 때 아기들은 마음의 문을 닫고, 자신을 고통스러운 감정으로부터 단절해버린다. 그리되면 더 울지는 않겠지만, 아기들이 울다 지쳐 스스로 잠들 때까지 내버려뒀을 때 어떤 일이 일어나는지를 살펴본 연구 결과에 따르면, 울다가 지쳐 잠든 아기들의 코르티솔(다양한 스트레스에 반응하여 분비되는 부신피질 호르몬) 수치는 우는 아기들의 수치와 크게 다르지 않았다. 고통스러운 감정으로부터 자신을 단절하는 행위는 포유류의 생존 메커니즘이자 반사적인 반응이지만 단점이 있다. 전혀 예상치 못한 순간에 고통스러운 느낌이 갑자기 기습적으로 떠오르기 때문이다. 고통스러운 기억과 단절한다는 것은 그 기억을 떠올릴지 말지를 결정하는 통제권도 포기한다는 이야기며, 바로 그래서 전혀 예상치 못한 순간에 나타나 우리를 덮친다.

부모가 되고서 자꾸만 불편한 감정이 떠오르는 이유가 무엇인지 궁금할 수도 있다. 이는 자녀를 낳고 나면 자신이 어린아이였을 때 단절되었던 감정들이 다시금 촉발되기 때문이다. 이런 감정은 불편할 뿐만 아니라 당황스럽고, 혼란스러우며 이상하기까지 하다. 아주 미세한 계기로도 이런 감정은 촉발될 수 있다.

아기가 울 때 이를 무시하고 달래주지 않음으로써 울지 않도록 훈련하는 부모는 사실 아기가 자신의 감정으로부터 단절되게 하는 것이다. 그렇게 해도 겉으로는 괜찮아 보일지 모르지만, 유아기에 단절된 감정은 이후 청소년기, 혹은 성인이 되어 다시 나타날 수 있다. 아기가 내는 강압적 울음에 응답해준다고 해서 잃을 것도 없는데, 굳이 이런 위험을 감수하면서까지 아기의 울음을 무시하는 것이 좋은 생각은 아닌 것 같다.

아기가 오랫동안 계속 울어도 그대로 내버려 두는 것이 아기를 위해, 또 부모를 위해 최선이라고 생각해온 사람이라면 이 책을 읽고 화가 나거나 겁이 날지도 모른다. 그러나 자신을 자책하는 것은 (혹은 나를 비난하는 것은) 아무런 도움이 되지 않는다. 지금이라도 상황을 바로잡고 싶다면 아이의 감정을 사소하거나 바보 같은 것으로 취급하지 않고 중요하게 생각하고 대하면 된다. 또한 아이가 원할 때 아이 곁에 있으면 된다. 필요하다면 어렸을 때 그런 일이 있었다고 아이에게 이야기할 수도 있다. 특히 아이가 종종 기습적으로 떠오르는 불편한 감정들로 힘들어하고 그 이유가 무엇인지 몰라 혼란스러워한다면 그 일을 설명해주는 것이 도움될 수 있다. 어른, 아이를 막론하고 누구나 자신이 느끼는 바에 공감하는 사람을 만날 때 치유를 받는다. 특히 그 사람이 내 부모이고, 부모가 내 감정을 비난하거나 방어적 태도를 보이지 않고 나를 대한다면 강력한 치유 효과를 발휘할 수 있다.

자궁은 태아가 지내기에 최적화한 환경을 제공한다. 그러나 우리는 그만큼 완벽한 환경을 제공할 수 없다. 필연적으로 서로 오해가 생기고, 그 과정에서 상처도 입힌다. 우리가 할 수 있는 일은 그저 힘닿는 데까지 아이를 돌보고, 요청에 응하고, 아이가 안정감을 느끼도록 반응하는 것이다. 그리하여 아이가 자궁이라는 완벽한 보금자리에서 이 세상으로 옮겨오는 과정이 최대한 순탄하도록 도와주는 것이다. 아이가 내는 강압적 울음소리는 다름 아닌 자연이 내는 소리다. 외로움은 불편이나 갈증, 허기와 마찬가지로 인간이 건강하게 살아가려면 반드시 없애야 하는 감각이다.

호르몬이 달라지면
사람도 바뀐다

───── 임신 기간, 그리고 출산 후에는 모든 감정이 열 배는 더 강렬하게 느껴진다. 빅토리아는 임신 9개월의 임부다. 이번이 둘째 아이라고 한다. "동계 올림픽 스피드 스케이팅 경기를 보고 있었어요. 응원하던 선수가 넘어져서 경기에서 탈락했죠. 그러자 저도 모르게 눈물이 왈칵 쏟아지는 거예요. 전 원래 그런 사람이 아니었거든요, 이 정도로 감정적이지 않았어요."

원래 그런 사람이 아니었다고 해도, 지금은 그런 사람이 맞다. 예전보다 더 감정적으로 되었다고 해서 나에게 뭔가 문제가 생긴 건 아닐까 생각할 필요는 없다. 당신이 이상해진 것이 전혀 아니다. 또한 내가 느끼는 감정이 다소 과장된 부분이 있다고 해서 중요한 감정이 아니라거나, 감정을 느끼는 대상이 중요하지 않다는 의미도 아니다. 예를 들어 올림픽 경기에서 온 힘을 다했음에도 탈락한 선수를 보고 눈물이 난 이유를 출산을 앞둔 불안감에서 찾을 수 있다. 경기를 보며 눈물을 흘림으로써 어느 정도 불안감을 해소했을

지도 모른다. 그리고 넘어졌던 선수가 다시 일어나 다음 경기에서 뛰는 모습을 보며 자기 마음을 다잡을 수 있게 된다.

이렇듯 호르몬은 임산부의 감정을 증폭할 뿐만 아니라 갑작스럽고 뜬금없는 감정들을 느끼게 한다. 그러나 사실 호르몬은 없는 감정을 만드는 것이 아니라, 이미 임산부에게 있는 감정을 확대하는 역할을 할 뿐이다. 또한 풍부한 감정은 임산부 자신과 아기의 필요에 더욱 잘 대처할 수 있게 도움을 줄 것이다.

부모가 된다는
외로움

──── 외로움으로 힘들어하는 건 아기만이 아니다. 9개월이 넘는 임신 기간에 마음의 준비를 한다고는 해도, 정작 실제로 부모가 되는 건 하루아침 사이에 일어나는 일이다. 예전의 생활은 어느새 과거 속으로 사라지고, 부모로 사는 삶이 아직 확실히 윤곽이 잡히지 않은 그 순간에 외로움을 느낀다는 것은 생각보다 위험할 수 있다. 대가족과 함께 살거나, 가족이 아니라도 지리적, 정서적으로 가까운 집단과 함께 생활하는 게 아닌 이상, 이 시기에 외로움을 느끼는 사례가 드물지 않다.

줄리는 올해 서른두 살의 엄마다. 아기 아빠 요한은 아기가 생후 2개월일 때 줄리와 아기를 떠났다. "혼자서 아기를 기르게 될 거라고는 생각조차 못 했어요. 하지만 딸 소피가 태어나자마자 요한은 우릴 떠났죠." 요한이 떠난 뒤 줄리는 충격을 받았고 겁도 났다. 하지만 무엇보다 외로웠다고 한다. 줄리처럼 배우자가 떠나지 않았더라도, 많은 부모가 외로움이라는 감정과 씨름한다. 배우자의 배신보다 더 줄리를 외롭게 한 건 그녀가 얼마나 벼랑 끝까지 몰렸는가를 몰라주는, 혹은 알아도 인정하지 않으려 하는 부모님의 태도였다.

과거 외로움은 사회성이 떨어지는 사람들이나 혹은 괴짜들이 느끼는 것으로 여겨지곤 했다. 그래서 외로움이라는 감정에는 여전히 꼬리표나 수치심이 뒤따라 붙는다. 하지만 그건 옳지 않다. 외로움은 모두 느끼는 감정이기 때문이다. 인간은 사무치는 외로움을 느끼도록 설계되어 있다. 그런 감정이 동기가 되어 동료를 찾도록 하기 위함이다. 인간은 원래 혼자 생존할 수 없고, 무리 지어 사는 동물이다. 배고픔이 없다면 음식을 찾아 나서지도 않을 것이고, 고통을 못 느끼면 불에 몸이 타고 있어도 빠져나올 생각을 하지 못할 것이다. 마찬가지로 다른 사람들과 무리를 이루고, 그들에게 받아들여질 때 생존에 유리하기 때문에 우리는 외로움을 느낀다. 외로움은 갈증이나 허기처럼 생존을 위해 필요한 감각이다. 엄연히 존재하는 외로움을 무시하면 정신과 신체 건강이 심각하게 악화될 수 있다.

외로움이 그토록 안 좋은 것이라면 모임이라도 나가서 친구를 사귀면 되는 것 아닐까? 그러나 불행히도, 이것은 그리 간단한 문제가 아니다. 당시 줄리는 이미 지칠 대로 지친 상태였고, 외로움을 해결하고자 뭔가를 시도한다는 것 자체가 너무나 버거운 일처럼 느껴졌다. 이외에도 누군가를 만나 새로운 친구를 사귀는 게 힘들게 느껴지는 이유가 또 있다. 외로움을 느낄 때 우리는 사회적 위협이나 타인의 거절에 극도로 민감해진다. 그래서 거절당할 가능성이 조금이라도 있으면 평소보다 더 조심하게 된다. 그리고 사회적 위협이 예상될 때 우리는 거절당하기 좋은 행동을 더 많이 한다. 벼랑 끝에 서 있는 기분인데도 거절당하는 것이 두려워 다시금 사람들 한가운데로 뛰어드는 것을 두려워하고, 그래서 더더욱 사람에게서 멀어진다. 일종의 자기 충족적 예언이 완성되는 셈이다.

요한이 떠난 이후 줄리의 자신감은 바닥을 쳤고, 이윽고 자신이 쓸모없는 사람이라고까지 생각하게 되었다. 줄리도 육아 모임이나 엄마랑 아기가 함께하는 노래교실 같은 곳에 가볼 생각을 안 한 것은 아니지만, 그런 곳에 가는 생각을 할 때마다 그냥 집 안에 틀어박혀 영영 나가고 싶지 않다는 생각만 들었다. 이런 기분을 느끼는 건 인간뿐만이 아니다. 모든 사회적 동물은 한번 무리에서 떨어지면 다시 그 무리에 가담하거나 새로운 무리에 들어가는 것을 주저한다. 시도했다가 거절당하면 처음보다 더욱더 고립되기 때문이다. 연구 결과를 보면 쥐는 물론이고 초파리들조차 무리에서 떨어진 뒤에는 바로 다시 무리에 뛰어들지 않고 주변부에 머문다고 한다. 그러나 우리는 쥐나 초파리에게는 없는 이점이 있다. 합리적 사고를 통해 본능을 이기고 필요한 것을 쟁취하는 능력이다. 그렇긴 해도 이는 무척 어렵게 느껴지는 일이라서 온갖 핑계를 대며 미루고 회피한다. 새로운 무리에 소속되지 못할 것이라고 느끼는 건 지극히 정상적이다. 많은 이가 여러 가지 이유를 들어 그렇게 생각한다. 보통은 자신이 다른 사람보다 열등해서('다들 서로 잘 아는데 나만

겉돌면 어쩌지') 혹은 우월해서('아기 똥 기저귀 이야기밖에 할 게 없는 아줌마들하고 어울리고 싶지 않아') 그런 모임에 나갈 수 없다는 식으로 생각한다. 불과 수개월 전까지만 해도 유능한 인사 담당 전문가였던 줄리가 육아 모임에 나가는 것을 두려워했다는 사실이 놀랍지만, 이는 충분히 있을 수 있는 일이다. 고립 상태에 있는 사람들은 자신이 남보다 우월하거나 열등하다고 생각하고 이를 핑계로 사회적 교류를 회피하는 경향이 있다. 두 가지 사고방식('저 사람들과 어울리기엔 나는 너무 수준이 높아' 혹은 '나 같은 게 어떻게 저 모임에 끼겠어') 모두 오래 계속될수록 회피의 늪에 빠지고 사회적 고립감을 더욱 강화한다.

줄리가 외로움이라는 감정을 인정하고, 이를 이겨내고자 새로운 모임에 가입하기까지는 큰 결단이 필요했다.

페이스북에서 찾은 모유 수유 모임에 가입한 뒤로 많은 게 달라졌습니다. 일주일에 두세 번 정도 멤버들의 집에서 돌아가며 만나는 모임이에요. 다른 엄마들과 제 경험을 공유할 수 있고, 또 다른 사람에게 도움을 줄 때면 뿌듯하기도 해요. 온라인으로도 이야기를 나누는데, 특히 밤늦은 시간에 대화할 수 있어 좋아요. 어차피 다 아기 엄마들이라 밤중에 못 잘 때도 잦으니까요. 새삼 내가 스스로 쓸모없는 사람이라고 습관적으로 생각하고 있었다는 걸 깨달았어요. 아이를 기르는 다른 부모들을 만나 이런저런 걱정거리를 나누다 보면 문제가 해결되지는 않더라도 훨씬 견딜 만해지죠.

연습 외로움에 대처하기

1. 외로움을 느낄 때 그 사실을 인정하라. 외롭지 않다고 부정하거나, 외로움을 느끼는 자신에게 문제가 있다는 식으로 생각하지 않아야 한다.

2. 외로움이 나에게 어떤 영향을 미치는지 생각해보자. 인간은 사회적 동물이고, 고립감을 느끼는 것은 위험하다는 사실을 기억하라.

3. 자신이 거절과 사회적 위협에 민감해지고 있음을 스스로 인지하고 그렇게 되지 않으려고 의식적으로 노력하라. 젊은 부모들은 특히 육아 모임 같은 것이 너무 수준이 낮다고 생각해서, 혹은 나는 잘 어울리지 못할 것이라는 생각에 어울리기를 주저하곤 한다. 이런 식의 우월감이나 열등감을 주의하라. 이런 감정들은 그저 외로움이 가져오는 불신과 고립의 상태를 유지하기 위한 핑계에 불과하다.

4. 비슷한 처지인 사람들과 만나 교류하라. 사는 곳 근처의 육아 관련 모임을 찾아보자. 또 비슷한 지역에 사는 다른 부모들과 온라인으로 대화하고, 집에 친구들을 초대하거나 친구 집에 놀러가도록 하자.

누구나
산후 우울증이 올 수 있다

———— 우울증도 산후 우울증의 한 원인일 수 있다. 물론 출산 후나 부모의 책임을 진 이후에 찾아오는 우울증에는 여러 가지 원인이 있을 수 있지만 말이다. 산후 우울증이 찾아오면 쉽게 화가 나거나 슬픔, 절망감 등을 느끼며, 무력감, 불안감, 불면, 대인 기피, 자해 욕구 등의 증상이 찾아온다. 또 모든 것이 필요 이상으로 힘들고 버겁게 느껴지거나, 극단적일 때는 정신 이상 증세를 보이기도 한다. 해마다 전체 산모의 10~15퍼센트 정도가 산후 우울증을 앓는다. 다수의 연구 결과에 따르면 엄마뿐 아니라 아빠도 전체의 10퍼센트 정도는 산후 우울증을 겪는다고 한다.

다음은 폴라의 산후 우울증 경험담이다.

리키는 제가 안아줘도 울고, 안아주지 않아도 울었어요. 그래서 다른 사람에게 리키를 넘겨주면, 그들은 아이를 잘만 다루는 것 같았죠. 시간이 갈수록 제가 너무 무능한 엄마라는 생각만 들었어요. 한번은 기저귀를 갈다가 아기를 떨어뜨릴까 봐 덜컥 겁이 날 정도였어요. 그런 내가 너무 부끄러워서 사람들이 어찌 지내느냐고 물어보면 무조건 '잘 지낸다'고만 했어요. 심지어 간호사에게도 말이에요.

하지만 속으로는 리키에게 뭔가 문제가 있지 않을까 생각했죠. 울어도 너무 울었으니까요. 그래서 병원에 데려갔는데, 아기에게는 아무 이상이 없다는 거예요. 저는 멀쩡한 아기를 병원에 데려갔다는 생각에 더욱 수치스러웠어요.

차라리 아기에게는 내가 없는 게 더 낫지 않을까 하는 생각마저 들더군요. 모유 수유를 하려고 해봤지만, 너무 아파서 도저히 할 수 없었습니다. 마치 날카로운 바늘로 가슴을 찌르는 것 같은 통증이 있었거든요. 그래서 젖병으로 수유하다 보니 더욱 내가 못난 엄마라는 생각만 들더군요.

그러다 리키가 생후 12주쯤 되었을 때 일이 터지고 말았어요. 제가 정신적으로 완전히 무너지는 일이 생기면서 남편과 동생도 저의 산후 우울증을 알게 되었어요. 제가 괜찮지 않다는 걸 알게 된 거죠. 저는 가족에게 죽고 싶다거나, 아니면 최소한 이 상황에서 도망치고 싶다고 털어놓았습니다. 태어나서 그렇게 끔찍하고, 우울하고 절망적인 기분은 처음이었어요. 모든 것이 단순히 엄마가 되는 것 이상의 큰 문제가 되어 있었고, 암울한 절망의 먹구름이 드리운 것 같았어요.

사실, 남편도 힘들었을 거예요. 혼자서 아기를 거의 다 돌봐야 했으니까요. 저처럼 우울한 것은 아니었더라도, 남편 역시 부모 역할에 적응하기 어려워했어요. 그랬기에 제 감정을 들어줄, 혹은 다른 것에 신경 쓸 시간적 여유가 없었을 거예요. 남편이 제게 상담을 권유했을 때, 사실 전 화가 났어요. 왜냐면 제게 신경 쓰기 싫어서 다른 사람에게 떠넘기는 거로 생각했거든요. 마치 이제는 아기와 남편이 한편이고, 저는 제3자로 밀려나는 것 같기도 했어요.

지금 그때를 되돌아보면, 제가 진심으로 진지하게 자살을 계획했다는 게 믿기지 않아요. 그때는 정말로 내가 없는 게 모두에게 더 나으리라 생각했어요. 그리고 실제로 계획을 실행하려고 했죠. 하지만 어차피 죽을 거, 상담부터 받아보자고 생각했어요.

상담사는 제 어린 시절을 물어봤어요. 하지만 기억나는 게 없어서 가족에게 물어봐야 했죠. 사촌이 말하기를, 제가 태어나고 3개월이 된 무렵에 부모님이 저를 고모와 유모에게 맡겨두고 한 달가량 외국 여행을 다녀왔다고 하더군요. 왜 여행에 가셨느냐고 물어보자 아버지는 당시 두 분 다 육아에 너무 지쳐서 휴가가 필요했다고 말했어요. 어머니는 당신이 여행에서 돌아왔을 때 제가 어머니를 알아보지 못해서 화가 났다고 말씀하시더군요. 어머니는 마치 아직도 제게 화가 나 있다는 듯이 이 이야기를 하셨어요.

이야기를 들은 저는 제가 아기였을 때 어머니를 실망하게 했다는 게 슬펐고, 한편으로는 아기인 저를 두고 외국에 갔다 온 어머니에게도 화가 났어요. 그리고 왜 리키가 그토록 낯설고 멀게 느껴졌는지 이해할 수 있었어요. 왜냐면 그 나이 때 저도 어머니에게 낯설고 멀게 느껴지는 존재였기 때문이죠. 남편과 리키 두 사람만 가깝고 저는 제3자로 밀려나는 기분이 들었던 이유도 알 것 같았어요. 아기였을 때도 그렇게 밀려난 적이 있었기 때문이죠. 이 사실을 알고 나자 '내가 엄마 노릇을 버거워했던 데는 그럴 만한 이유가 있었어. 우리 부모님도 하기 어려워한 일이기 때문이야'라는 생각이 들었습니다.

제 어린 시절과 현재 사이와 관련이 있다는 걸 알게 되자 도움이 되었어요. 아주 조금씩 상태가 호전되기 시작했습니다. 제가 리키의 엄마이고, 리키의 곁에 있어야 한다는 사실이 실감 나기 시작한 건 리키가 태어나고 8개월이 지나서였어요. 제가 리키의 엄마이고, 리키는 제 아들이라는 걸 받아들이게 된 거죠. 좀 더 리키와 교감할 수 있었고, 아이가 울 때도 그것을 마치 저에게 내려진 벌처럼 느끼지 않고 아이와 공감할 수 있었죠.

1년 동안 매주 상담을 다닌 끝에, 완전히 원래대로 돌아가지는 못했지만, 그 대신 새로운 나 자신의 모습을 받아들였습니다. 새로운 나를 알아가게 되었고, 심지어 새로운 내 모습이 마음에 든다고도 생각했어요. 참, 제 아들은 이제 어엿한 성인이 되었어요. 올해 스물두 살의, 착하고 사랑스러운 아이죠.

폴라의 예처럼, 내가 느끼는 감정의 근원을 설명할 수 있으면 해당 감정을 대하는 데 도움이 되기도 한다. 때로는 그 근원이 정확히 무엇인지는 몰라도, 이렇게 느끼는 데는 그럴 만한 이유가 있다는 사실을 아는 것만으로도 충분할 수 있다.

아기와 관련해 드는 충동이나 반응에 관해 이야기하고 그 감정을 이해하고 수용할수록, 아기를 과거 괴로웠던 기억을 투영하는 피사체가 아니라 아기 그 자체로 보게 된다. 또 이런 문제를 이야기할수록 아기를 때리는 상상을 했다고 해서, 혹은 아기를 버리고 도망치고 싶은 생각이 든다고 해서 그것이 반드시 내가 끔찍한 부모라는 이야기는 아니라는 걸 받아들이게 된다. 기억하자. 아무리 끔찍한 생각이어도, 그저 생각만으로 남을 때는 문제가 되지 않는다. 그런 감정이나 상상을 이야기함으로써 그것이 우리 각자의 성장 과정에서 기인함을 깨닫고 본래 있어야 할 자리에 그 감정들을 가져다 둘 수 있게 된다. 그렇게 할수록 부정적인 감정은 차차 수그러든다.

누구나 나를 평가하지 않고 내 이야기를 들어줄 사람이 필요하다. 나 자신의 모습을 있는 그대로, 위축되지 않고 보여줄 수 있는 사람 말이다. 궁극적으로는 내가 내 자녀에게 그런 사람이 되어야 하고 말이다. 육아의 고충을 이해하는 다른 부모들이 그런 역할을 해줄 수 있을 것이고, 필요하다면 전문 상담사나 의사의 도움을 받는 것도 망설이지 말길 바란다. 이 정도가 병원에 갈 일인가 싶어, 혹은 내가 이런 생각과 감정을 느끼는 걸 알면 상담사나 의사도 충격받겠지 싶어서 필요한 도움을 구하지 못하는 일이 없길 바란다. 아기를 낳는다는 건 육체적으로도, 심리적으로도 무척 고된 일이다. 호르몬이 모든 감정을 증폭시키기 때문에 더욱더 그렇다. 특히 이런 감정들 때문에 아기나 가족에게서 멀어지는 기분이 든다면 전문가의 도움을 받는 것이 좋다.

다음은 그레첸이 겪은 산후 우울증 경험담이다.

친구들 사이에 제가 첫 번째로 아기를 낳았어요. 예전의 삶이 너무 그리웠죠. 다시 일하고 싶고, 사람들도 만나고 싶고요. 직장에 다닐 때 저는 완벽주의자였고 능력을 인정받는 직원이었어요. 그런데 엄마가 되니 뭐 하나 제대로 할 줄 아는 게 없는 사람이 된 기분이었죠. 남들이 좋다는 건 다 했어요. 엄마와 아기 모임에도 참석했고요. 하지만 모임에 나갈 때마다 나 자신과 다른 엄마들을 비교하고, 내가 얼마나 못난 엄마인가만 생각했어요.

아기가 울면 가서 달래야겠다는 생각이 안 들고, 짜증이 먼저 났어요. 아기를 데리고 외출하는 일은 또 어찌나 힘들고 신경 쓸 게 많은지, 이대로 나갔다가는 어딘가에 깜빡하고 아이를 놓고 오겠다 싶었죠. 그래서 아예 외출은 꿈도 꾸지 않았어요. 심지어는 집에 누가 찾아와도 나가 보지 않았어요. 어떤 날은 아예 집에서 옷을 갖춰 입을 짬도 나지 않을 때도 있었어요. 잠도 많이 못 잤고요. 분만할 때 겸자 분만으로 아기를 낳았는데 그 경험이 너무 고통스러웠나 봐요. 잠이 들었다가도 그때의 악몽 같던 경험이 자꾸 떠올라 흠칫흠칫 깨곤 했어요.

그러다가 남편이 집에 올 시간이 되면 그제야 옷을 갖춰 입었어요. 그리고 오늘 하루도 정말 즐겁게 지냈다고 거짓말했죠. 사실은 내가 쓸모없고 무능한 엄마인 것 같다고 남편에게, 혹은 그 누구에게라도 털어놓으면 사람들이 손가락질할 것만 같았거든요. 하지만 제 불안정한 모습이 티가 났는지, 남편은 자꾸만 괜찮은지 물어봤어요. 전 그냥 잠을 좀 못 자서 그렇다고, 괜찮다고 말했죠. 하지만 사실은 괜찮지 않았어요.

그날도 가기 싫은 엄마와 아기 모임에 억지로 나갔어요. 모든 게 다 괜찮은 척, 행복한 척하면서요. 남편이 집에 돌아오면 그래도 어디 다녀왔다고 말할 거리는 있어야 하니까요. 그런데 그날 모임에서 수지라는 한 여자가 육아가 너무 힘들다고, 너무 불행하다고 털어놓았어요. 그러자 다른 엄마들이 앞다투어 이런저런 조언을 해주기 시작하는데, 그런 조언이 수지의 기분을 더 우울하게 하는 것 같았죠. 그 순간 저는 온몸의 용기를 짜내어 가까스로 "사실은 저도 그래요"라고 말하고, 제 경험을 털어놓았어요. 그날 수지와 저는 친구가 되었어요. 수지는 우울증을 겪는 엄마들을 위한 모임을 찾았어요. 우리 둘 다 우울증을 앓는다고 생각해서 함께 참석하게 됐죠. 모임에서는 아기들을 맡길 놀이방을 운영했고 엄마들끼리 모여 간단한 수공예를 했죠. 아이들이 하는 것처럼 종이에 헝겊을 잘라붙여 콜라주를 만드는 그런 거였어요. 우리에게는 이 활동이 정말 큰 도움이 됐어요. 이것저것 오리고 붙이는 동안에 자연스레 대화가 이어졌어요. 자기가 겪은 일을 있는 그대로 이야기하는 시간이었죠. 내가 이상한 사람이 아니라는 것, 나와 같은 기분을 느끼고 비슷한 시기를 보내는 사람들이 있다는 사실을 알게 되면서 우울증이 낫기 시작했어요.

3년이 지난 지금 아들과의 사이는 더없이 좋아요. 처음 시작이 힘들긴 했어도, 그게 우리 사이에 큰 영향을 주지는 못했어요. 1년 전에는 둘째 딸도 태어났고요. 첫째 때와 달라진 점이라면 지금은 혼자 고립되어 있지 않다는 것, 그리고 무엇보다 모든 게 완벽하지 못하다고 해서 내가 못난 엄마는 아니라는 사실을 알게 된 거죠. 그렇다고 첫째를 낳고 찾아온 산후 우울증이 제가 고립되어 있었기 때문은 아니라고 생각해요. 그보다는 호르몬이 미치는 영향이 컸던 것 같아요.

항상 명심, 또 명심하자. 아기를 낳고 찾아오는 감정에 옳고 그름이란 없다. 내가 느끼는 감정이 아무리 비정상 같고 이상하게 느껴지더라도 그것을 가슴에 담고 혼자서만 끙끙 앓아서는 안 된다. 그레첸이 했던 것처럼 나와 비슷한 사람들을 찾아 대화를 나누어야 한다. 필요하다면 전문가의 도움을 받는 일도 망설이지 말자. 의사나 상담사를 찾아가기에 너무 가볍거나 너무 무거운 사안이란 존재하지 않는다. 당신 자신뿐만 아니라 아이를 위해서도, 마음의 짐을 내려놓을 필요가 있다.

연습 우리가 몰랐던 양육의 이면

여기서는 시각화 지도를 소개하려 한다. 마음속으로 특정 상황을 시각화해보고 그 상황을 꼼꼼히 들여다보면서 나의 내면에서 어떤 일이 일어나는가를 인지하기 위한 활동이다.

마음속에 세 개의 방을 상상해보자. 첫 번째 방은 응접실이고, 두 번째, 세 번째 방으로 이어지는 문이 있다. 이 세 개의 방은 부모가 된 당신의 마음을 나타내는 은유이다. 이제 마음속으로 응접실에 들어가는 모습을 그려보자. 응접실은 손님들을 맞이하는 장소다. 이 방에서는 나의 잘 정돈되고 꾸며진 모습만을 보여주게 된다.

두 번째 방에는 당신의 부정적인 감정을 모아두었다. 이곳에서 당신은 확신이 없고, 화나고, 후회하고, 수치심을 느끼고, 짜증 내고, 슬프고, 불만족스러워하는 자기 자신을 만나게 된다. 두 번째 방은 부모 됨에 뒤따라오는 어려운 감정과 상처 입기 쉬운 마음이 들어 있는 방이다. 마음을 단단히 먹고 두 번째 방으로 들어가 어떤 감정이 느껴지는지 살펴보자. 자책하거나 스스로 비난하지 말고, 방 안에 무엇이 있는지를 있는 그대로 살펴보자. 이 방에 머무르며 어떤 감정이 드는지를 느껴보고, 그때 호흡은 어떠한지 지켜보자. 얕은 숨을 쉬거나 숨을 참고 있었다면 다시 자연스러운 호흡으로 돌아가야 한다. 마지막으로 한 번 더 두 번째 방을 둘러보고 이제 다시 정돈된 모습만을 보여주는 응접실로 나오도록 하자. 두 번째 방에 어떤 감정이 들어 있는지 인지하면서 그 방문을 닫고 나왔을 때 어떤 기분이 드는지 생각해보자.

이제 세 번째 방에 들어갈 차례다. 세 번째 방에는 긍정적인 감정을 모아두었다. 부모로서 자신이 가장 자랑스럽게 느껴지는 순간, 모든 게 다 잘될 것 같은 기분, 아이를 보며 느껴지는 기쁨과 만족, 그리고 차마 응접실에서 손님을 불러놓고는 드러낼 수 없었던 아이에 대한 자부심 등 이 모든 감정을 세 번째 방에서 느낄 수 있다. 이 긍정의 방을 쭉 둘러보자. 어떤 감정이 자리하고 있는가? 내 감정이 선명하게 드러날 때까지 계속해서 방을 둘러보자.

이제 다시 응접실로 돌아오자. 그곳에 서서, 나머지 두 방에 어떤 감정들이 담겨 있는지를 떠올려보자. 누구나 응접실에서는 정돈되고 꾸며진 모습으로 다른 사람들을 맞이하지만, 그 뒤에는 긍정의 방과 부정의 방을 지니고 있다. 또한 부모가 된 자신에 대해 긍정적이고 자랑스러운 감정과 함께 썩 유쾌하지만은 않은 감정 또한 느낀다. 중요한 것은 이 방이 모두 개인적이고 사적인 공간이며, 무엇보다 내가 부정적 감정을 쌓아둔 방과 다른 이들이 정돈된 모습만 보여주는 응접실을 비교해서는 안 된다는 것이다.

누구나 응접실 외에 다른 두 방에 관해서도 열린 태도로 이야기할 사람이 필요하다. 내가 아이에게 사랑과 기쁨을 느낄 때 그 이야기를 들어주고, 또 한편으로는 혼란스럽고 어려운 감정에 직면했을 때 그 감정에 공감해줄 사람이 있어야 한다.

The Book You Wish Your Parents Had Read

5

마음

나와 아이의

정신 건강을 위한

조건

우리 사회가 이제라도 아이들의 정신 건강 증진 방법에 관해 대화를 시작했다는 건 무척 고무적인 일이다. 그러나 한편으로는 아이들의 정신 건강이 위기에 처해 있다는 방증이기도 해 안타까움을 자아낸다. 5장에서는 생후 첫 몇 주, 몇 달, 혹은 몇 년간의 시기에 관해 많이 이야기할 것이다. 이즈음은 아이에게 안정감을 심어줄 중요한 시기이기 때문이다. 그러나 앞서 강조했듯 설령 이 시기에 아이에게 상처를 줄 만한 말이나 행동을 벌써 해버렸다 해도, 실수를 바로잡는 데 너무 늦은 때란 없음을 기억해주길 바란다.

끔찍한 유년기를 보냈다고 해서 반드시 정신 질환을 앓게 되는 것도 아니고, 이상적인 유년기를 보냈다고 해서 정신 질환에 절대 안 걸리는 것도 아니다. 하지만 정신 질환을 앓을 가능성을 최소화하기 위해 부모가 해줄 수 있는 일들이 있다. 아이의 몸과 마음을 건강하게 유지하는 데 도움이 되는 방법이 있다면 그것을 따르는 것이 아이에 대한, 그리고 부모로서의 의무다.

나와 아이의
유대감

──────── 정신 건강의 중요 지표 중 하나는 부모와 자녀 간에 형성된 유대가 얼마나 튼튼한가이다.

인간은 무리 지어 생활하는 동물이고, 수천 년에 걸쳐 부족 생활을 해왔다. 인간은 본능에 따라 타인과 유대 관계를 형성하려 한다. 타인과의 유대는 인간이라는 종의 생존 전략이다. 그중에서도 가장 근본적인 유대 관계는 부모와 자녀가 맺는 관계다. 부모로서 우리는 자녀와 유대를 맺고, 자녀 역시 본능에 따라 부모에게 유대감을 느낀다. 어떻게 하면 유대감을 최대한 자녀에게 도움되는 쪽으로, 자녀가 건강하고 행복한 삶을 살게 활용할 수 있을까? 자녀가 여러 가지 감정과 기분을 느낄 때 혼자라고 느끼지 않도록 옆에 함께 있는 것이 얼마나 중요한가는 앞서 이야기한 바 있다. 또한 아기와 부모가 살갗을 맞대는 것이 얼마나 중요한가도 이미 언급했다. 그러나 이처럼 신체 접촉하는 것 외에 자녀와 정서적인 거리를 좁히려면 어떻게 해야 할까? 특히 갓난아기는 아직 말도 할 줄 모르는데 말이다. 그러나 부모 자식 사이에 유대감을 형성하게 하는 것은 말이 아니라 마음을 '주고받는' 과정 그 자체다. 이는 다시 말해, 둘 사이에 오가는 영향력을 말한다. 우리는 다른 사람을 만나 너무나 당연하다는 듯 상대에게 영향을 미치고, 또 상대에게서 영향을 받으며 둘만의 관계를 만들어나간다. 관계는 어떤 사람과 맺느냐에 따라 각기 다른 저마다의 결이 있다. 아기와의 관계에서도 이런 일이 이미 우리도 모르는 사이에 일어나고 있거나, 일어나게 될 것이다. 아기와의 관계를 먼저 이야기하는 것은 그때부터 부모와 자식 간의 관계가 시작하기 때문이지만, 여기서 이야기하는 쌍방향 소통, 쌍방이 합을 맞추며 추는 춤과 같은 대화의 중요성 등은 꼭 아기와의 관계가 아니어도 모든 관계에 적용된다.

행동과 표정으로
아기와 대화하기

───── 아기가 내는 모든 소리는 사실 소통의 시도다. 아기가 내는 소리, 손짓과 발짓, 강압적 울음, 순서를 돌아가며 하는 놀이 등은 모두 의사소통을 시도하려는 전초 증상이다. 아기는 이를 통해 부모가 자신의 부름에 응답하기를 기다린다.

그런 아기에게 그저 조용히 하라며 그 시도조차 막아버리면 아기는 이를 '너와는 소통하고 싶지 않다'는 뜻으로 받아들인다. 이런 일이 반복되면 나중에는 '나를 싫어한다'고 생각하게 된다. 그래서 나는 부모들이 아이에게 '쉿!' 하며 입을 막는 걸 좋아하지 않는다. 고무 젖꼭지를 물리는 것 자체는 상관없지만, 그건 어디까지나 아기에게 필요한 관심과 사랑이 담긴 접촉을 제공하는 상태에서 아기를 달래기 위해 물렸을 때 괜찮다는 이야기다. 하지만 아기의 울음이나 소통 시도를 막기 위해, 그리고 부모와 자식 간의 소통을 막기 위해 사용되었을 때는 이야기가 다르다.

아기가 언어로 자신의 감정을 논리정연하게 말하기 전까지 부모는 아기를 관찰하고 아기가 보내는 신호를 배우게 된다. 아기는 저마다 세상을 바라보는 자기만의 시각이 있다. 나는 열린 태도로 아이에게 배우려는 준비가 된 부모, 아이의 시각을 받아들임으로써 자기 시야를 확장하려 노력하는 부모야말로 가장 행복한 부모라고 생각한다. 부모가 자신의 인격과 관점을 진심으로 존중해준다고 느낄 때 아이는 저절로 남들을 존중하는 법을 배우게 된다. 사물을 바라보고 경험하는 데는 한 가지 정해진 방법만 있는 것이 아니라는 사실을 자연스레 체득하기 때문이다.

갓난아이를 둔 부모들에게 제안하고 싶은 것은 아기를 지긋이 바라보며 행동과 표정으로 이루어진 '대화'를 나누어보라는 것이다. 이런 놀이가 곧 대화의 주고받기로 발전한다. 그뿐만 아니라 아기와의 관계를 발전시키며 유대감 강화에도 도움이 된다. 시간이 지나 언어를 쓸 때면 이런 몸짓을 이용한 소통을 잊어버리게 될 테지만 그 기억까지 사라지는 것은 아니다. 아이를 진정으로 이해하고, 받아들이기 위해서는 아이의 말을 듣는 것만큼이나 행동을 관찰하는 것도 의미가 있다. 사실, 이는 성인 간의 관계에서도 마찬가지다.

단순히 눈빛과 몸짓으로만 이루어지는 대화이건, 아니면 소리와 언어를 사용한 대화이건, 모든 대화는 양쪽이 서로에게 영향을 미치는 과정이다. 여기서 몸짓이란 몸의 모든 움직임을 말하며, 의도적으로 하는 것도 있지만, 은연중에 상대방의 기분과 의도를 짐작하게 하는 작은 신호도 포함된다. 이때 부모와 자녀의 관계는 어느 한쪽이 일방적으로 가르치기만 하고, 다른 한쪽은 이를 받아들이기만 하는 그런 관계가 아니다. 한쪽이 다른 한쪽에 일방적으로 영향을 주는 것이 아니라 서로가 서로에게 영향을 미치는 관계다. 진정으로 만족스러운 관계는 이런 식으로 발전한다. 상호 영향력은 모든 관계의 열쇠이며 이는 부모와 자식도 예외가 아니다. 그러나 대부분의 경우 너무 서두르는 나머지 서로 영향을 주고받으며 함께 변화하는 관계가 아니라 일방통행 같은 관계를 맺고 만다. 일방통행 관계에서는 위계질서가 존재하기 때문에 두 사람이 동등한 눈높이에서 소통하지 못하며 어느 한쪽이 다른 쪽보다 높은 지위를 차지한다. 주로 상대방이 메울 관계의 여백을 기다리지 못하고 나 혼자 모든 것을 다 결정하려고 할 때 이런 관계가 형성되며, 이것이 습관이 되면 그 관계는 길을 잃고 만다.

학창 시절에 만난 선생님들을 생각해보라. 반 분위기를 읽고, 그 반 아이들에게 필요한 맞춤형 수업을 제공함으로써 아이들의 참여를 끌어내는 선생님이 있지 않은가? 그런 선생님은 학생에게 배우는 것을 두려워하지 않는다. 학생의 학업 성취도를 파악해 학습 주제를 제시하고, 스스로 생각하게 하고, 새로운 정보를 제공하기 전에 선행 교과를 충분히 이해했는가를 확인한다. 이런 식으로 진행되는 수업은 무척 평화롭고 학생과 교사 간에 소통이 활발히 이루어지는 교육의 장이 된다. 반대로 교사가 학생에게 일방적으로 지식을 주입하기만 하는 수업에서는 학생들도 집중력이 떨어지거나 교사에게 반발하게 되며 학습도 제대로 이루어지지 않는다.

가장 불만족스럽고 지치는 건 내가 상대방에게 어떤 영향도 미칠 수 없을 때다. 내가 무슨 말을 하고, 어떤 행동을 하건 상대방이 내 말을 조금도 듣지 않거나 믿는 것 같지 않을 때다. 이런 사람과 관계 맺으면 설령 상대방이 나와 소통을 시도하려 해도 내 쪽에서 먼저 지치고 외로워지며 분개하게 된다. 따라서 부모 역시 아이의 말을 잘 들어야 한다. 아이가 나에게 영향을 미칠 수 있도록 여백을 허락해야 한다. 부모가 먼저 모범을 보일 때 아이도 다른 사람의 말을 진정으로 듣고 새기는 법을 체득하며, 이를 통해 부모 말을 잘 '듣는' 아이로 키울 수 있다.

아기와 함께하는 호흡은 대화의 시작이다

———— 함께 호흡하는 것으로 아기와의 첫 대화를 시작할 수 있다. 아기들의 호흡은 매우 자동적이다. 그러나 시간이 지나면서 아기는 자기 의사에 따라 호흡을 조절할 수 있다는 사실을 깨닫는다. 그리고 자신을 안아주거나 함께 누워 있는 보호자의 호흡에 맞춰 숨을 쉰다. 이렇게 함께 호흡하는 경험은 부모와 자녀 간의 유대감을 강화해줄 수 있다. 내 딸이 어렸을 적에 나도 아이 곁에 누워 호흡을 맞추곤 했는데, 어느 순간 아이도 함께 나에게 호흡을 맞추고 있다는 사실을 깨달았을 때 받았던 감동과 뿌듯함이 아직도 기억난다. 어쩌면 아이와 함께 동요가 됐든 유행가가 됐든, 노래를 부르는 이유도 함께 호흡하고 즐겁게 지내기 위해서인지도 모른다.

연습 호흡하기

배우자나 친구와 마주 보고 서로 돌아가며 상대방의 호흡에 맞춰 보자. 내가 상대방에게 맞출 때, 상대방이 내 호흡에 맞출 때 어떤 기분이 드는지 살펴보고, 마음이 편안하고 차분해질 때까지 이 과정을 반복해보자. 이 과정에서 어떤 기분이 드는지 분명히 느껴질 때까지 연습을 반복한다.

아이와 놀이를 통해
상호작용하기

────── 아이와 할 수 있는 또 다른 상호작용 활동이 있다. 서로 순서를 정해 마주 보았다가, 다른 곳을 바라보는 놀이다. 이런 종류의 놀이는 부모와 아이가 놀이를 함께 만들어간다는 점에서 특별하다. 놀이를 하다 보면 아이가 다른 쪽으로 시선을 돌린 뒤 다시 부모를 보지 않고 계속 다른 쪽을 보고 있을 수 있다. 이때 부모는 가만히 앉아 아이가 어떻게 행동할지 지켜본다. 아이가 다시 한번 궁금한 표정과 미소를 띠며 부모를 돌아보면 부모는 부드러운 목소리로 "우리 아가, 여기 있었네!" 하고 이야기해준다. 아이는 스스로 만족스러울 때까지 이 과정을 수차례 반복할 수도 있다.

연구 결과에 따르면, 생후 4개월 된 유아들이 엄마와 시선을 주고받거나 소리를 내고 듣는 등 영향을 주고받는 활동을 활발히 한 경우, 아이가 한 살이 됐을 때 엄마와의 관계에서 무척 안정적인 애착을 형성하는 것으로 나타났다. 앞에서 말한 사막 비유를 다시 한번 사용하자면, 엄마와 마음을 주고받는 과정에서 아이는 위험에서 구출된 느낌, 환영받는 느낌을 받는다. 그리고 관계 맺기 욕구를 비롯하여 자신의 여러 욕구가 대부분 만족스럽게 충족되리라고 확신하게 된다.

물론 유대 관계 형성이 어려운 과정일 수 있다. 부모가 조바심을 내서 아이의 말과 행동에 집중하지 않거나, 아이의 시각에서 세상을 바라보려고 노력하지 않으면 유대감 형성이라는 자연스러운 과정을 방해하게 된다. 아이가 보내는 신호를 부모가 자꾸 놓치거나 혹은 아이에게 너무 많은 것을 요구할 때 아이는 부모와의 관계에서 안정감을 느끼지 못한다. 부모가 아이의 행동에 집중하고 응답함으로써 관계의 양상을 바꾸려 노력하기 전까지는 말이다.

이처럼 아이에게 맞춘 상호작용이 너무 많은 에너지를 요한다고, 혹은 전혀 자연스럽지 않거나 당연하지 않다고 느낄 수도 있다. 그렇게 느끼는 건 부모의 잘못이 아니다. 부모 자신이 어렸을 때 부모로부터 이런 상호작용을 배우지 못했기 때문일 수도 있고, 아니면 성격상 다른 사람에게 맞춰주는 것이 익숙하지 않거나 그걸 어렵게 느끼는 사람일 수도 있다.

아이와의 교감이
두렵게 느껴질 때

────── 나 역시도 이런 상호작용이 무척 어려웠고, 그래서 더 큰 노력이 필요했다. 아마도 성장 과정에서 누군가가 내 이야기를 귀 기울여 들어주고, 반응해준 경험이 별로 없었거나 아니면 은연중에 모든 관계는 항상 수직적이라서 어른이 말하면 아이는 복종해야 한다고 생각했기 때문일 수 있다. 이 경우 아이와 상호작용하는 것은 요원해진다.

아이가 나에게 영향을 미칠 수 있도록 '나'를 내주는 일이 자연스럽고 쉽게 느껴지는 사람, 아이에게 귀 기울이고 답하는 일이 애써 노력하지 않아도 자연스레 되는 사람도 있을 수 있다. 하지만 모든 사람이 이를 자연스럽게 할 수 있는 건 아니다. 개중에는 우리 안에 잠재된 이 상호작용 능력을 일깨우기 위해 좀 더 노력이 필요한 사람도 있다. 자녀가 아주 어린 아기이건, 이제 막 걸음마를 떼었건, 아니면 성인이건 간에 상관없이 관계에서 자녀에게 여백을 내주는 일이 쉽지 않게 느껴지는 사람도 있을 것이다. 나는 이것을 진정한 의미에서의 교감을 두려워한다는 의미로 교감 공포증이라 부른다. 다른 사람이 나에게 영향을 미치고 나를 바꿔놓을 수 있다는 사실, 나 아닌 다른 누군가에게 주도권을 내주는 일에 두려움을 느끼는 것이다.

우리는 아기 때 겪은 행동을 타인에게 그대로 반복한다. 때에 따라서는 타인의 말과 행동에 응하는 선천적 능력이 아예 사라졌다고 느낄 수도 있다. 유아기에 물질적인 측면에서는 충분한 돌봄을 받았으나 정서적 역량 발달에 필요한 상호작용이 충분히 이루어지지 않았던 것일 수도 있다. 교감 공포를 일으키는 원인은 여러 가지가 있다. 유년기에 부모가 내 감정을 진지하게 받아들이지 않은 경우, 한 명의 어엿한 인간이 아니라 인형이나 애완동물에 가깝게 대한 경우, '어린애' 혹은 '철부지'로 대했거나 독립적 개인이 아니라 많은 형제자매 중 하나로만 대한 경우, 또는 부모 자신과 수평적 교류를 허락하지 않고 시키는 대로 고분고분 따르기만을 기대한 경우에는 성인이 되어 타인과의 관계에서 자신을 내주기가 어렵게 느껴질 수 있다.

부모가 반응을 보이는 것은 아이들에게 반드시 필요한 경험이다. 부모가 아이의 울음이나 눈짓, 상호작용 요구에 응하지 않거나 아이가 순서대로 마주 보기 놀이를 하고 싶어 하는데 부모가 참여해주지 않으면, 아이의 정서가 불안정해지거나 회피 애착 유형의 성격 특성을 발달시킬 위험이 있다. 이렇게 성장한 아이들은 순기능적 관계를 맺기가 훨씬 더 어렵다.

마음: 나와 아이의 정신 건강을 위한 조건

그러나 설령 내게 교감 공포가 있다고 해도 스스로 몰아붙이거나 자책하고 부끄러워할 필요는 없다. 내가 아이와의 상호작용을 어떻게 받아들이고 반응하는지 알았으니 좀 더 아이에게 호응하도록 변하면 된다. 자신이 실수했다는 사실을 알아차리고 그것을 바로잡으려 한 것만으로도 자부심을 느껴도 좋다. 세상에는 다른 사람의 교감 공포는 잘 보면서도 정작 자신이 그렇다는 사실은 인정하지 못하는 사람도 많다. 어린 자녀, 10대 또는 성인 자녀와 있을 때 상호작용으로부터 도망치고 싶은 마음이 들 때마다 이를 알아차리자. 부모 혼자 말하면 잔소리이고, 자녀와 함께 말하면 대화가 된다. 자녀에게 대화가 아니라 잔소리를 하고 있지는 않은지 생각해보자. 당신 안에 있는 교감 본능을 따라 아이에게 필요한 부모와의 상호작용에 적극적으로 응하도록 하자.

이 글을 읽으며 너무 늦었다고 생각할지 모르겠다. '우리 관계는 이미 틀렸어, 난 아이가 어릴 때 이렇게 해주지 못했는걸' 하면서 말이다. 하지만 자녀와의 유대 관계는 노력 여하에 따라 언제든지 개선할 수 있다. 좀 더 자녀의 말에 귀 기울이고, 자녀의 관점에서 세상을 보려고 노력하면 된다. 자녀가 나와는 다른 타인이라는 사실을 인정하고, 그 다른 사람과 함께하는 과정에서 나 또한 새롭게 변화할 수 있음을 받아들이면 된다. 이미 성인이 된 자녀라도 마찬가지다. 부모가 나와 수평적인 관계를 맺고자 하고, 내가 좋아하는 것과 생각하는 바에 맹목적으로 반대하지만 않으면 성인이 된 자녀라도 마음의 문을 열 수 있다. 물론 자녀가 성인이 되기 전에 과거에 입혔던 상처를 치유할 수도 있다. 자녀와의 교감을 피해 왔다면 그런 행동을 멈추면 된다. 그렇다고 기존에 내가 지니고 있던 관점이나 의견을 다 포기하고 전적으로 자녀에게 져주라는 말이 절대 아니다. 단지 상대의 생각이 나와 다를 때 그 상대가 내 자식이라는 이유만으로 절하하지 말라는 이야기다.

올해 마흔두 살의 남성 존의 이야기를 들어보자.

최근 아내가 제게 묻더군요. "당신은 누가 뭘 알려주는 걸 왜 그렇게 싫어해?"라고요. 그 말을 듣고 큰 충격을 받았어요. 그리고 깨달았습니다. 저는 뭔가를 모른다는 사실을 무척 수치스러워하고 있었던 거예요. 아내는 또 제가 항상 습관처럼 '나도 알아'라는 말을 달고 산다고 말했습니다. 실제로 저는 아는 일이건 모르는 일이건 일단 '나도 알아'로 문장을 시작하고 있었죠.

그러다 아버지를 뵈러 가게 됐어요. 드시는 약이 많은데 언제 어떤 약을 드셔야 할지 헷갈려 하시길래 차트를 만들어드렸어요. 그런데 아버지는 제게 비꼬면서 "내가 지금까지 86년 세월을 살면서 약병 읽는 법 하나 못 배웠을 것 같으냐?" 하고 말씀하셨어요. 그때 저는 아버지 역시 당신이 모르는 걸 남들이 알려주는 것을 싫어한다는 사실을 알게 됐어요.

아버지는 옛날부터 그러셨고 지금도 여전히 '어디 아버지를 가르치려 드느냐'는 태도를 보이세요. 솔직히 말해 이 태도로 많이 상처받았어요. 일반적인 사람이라면 "도와줘서 고맙다, 안 그래도 헷갈리

더구나" 하겠죠. 하지만 아버지는 다른 사람이, 특히 다른 누구도 아닌 당신 아들이 뭘 가르쳐주는 게 싫었던 거예요. 올해 마흔이 넘었지만 그래도 아버지에겐 여전히 그저 아들일 뿐이니까요.

생각해보니 저 역시 아들의 말을 거의 듣지 않는다는 걸 깨달았어요. 아들이 제가 모르는 무언가를 가르쳐줄 수 있다고 생각하지 않았던 거죠. 그리고 아들 역시 항상 '나도 알아' 하고 말하는 버릇을 들이기 시작했다는 것도요.

제가 좀 더 열린 마음을 가지고 더 많이 듣도록, 그리고 뭔가를 모른다는 것에 수치심을 느끼지 않도록 아내가 많이 도와주었습니다. 아들이 뭔가를 알려주려 할 때면 귀를 기울이는 연습도 하고 있어요. 우리 부자 관계도 많이 나아졌고요. 예전에는 아들에게 자리를 내어주지 않았어요. 부자간의 소통은 일방통행이어야 한다고 생각했죠. 아빠는 말하고, 아들은 듣고. 아빠는 가르치고, 아들은 배워야 한다고 말이에요. 하지만 지금은 아들이 자기를 드러낼 수 있도록 노력합니다. 그리고 아들이 어떠하리라고 제 마음대로 지레짐작하는 대신 실제로 어떤 아이인지 알아가기 위해 노력하고 있어요.

생각해보면, 전형적인 '맨 박스'에 갇혀 있었던 것 같아요. 내가 뭔가를 모른다는 걸, 그리고 그걸 누가 알려준다는 걸 견딜 수 없었기에 모르는 게 있어도 물어보지 않았죠. 그래서 지금은 모른다는 것에서 오는 수치심과 직면하고자 남들에게 곧잘 질문합니다. 그러나 수치심이 저를 지배하도록 두는 것은 아닙니다. 그저 수치심 때문에 궁금한 것을 물어보지 못하고 넘어가는 일, 아들의 말에 귀 기울이지 못하는 일이 없도록 하고 싶은 거죠. 그렇게 하면서 오히려 더 긍정적인 변화들이 일어나기 시작했어요. 제 이런 모습을 깨닫고 고치기 위해 노력한 지 얼마 안 됐지만 벌써 아들과 훨씬 가까워진 느낌이거든요.

존은 교감 공포에 굴복하지 않기로 했고 그것을 실행했다. 비록 교감 공포라는 단어를 사용하진 않았지만 말이다. 이처럼, 때로는 변화를 시도하면 뭔가 좋지 않은 일이 일어날 것처럼 느껴지지만 사실은 약간의 행동 변화로 상당한 소득을 얻을 수 있다.

연습 자신의 행동 패턴 알아차리기

혹시 아이가 당신의 관심을 원할 때마다 항상 더 시급한 집안일이나 직장 핑계를 들어 아이의 요청을 거부하지는 않았는가? 어쩌면 이것은 교감 공포의 발현일 수 있다. 스스로 이런 행동을 할 때 알아채고 멈춘 뒤, 아이의 요구를 거부하고 싶은 욕구를 극복해보자. 그리고 당신이 해야 하는 그 일을 아이와 함께해보자.

마음: 나와 아이의 정신 건강을 위한 조건

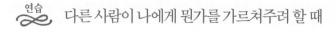 **연습** 다른 사람이 나에게 뭔가를 가르쳐주려 할 때

내가 이미 아는 것을 다른 사람이 알려주려 할 때 어떤 기분이 드는가? 또, 내가 알아야 할 것 같은데 모르던 것을 누가 알려줄 때는 어떤가? 모범 대답이라 생각되는 것을 무심코 말하지 말고 실제로 내 기분이 어떠한가를 생각해보고 답하길 바란다. 저런 상황에서 드는 감정의 기원을 성장 과정에서 찾을 수 있겠는가?

하루 24시간, 1년 365일 쉼 없이 아이와 교감하고 아이에게 반응하라는 이야기는 아니다. 그러나 연구 결과를 보면, 아이가 관심을 요청할 때 이를 반복적으로 무시하면 아이에게 정신적 고통을 유발할 수 있다. 한 실험에서는 엄마와 아기를 마주 보고 앉게 하되, 엄마에게 아기가 하는 어떤 행동이나 말에도 따라 하거나 반응을 보이지 말라고 지시했다. 즉, 아기에게 정서적 반응을 보여주지 못하게 한 것이다. 겨우 3분 정도 무반응으로 임했을 뿐인데도 아기들은 불편한 심기를 드러내었다. 불안감, 부끄러움, 슬픔과 같은 반응이 수 분씩 이어졌다. 원래는 둘이 추어야 하는 교감이라는 춤을 혼자 추게 되었기 때문이다.

아이에게는 보호자와 상호작용이 필요하다. 이 상호작용을 통해 비로소 아이는 자신의 말과 행동이 그저 소리와 움직임이 아니라 타인에 대한 영향력을 지녔다는 사실을 실감할 수 있다. 아이가 자신의 경험을 말로 표현할 수 있었다면 아마 이렇게 생각할 것이다. '아빠 엄마가 반응해주지 않는다면, 나는 존재하지 않는 것이나 다름없어.' 그리고 실제로 아이 중에는 부모의 반응을 얻기 위해 노력하다가 포기하기도 한다. 아이가 보내는 신호를 지속해서 무시하면 우리는 의도치 않게 아이에게 체념을 가르치게 된다.

눈을 맞출 때
아이는 바뀐다

─────── 우리는 대화하며 상대방의 말을 듣고 있다고 생각하지만, 사실은 상대방의 말이 멈추기를, 그래서 내가 말할 기회가 오기를 기다리고 있을 때가 잦다. 상대방이 말하고자 하는 바를 진심으로 이해하려고 노력하기보다는, 내가 어떻게 대답할까를 생각하는 데 더 많은 에너지를 쏟는 것이다.

이런 행동을 멈추고 상대의 말에 완전히 몰입하는 것이 두렵게 느껴질 수도 있다. 두려움을 언어화할 수 있다면 더는 그 정도로 무섭게 느껴지지는 않을 것이다. 하지만 두려움이 그저 감정으로만 남아 있는 상태에서는 마치 상대방에게 완전히 몰입하면 '나'를 잃을 것처럼 느껴진다. 그러나 그것은 사실이 아니다. 오히려 상대에게 내 일부를 내어줌으로써 우리는 성장할 수 있다.

다음은 조디와 그녀의 딸 조의 이야기다.

생후 첫 몇 주 동안은 조가 너무 보채서 힘들었습니다. 아기에게 마음을 열고 싶었고, 아기가 울 때마다 가서 달래고 싶었지만, 한편으로는 내적 갈등이 일어났습니다. 아기의 요구에 응하는 것이 마치 나자신을 잃어버리는 것 같았고, 굴복하는 느낌이 들었죠.

딸에게 더욱 마음을 열게 된 건 아기의 요구에 방어적인 태도를 보이지 않고 대신 그냥 아기를 바라보기 시작하면서였어요. 아기와 함께 있으면서 관심을 두면 아기도 저를 덜 찾는다는 걸 알게 됐거든요. 아기가 보내는 신호들을 읽고, 불만이 생기기 전에 미리 조처해서 우는 것을 예방하는 요령이 생긴 거죠.

또 집안일을 하면서도 계속 제가 뭘 하는지 중계하듯이 아기에게 이야기했어요. 중간에 아기가 옹알거리며 답할 시간도 주면서요. 그러다 한가해지면 스마트폰을 보거나 책을 읽는 대신 아기에게 관심을 두었고요.

아기에게 뭔가를 자꾸 보여주려고 하는 대신 아기가 보는 것을 함께 보고, 자기 기호를 표현하도록 하는 게 더 효과가 좋다는 걸 알게 되었어요. 아기가 뭘 유심히 본다 싶으면 그 물건을 아기에게 가까이 가져다주거나, 혹은 아기를 그 대상에 가까이 데려가 함께 살펴봤습니다. 멈춰 서서 주변의 사물을 바라보는 법을 아기에게 배웠어요. 제가 오랫동안 잊고 있었던 뭔가를 아기가 가르쳐준 거죠. 물론 저는 나뭇잎이나 무당벌레를 처음 본 것도 아니었고, '스폰지밥 네모바지'를 볼 나이도 한참 지났지만, 아기가 뭔가에 집중하는 모습을 보자니 제 안에도 뭔가가 채워지는 느낌이 들었어요. 경외심이랄까, 사랑의 감정 같은 것이 말이죠.

조가 좀 더 커서 말하기 시작하면서는 제가 말하기보다 듣는 쪽일 때 우리 관계가 더 낫다는 사실을 깨달았어요. 물론 가끔 그 사실을 잊고 조에게 저 혼자 일방적으로 이야기하기도 했는데, 그럴 때면 아이가 제 말을 잘 안 듣는 게 느껴졌죠. 그제야 '아, 옛날 소통 방식을 다시 하고 있구나, 그 방법은 효과가 없는데' 하고 깨닫게 되고요.

아이의 말에 귀 기울이면서 저 역시 좀 더 너그러워지고, 사랑을 베풀게 됐어요. 비단 딸에게뿐만 아니라 다른 사람, 사물에도요. 조는 이제 거의 성인이 다 되었는데 저 역시 조를 낳기 전보다 더 어른이 된 기분이에요. 조를 지켜보고, 아이의 말을 들어주고, 조의 관점에서 세상을 보면서 나 자신의 시야를 넓혀갔기 때문이죠.

딸이 저를 어떻게 변화하게 했는지 이야기해보니 다시금 딸아이를 사랑하는 마음이 벅차올라요. 부모가 되기 전에는 이런 사랑을 몰랐었던 것 같아요. 조를 키우며 저라는 존재도 함께 성장한 거죠.

조디의 경험은 딸과의 관계에 관한 것이었다. 조디는 딸과 관계를 맺으며 상대방과 공존하고 소통하는 새로운 방식을 배웠다. 어떻게 대꾸할지, 혹은 어떻게 하면 내 주장을 관철할지 생각하는 대신에 조디는 정말로 딸의 말을 관심을 두고 들어주었다. 이를 통해 딸과 매우 친밀하고 애정 어린 관계를 맺는 데 성공했다. 누구나 자녀와 이런 관계를 맺을 수 있다. 자녀가 아직 어린 아기이건, 아동이건, 이미 성인이 되었건 말이다. 꼭 자녀가 아니어도, 타인과 이런 관계를 맺지 말라는 법도 없을 것이다.

지금 스마트폰에서
손을 떼자

—————— 아이와 몸은 가까이 있되 스마트폰이나 컴퓨터를 보느라 아이가 보내는 신호를 전부 놓치고 있다면 아이는 불안해진다. 친구들과 밖에서 만났는데 다들 스마트폰을 들여다보느라 바쁘다고 생각해보라. 누구나 기분이 상할 것이다. 이미 인격 형성이 끝난 성인이라면 친구들이 스마트폰 좀 봤다고 해서 크게 상처받지는 않겠지만, 이런 행동은 관계에 해가 되면 됐지 득이 되지는 않을 것이다. 게다가 아이들은 이제 한창 부모와의 관계를 통해 인격과 습관이 형성되는 중이다.

알코올이나 마약 중독자가 좋은 부모가 되지 못하는 이유는 무엇일까? 바로 그런 물질에 중독되어 아이보다 중독 물질을 우선순위에 놓고, 그래서 아이에게 필요한 관심을 주지 못하기 때문이다. 그런데 내 생각에는 스마트폰 중독자도 이에 뒤지지 않는다. 어린 자녀와 함께 있을 때는 장시간 스마트폰을 보거나 이메일을 확인하는 행동은 삼가라고 하고 싶다. 이는 아이와의 교감을 막을 뿐만

237
마음: 나와 아이의 정신 건강을 위한 조건

아니라 아이의 마음속에 텅 빈 공허감을 심는 행동이다. 과장하고 싶지는 않지만, 공허감을 지닌 채 자라난 아이들은 성인이 되어 중독에 취약해진다. 중독 물질이나 강박적 행동으로 그러한 공허함을 채우고, 단절감을 지우려고 하기 때문이다.

그뿐만 아니라 부모가 스마트폰에 중독되면 아이 역시 전자기기에 중독될 위험이 있다. 부모와의 교감 부재를 전자기기로 대체하려는 것이다. 전자기기는 타인과 유의미한 관계를 맺을 때보다 더욱 즉각적인 만족감을 주지만, 그렇다고 인간관계를 대체할 수는 없다. 어쩌면 스마트폰에 중독된 부모 역시 타인과의 교감을 대체하기 위한 수단으로 그것에 매달리는 것일 수 있다. 어찌 되었든, 아이는 부모와의 교감이 필요하며 그런 욕구는 어른의 그것보다 훨씬 더 강렬하다. 아이들은 부모와의 교감을 통해 뇌를 발달시키기 때문이다. 사람은 고립 속에서는 제대로 발달할 수 없다. 사람에게는 사람이 필요하다.

부모뿐 아니라 아이의 양육에 참여하는 사람이라면 보모, 교사, 친구, 친지 할 것 없이 누구나 이 사실을 기억해야 한다. 아이를 돌보는 사람이 스크린만 쳐다보고 있으면 아이 역시 스크린에 뭐가 있나 보고 싶어질 것이다. 이 글을 읽고 그동안 전자기기를 보느라 아이를 무시해왔다는 걸 깨닫는다고 해도 '내가 애를 다 망쳐놨구나' 하고 생각하지는 말길 바란다. 당신은 아이를 망쳐놓은 게 아니다. 이제부터는 안 그러면 되고, 이제부터 아이에게 집중하면 된다. 그러면 아이와의 관계는 얼마든지 회복할 수 있다.

우리는 모두 교감 능력을
갖추고 태어난다

──── 앞에서 살펴본 엄마의 반응에 관한 실험에서 한 가지 더 확인한 사실이 있었는데, 그것은 아기를 바라보는 엄마 역시 무반응으로 일관하기가 쉽지는 않다는 것이다. 이는 아기가 보내오는 신호가 얼마나 강력한 것인가를 보여주며, 동시에 그 신호들에 반응하는 것이 우리의 본능임을 말해준다. 우리가 해야 할 일은 그저 그 본능에 따르는 것이다.

우리는 누구나 교감하고, 상호작용하고, 마음을 주고받을 수 있는 역량을 지니고 태어난다. 이러한 정신적 작용은 우리가 태어나는 순간부터 시작되어 죽을 때까지 계속된다. 아니, 어쩌면 태어나기 전부터 시작되는지도 모른다. 어쩌면 출산 과정과 진통도 하나의 '주고받기'일 수 있다.

타인과 교감할 때, 내가 취한 행동은 상대방에게 공명을 일으켜 반응하게 한다. 이 과정에서 부모와 아이는 각자 자신만의 리듬으로 서로 마주한다. 그리고 서로의 리듬을 탐색하고 배워나간다. 마침내 부모와 아이는 둘만의 특별한 공존 패턴을 터득한다. 아이가 엄마와 맺는 관계가 다르고, 아빠와 맺는 관계가 다르며, 형제자매와 맺는 관계가 또 다르다. 모든 관계는 각자 저마다의 패턴을 지닌다.

이 패턴은 어른인 부모가 일방적으로 주입하는 것이 아니라 아이와의 상호작용 끝에 만들어지는 결과물이다. 또한 한 가지 패턴이 정해져 있는 것도 아니다. 각자의 기분, 상대방에게서 들은 말이나 행동 등에 따라 바뀌기도 한다. 어떤 날은 서로 잘 통하고, 또 어떤 날은 영 아니다 싶고, 그래서 안 맞는 부분을 고쳐나가게 된다.

자녀를 있는 그대로 지켜보고, 이것저것 시도해보고, 과거의 실수를 만회하려 노력하는 과정에서 자연스레 아이가 원하는 것이 무엇인지 알게 된다. 어떤 눈빛은 더 많이 웃어달라는 의미이고, 또 그것과 비슷한 어떤 눈빛은 배고프다는 의미임을 배우는 것이다. 아이의 울음이나 손짓, 발짓이 무엇을 의미하는지 모르는 건 무척 정상이며, 몰라도 괜찮다. 그래도 여전히 자신만의 방식으로 아이에게 대답해줄 수 있다. 중요한 건 의미를 알아맞히는가가 아니라 상호작용이 어떤 패턴으로 이루어지는가이다. 내가 처음 아이를 낳았을 때 다른 선배 부모들은 아이를 기르다 보면 어떤 것이 목마르다는 울음인지, 어떤 것이 너무 덥다는 울음인지 구분할 수 있다고 했다. 그 이야기를 들은 나는 내가 모자란 엄마라는 생각이 들었다. 나에게 아이의 울음은 미완성 상태의 언어가 아니라 전혀 다른 성격의 소통 수단이자 신호음처럼 들렸다. 아이의 울음은 어른들이 생각하는 그런 언어 체계가 아니라 나의 관심과 관찰, 도움을 요구하는 신호음이라고 생각했다. 하지만 아이를 지켜보고 아이와 소통하는 패턴이 확립되자 아이를 이해하기도 더 쉬워졌다.

아이는 가족 구성원 각자와 소통하고 유대 맺는 방법을 학습하며, 가족 구성원은 또 나름대로 아이와 소통하며 배운다. 모두 관계를 통해 둘만의 특별한 의사소통 체계를 만든다. 유능한 스탠드업 코미디언들이 쇼 당일에 관객 분위기를 읽고 거기에 맞춰 공연하는 것처럼 말이다. 세상에 같은 관객은 없고, 같은 아이도 없다. 몇 개월이 지나면 서로가 서로에 대해 잘 알게 되고 양쪽 모두에게 만족스러운 방식으로 공존할 방법을 찾는다. 이 과정에서 아이를 관찰하고 아이와 상호작용하는 것이 큰 역할을 한다. 물론 이 과정은 거의 무의식적으로 일어나지만 말이다.

다음은 사이먼의 이야기다.

아들 네드를 지켜보고 있으니, 아이가 태어난 그 순간부터 우리에게 의사소통을 시도했다는 걸 알 수 있었습니다. 물론 네드가 하고 싶은 모든 말을 다 알아듣지는 못했지만, 네드를 지켜보다 보니 점점 더 잘 이해할 수 있었죠. 어떤 신호는 지금 당장 뭔가를 해 달라는 신호지만, 어떤 신호는 그만큼 급한 것이 아니었어요.

네드는 얼마 전 두 살이 되었고 이제 여러 가지 단어와 짧은 문장을 구사할 수 있습니다. 그래도 본인이 뭘 원하는지를 늘 정확하게 아는 건 아니라서 우리가 지켜보며 도와주어야 합니다.

마음: 나와 아이의 정신 건강을 위한 조건

지난 주말, 네드보다 큰 아이가 있는 다른 가족과 함께 식사하러 갔습니다. 네드는 그 집 아이들과 웃고 떠들고 잘 놀고 있었죠. 하지만 시간이 지나면서 네드가 시선을 다른 데로 돌리기도 하고 눈빛에 집중력이 없다는 걸 알아챘어요. 우리는 네드가 뭔가에 싫증이 나거나 혼자 있는 시간이 필요할 때 이런 신호를 보낸다는 걸 알고 있었습니다. 우리가 이를 제때 알아채지 못했다면 아마 아이는 울음을 터뜨리거나 짜증을 부리기 시작했겠죠.

그래서 네드에게 잠깐 밖에 나가고 싶은지 물어보았어요. 네드가 그러겠다고 해서 유아용 의자에 앉아 있던 아이를 안고 식당 밖으로 나왔죠. 우리는 식당 밖 잔디밭에 앉았고 네드는 제게 기대어 있었어요. 1~2분쯤 그 상태로 있다가, 네드가 잔디밭에 있는 데이지꽃을 꺾어 제게 주었습니다. 이건 우리 둘이 종종 하는 게임인데, 네드가 저에게 뭔가를 건네주면 제가 그 숫자를 세는 것입니다. 데이지 하나, 데이지 둘, 데이지 셋… 이렇게요. 그리고 다 세면 네드가 그것들을 가져간 후 다시 저에게 건네주죠.

잠시 후 네드는 집중력을 되찾은 모습을 보였어요. 아까의 멍하던 눈빛도 사라졌고요. 아이가 데이지 놀이를 다 끝내고 나서 또 뭐 놀 것이 없나 두리번거리는 것을 보고 아이에게 물어봤어요. "다시 들어가서 밥을 마저 먹을까?" 네드는 고개를 끄덕였고, 제 손을 잡고 테이블로 돌아갔어요.

제가 놀랐던 건 친구들과 식사하는 자리를 잠시 떠나야 했지만, 전혀 힘들지 않았다는 거예요. 그만큼 네드에게 집중했거든요. 네드를 키우면서, 비언어적 수단으로 의사소통하는 법을 배웠어요. 아이의 몸짓을 지켜보고 아이가 보내는 신호, 아이가 필요로 하는 것을 알아차림으로써 말이죠.

일부 육아 철칙에 따르면 아이가 부모에게 적은 영향을 미칠수록, 그러니까 부모에게 요구하는 것이 적고, 키우기 '쉽고' '착한' 아이일수록 좋다고 한다. 그러나 이처럼 부모를 힘들게 하지 않도록 아이를 훈련하는 것은 비인간적이다. 아이의 목소리는 부모에게 닿아야만 한다. 그렇지 않으면 아이는 받아들여지는 느낌을 갈구하며 어딘가에 과잉 적응하고 그 과정에서 자아감과 인간성 일부를 잃고 말 것이다. 설령 말 못 하는 아기라 해도 그 행동을 자세히 관찰함으로써 말하고자 하는 바를 이해할 수 있다. 아이를 관찰하는 연습을 함으로써 자녀의 나이가 몇 살이건 상관없이 자녀를 더 잘 이해하고, 자녀와의 관계를 개선할 수 있다.

아기도 아기이기 이전에
한 사람이다

──── 대부분 성인은 자신이 만나는 사람을 한 개인으로 존중해야 하다는 사실을 잘 안다. 그러나 아기도 아기이기 이전에 한 사람이라는 사실을 잊는 사람들이 많은 것 같다. 아기를 육아라는 직장에서 만난 동료라고 생각해보자.

바로 이런 이유로 육아할 때 무슨 일이 일어날지를 아기에게 미리 이야기해주고, 약간의 시간을 둔 뒤에 그것을 실행해야 한다. 예를 들어 지금 아기가 유모차에 앉아 있는데 아기를 들어 올려서 차에 태워야 하는 상황이라고 해보자. 우선 아기에게 '엄마가 안아서 차에 태워줄 거야'라고 말한다. 그리고 잠시 멈춰 아기가 그 말을 받아들이도록 기다려준다. 그다음 아기를 차에 태우는데, 모든 과정을 일일이 아기에게 설명해준다. "이제 유모차 벨트를 풀고, 너를 안아서 카시트로 옮겨줄 거야." 처음에는 아직 말도 못 하는 아기에게 이런 걸 일일이 설명하기가 어색할 수도 있다. 그러나 이처럼 말은 남들이 하는 걸 듣고 배우는 것이다. 이때 말보다 더 중요한 것은 부모와 자녀 사이에 일어나는 상호작용이다.

이렇게 부모와의 상호작용에 익숙해지고, 부모가 아이에게 반응할 수 있는 여백을 충분히 허용해주면 아기도 이것에 점차 익숙해진다. 나중에 가서는 유모차에서 차로 옮겨 타야 할 때 아기가 먼저 팔을 내밀며 안아달라는 신호를 보내올 것이다. 기저귀를 갈거나 옷을 입힐 때도 마찬가지다. 최대한 많은 활동을 아이와 함께 하면 좋고, 특히 육아와 관련된 활동에서는 더 그렇다.

우리는 서로 관계를 통해 발전하고 성장한다. 열린 자세로 아이를 대할수록, 아이의 미세한 눈짓이나 행동, 긴장 상태 등을 섬세하게 알아챌수록, 아이와 부모 모두에게 닥칠 불행과 좌절을 막을 수 있다. 이를 위해 조급한 마음을 내려놓고 차분히 아이를 바라보는 연습을 하자. 아이의 행동과 의사소통 방식을 존중한다면 아이를 이해하게 될 것이다. 생후 수개월에서 수년에 걸친 기간 동안 육아가 길고 지루한 일처럼 느껴질 수 있지만, 이런 연습은 지루한 육아에 의미를 부여한다.

아이에게 쏟은 긍정적 관심은 절대 당신을 배신하지 않을 것이다. 부모들은 아이를 놀이공원에 데려가거나, 크리스마스에 비싸고 좋은 선물을 해주거나, 생일 파티를 아주 성대하게 열어주는 등 뭔가 크고 대단한 행동을 해야만 아이에게 점수를 딸 수 있다고 착각하곤 한다. 그런 행동들이 나쁘다고 할 것은 없지만, 가장 중요한 건 일상에서 소소하게 이루어지는 공감의 순간이다. 부모와 아이가 여러 가지 소통 방식을 시도해보고, 실패를 통해 배우는 과정에서 아이와 부모 모두 만족스러운 관계를 끌어낼 수 있으며 어린 자녀가 행복해질 수 있는 역량을 발달시키게 된다.

 ## 연습 교감 능력 발달시키기

교감하는 역량을 발달시키고 싶다면 우선 내가 타인의 이야기를 얼마나 잘 들어주는지 생각해보자. 상대방의 말을 정말 잘 집중해서 들을 때 어떤 일이 일어나는가? 이때 상대방은 어린 자녀일 수도 있고, 어른일 수도 있다. 상대의 말을 정말 주의 깊게 들으면 상대방의 몸동작, 목소리 톤, 행동, 표정을 놓치지 않고 알아차릴 수있다. 상대가 말하는 내용에 집중할 뿐만 아니라 그 때문에 내가어떤 감정을 느끼는지도 선명하게 인지할 수 있을 것이다.

그렇다면 왜 우리는 늘 이렇게 남의 말을 집중해서 듣고 유심히관찰할 수 없을까? 그 이유는 상대의 말이 채 끝나기도 전에 이미머릿속에서 어떻게 대답할지 구상하거나, 아예 마음속으로 딴생각하기 때문이다. 물론 딴생각이 나는 것을 완전히 차단할 수는 없지만, 상대(또는 자녀)가 말하는 중에 주의가 딴 데로 돌아간다 싶으면이를 의식적으로 알아차리고 다시 집중하려 노력하는 것은 가능하다. 잘 들어주기 위해서는, 그리고 상대와 원활하게 교감하기 위해서는 연습이 필요하다.

부모가 초래하는
자녀의 문제 행동

───── 예전에 초현실주의에 관한 TV 프로그램을 제작한 적이 있다. 프로그램 제작 과정에서 자료 조사를 하다가 살바도르 달리가 학교 대리석 기둥에 자기 머리를 박은 적이 있다는 일화를 보았다. 그때 그는 꽤 심각한 상처를 입었다고 한다. 대체 왜 그런 짓을 했느냐고 묻자 그는 아무도 자신에게 관심을 두지 않아서 그랬다고 답했다.

유아기에 필요한 관심을 충분히 받지 못하고 부모가 자신의 요구에 응한다는 확신이 없는 아이는 관심을 갈구하는 단계에서 영영 벗어나지 못할 수도 있다. 아이가 성장 후에도 계속해서 관심을 요구하는 행동을 한다면 이를 문제 행동이라고 부른다.

바꿔 말하자면 이렇다. 아기의 요구에 일일이 응한다고 해서 절대로 아기를 응석받이로 키우라는 것도, 나쁜 버릇을 들이라는 것도 아니다. 생후 첫 몇 년 동안 아이에게 많은 시간을 투자할수록 아이는 자신의 교감 욕구가 충족되는 경험을 하고 곧 이에 익숙해진다. 욕구가 충족되는 느낌을 내면화한 아기는 더는 자신에게 관심을 달라며 떼쓸 필요를 느끼지 않는다. 반대로 이 시기에 부모가 충분히 반응하지 않는다면 아기는 커서도 주변 사람들에게 즉각적으로 행동적, 정서적 반응을 끌어낼 때만 자기 존재를 확인받는 느낌을 받는다.

유년기에 충분한 관심을 받은 아이는 정서적으로 안정되고, 타인과의 관계에 집착하지 않으며 무엇보다(대리석 기둥에 머리를 박아서라도) 타인의 관심을 확인받아야 한다는 강박을 느끼지 않는다. 반대로 부모가 아이의 요구에 충분히 응하지 않았을 때 아이는 더욱더 큰 목소리로, 더욱더 과격한 행동으로 원하는 것을 얻으려 할 것이다. 심지어 부정적인 관심이라고 해도 무관심보다는 낫다. 왜냐하면 부정적인 관심이라도 부모의 마음속에 자신이 존재한다는 걸 확인할 수 있기 때문이다. 이처럼 관심을 갈구하는 아이는 갈수록 더 문제 행동을 일삼고 이 때문에 점점 더 주변 사람들로부터 외면당한다.

이렇게 한번 악순환에 빠진 아이와는 잘 지내기가 더 어렵고, 관심을 주기도 더 어려워진다. 그러나 이들은 유년기의 상처를 치유하기 위해 누구보다 더 관심이 필요한 아이들이기에 안타깝다.

아이와 허구한 날 입만 열면 싸우고, 아이와 주고받는 상호작용이 전부 부정적인 것뿐이며, 이 과정에서 화와 짜증이 쌓여가는 상황이라면 어떻게 해야 할까? 먼저 해야 할 일은 집과 아이에게서 멀리 떨어진, 안전하게 화를 분출할 장소를 찾는 것이다. 마음을 터놓고 이야기할 수 있는 편한 사람을 찾아가도 되고, 아니면 아무도 들을 수 없는 방에서 쿠션을 때리거나 속 시원하게 소리를 질러버려도 좋다.

자녀와의 악화된 관계를 되돌리고 싶고, 그동안의 행동을 되돌리고 싶은 부모들에게 심리학자 올리버 제임스Oliver James는 '애정 폭탄'을 제안한다. 한껏 과열된 아이의(그리고 조심스럽게 덧붙이자면 부모의) 정서적 온도를 식히고 싶다면 우선 아이와 시간을 보내라는 것이다. 그것도 그냥 같이 어울리는 정도가 아니라 말 그대로 폭탄이라 할 정도의 관심과 애정을 쏟아붓는 시간을 보내야 한다. 시작과 끝을 명확히 정해놓고, 그동안에는 아이가 대부분 결정하게 하는 것이다. 무엇을 할지, 어디서 할지를 전부 아이가 결정하게 한다.

이 시간은 부모와 아이가 단둘이 지내는 시간이므로 나머지 가족이 전부 다 외출했을 때 집에서 보내거나, 경제적 여건이 된다면 호텔 같은 곳에서 지내는 것도 좋다. 하루 또는 주말로 기간을 정해놓고 그동안에는 불법이나 위험한 활동이 아닌 이상 무엇을 할지, 무엇을 먹을지를 전부 아이가 결정하게 한다. 그 과정에서 아이를 사랑하고 소중하게 여기는 진심을 아낌없이 표현하면 좋다.

이렇게 아이가 하자는 대로 다 해주고, 응석을 받아주면 아이의 못된 행동을 더 부추기는 것이 아닐까 걱정할지도 모르지만 그럴 일은 없다. 부모의 사랑과 인정, 관심은 아이가 타인과 맺는 유대 관계와 그 밖에 삶에서 중요한 모든 것의 원천이다. 그런 부모가 자신에게 무관심하고, 심지어 나를 부당하게 대한다고 느낀다면(실제로 부당하게 대했는가 아닌가는 여기서 중요하지 않다. 그렇게 느꼈다면 결국 그것을 경험한 것이나 다름없기 때문이다) 아이는 나쁜 짓을 해서라도 부모의 관심을 얻으려 할 것이다. 애초에 충분한 사랑과 반응을 보여주었더라면 아이가 관심을 얻으려고 문제 행동을 일으킬 일도 없었을 거라는 이야기다. 애정 폭탄 요법은 결국 아이가 필요로 하는 애정과 관심을 짧은 시간 안에 농축해주기 위한 처방이다. 또한 그동안 서로에게 보여온 강압적인 태도를 중단하고 상호작용의 패턴을 초기화하기 위함이기도 하다.

심리 상담을 하면서 어른이 된 후에도 이처럼 관심을 갈구하는 단계에서 벗어나지 못하는 내담자들을 종종 만나게 된다. 타인의 관심을 받지 못하면 수치심을 느끼거나 심지어 내가 존재하지 않는 듯한 느낌을 받는다고 한다. 아이가 보내오는 신호에 응하지 않으면 아이는 결국 성인이 되어서도 자기가 보내는 신호에 반응할 사람을 찾아 계속해서 문제 행동을 한다. 아니면 아예 타인과의 관계 맺기 자체를 포기하고, 결국에는 유대감을 형성하기 어려운 사람이 될 수도 있다. 아이는 부모의 관심이 필요하며, 관심을 받을 때만 비로소 만족한다. 여기에는 어떤 요령도, 우회로도 없다.

관심을 보이는 방법이 아이가 무슨 짓을 하건 '네가 최고다' '잘했다'고 하는 건 아니다. 조건 없는 칭찬은 좋지 않다. 아이를 상대로 '잘했다' 혹은 '못했다'고 평가하지 말고, 언어적 또는 비언어적 소통을 주거니 받거니 하는 상호작용을 이어나가라는 것이다. 아이와 어렸을 때 상호작용을 많이 할수록 나중에 가서 부모나 자녀가 해야 할 숙제가 줄어든다.

기차에 한 부모가 어린아이를 데리고 탔다고 생각해보자. 몇 시간 이상 기차에 앉아서 가다 보면 아이는 지루해질 수밖에 없다. 이때 부모에게는 두 가지 선택지가 있다. 하나는 아이와 함께 그 시간을 즐겁게 보내는 것이다. 놀이도 하고, 그림도 그리고, 책도 읽고, 게임도 하면서 말이다. 다른 하나는 기차여행 내내 아이에게 조용히 하라거나 얌전히 있으라는 말을 반복하는 것이다. 당연한 이야기지만 야단치고, 윽박지르고, 기차에 탄 모든 승객을 괴롭게 하는 울음소리를 들으며 가는 것보다는 함께 좋아하는 활동을 하며 시간을 보내는 것이 아이에게도, 부모에게도 즐거울 것이다. 또 기차를 탈 때처럼 장시간 아이와 있어야 할 때 초반에 아이와 잘 놀아주면 아이도 활동에 더 몰입해서 부모를 덜 필요로 하고, 아이가 책을 읽어 달라거나 놀아달라고 보채지 않으면 부모 역시 자신만의 시간을 가지게 된다.

마음: 나와 아이의 정신 건강을 위한 조건

부모에게
'집착'하는 아이

—————— 아이가 부모 중 한 사람에게 유달리 매달리고 집착하는 단계가 온다 해서 걱정할 필요는 없다. 이는 긍정적인 신호다. 아이가 부모를 유달리 찾는 이유는 엄마 아빠와 강한 유대 관계를 맺었다는 방증이다. 강력한 유대 관계의 형성은 아이가 행복해지기 위한 역량을 발달시키는 데도 도움이 된다.

아이가 다른 양육자보다 부모나 익숙한 직계 가족의 일원을 선호하는 건 자연스러운 일이다. 부모와의 유대 관계가 탄탄하다고 확신하면 아이는 더 쉽게 부모와 분리되어 다른 사람들과 유대 관계를 맺을 수 있다. 하지만 이는 어디까지나 아이가 준비됐을 때이야기다. 이를 서둘러서는 안 된다. 아이가 매달리고, 나만 기다리고, 나만 따라다니는 것이 너무 힘들더라도 지금 즐겨두길 바란다. 이는 아이가 당신과 강력한 유대 관계를 형성했다는 신호다. 이 애착 관계에 대한 확신이 커질수록 아이도 그것을 확인하려 덜 애쓰게 될 것이다.

예전에 어떤 엄마가 내게 이런 이야기를 했다. "우리 애는 저를 지나치게 좋아해서 탈이에요. 제가 없으면 큰일 난다니까요. 그동안 사귄 남자친구 중에도 절 이렇게 좋아한 남자는 없었는데 말이에요!" 그러나 이 아이 역시 다른 아이들과 마찬가지로 엄마와의 애착 관계에 대한 확신을 넘어서서 엄마의 사랑을 당연한 것으로 여기게 되었고, 지금은 엄마와 떨어져서 친구와도 잘 놀고 친구 집에서 자고 오는 일도 다반사다. 역설적이게도, 독립적인 아이를 키우는 방법은 아이가 매달릴 때 밀어내는 것이 아니라 아이가 원하고 준비됐을 때 떠나도록 허락하는 것이다.

물론 더 섬세한 기질을 지닌 아이들은 부모 곁에서 떨어지기 싫어할 수도 있고, 반대로 혼자서 시간을 보내고 싶어 하는 아이도 있을 수 있다. 둘 다 잘못된 것은 아니다. 우리는 모두 발달 단계를 거치지만, 그 속도는 제각각이다. 생후 얼마쯤에 웃어야 하고, 혼자서 앉을 수 있고, 노래를 외울 수 있는가에 정답 같은 걸 제시할 생각은 없다. 남들보다 좀 빠르거나 느린 속도로 각 단계를 거친다고 해서 더 낫거나 더 못한 것은 아니기 때문이다. 어느 단계에 있건 해당 단계에서 아이가 필요로 하는 관계 욕구를 충족해줌으로써 그 단계를 졸업하고 다음 단계로 넘어갈 수 있으면 된다. 재촉한다고 되는 것도 아니고, 우회하거나 건너뛸 수도 없다. 재촉하거나 건너뛰면 오히려 그 단계에 발목을 잡히고 만다. 유년기 자녀에게 긍정적 에너지를 많이 투자할수록 나중에 투자해야 하는 에너지는 줄어들 것이다.

마음: 나와 아이의 정신 건강을 위한 조건

지루하고 단조로운
육아에서 의미 찾기

——— 어린 아기를 둔 부모들은 육아가 너무 지루하고 단조롭게 느껴져 힘들 때가 있다. 실제로 이 시기 육아는 단순 노동이 많다. 그뿐만 아니라 어린 자녀에게서 회사 동료나 다른 어른과 있을 때 느끼는 것만큼의 지적, 사회적 자극을 받기란 요원한 일이다. 이를 극복하는 한 방법은 아이에게 호기심과 관심을 두는 것이다. 육아는 마냥 지루하다고만 생각하거나, 처리해야 할 일이라고만 여길 것이 아니라 아이가 무엇에 집중하는지를 알아채고, 무엇을 하려는 것인지 맞히려 노력해보라. 육아를 단순히 먹이고, 씻기고, 놀아'주는' 의무적 활동으로만 인식하는 사람에게는 당연히 육아의 의미도 제한적일 수밖에 없다. 나는 딸아이를 키울 때 내가 아이에게 쏟는 정성, 존중, 관심을 딸에 대한, 그리고 우리 관계에 대한 투자라고 생각했다. 지금 되돌아보면 처음 몇 달, 몇 년은 정말 금세 지나가버린 것 같다. 잔뜩 어질러진 집을 보며 육아는 해도 해도 티가 안 나는 일이라며 좌절하기보다는 이런 식으로 육아에 의미

를 부여하는 것이 훨씬 유용하다. 아기에게 투자한 시간은 언젠가 빛을 볼 것이다. 단지 다른 일들처럼 그날 일한 성과가 그날 바로 보이지 않을 뿐이다. 아이에게 귀 기울이고, 아이가 일으키는 변화를 받아들이는 습관을 갖는다면 육아도 얼마든지 보람찬 일이 될 수 있다. 아이가 부모에게 유대감을 느끼고, 혼자 또는 부모와 함께하는 여러 가지 활동에 집중하게 옆에서 도와주는 것 자체가 아이가 평생을 느끼며 살아갈 '평상시 기분 상태'를 더 낫게 만드는 데 일조한다.

내가 아이의 평상시
기분 상태를 결정한다

────── 사람은 누구나 별일 없는 평상시에 기본값으로 설정된 기분이 다르다. 이를 우리가 평소에 기본적으로 느끼는 기분이라는 의미에서 '평상시 기분 상태'라 한다. 다소 놀라운 이야기일지도 모르겠지만, 아이와 상호작용하고 관계를 맺는 데 쓴 시간은 아이의 평상시 기분 상태를 개선하는 데 큰 도움을 줄 것이다. 누구나 특정한 기질을 타고나는 것은 사실이지만, 평상시에 어떤 기분을 느끼며 살아가는가는 타인, 그중에서도 특히 부모와의 관계를 통해 결정된다. 부모의 관심과 호응을 충분히 받아서 안정된 심리 상태를 지닌 아이는 평상시에도 불안이나 분노를 느끼지 않고 평온한 기분으로 살아간다.

여느 성인이 그러하듯 당신도 평온한 마음 상태에 도달하기 위해 큰 노력을 해야 했을지 모른다. 이는 아이였을 때 불안, 외로움과 같은 감정에 익숙해졌기 때문이며 그런 감정이 들 때 나를 달래주거나 내 욕구를 채워주는 사람이 없었기 때문이다. 그 결과 불안,

외로움 등이 평상시 기분 상태로 굳어진 것이다. 물론, 아이가 여러 가지 감정에 노출되는 것 자체가 잘못된 것은 아니며 실제로도 그렇게 될 것이지만, 중요한 것은 아이가 울고 웃을 때, 화내고 두려워하는 순간에 누군가가 함께 있어야 한다는 것이다.

처음 심리 상담을 받으러 오는 사람들이 가장 놀라는 이유의 하나는 단순히 누군가가 자기 이야기를 들어주는 것만으로도 감정이 나아지기 때문이다. 실제로 내담자 중에는 아이였을 때 부모가 제대로 그의 요구를 들어주기만 했어도 상담이 필요 없었을 사람이 많다. 우리가 아이를 있는 그대로 바라봐주고, 들어주고, 집중해줄 때 아이는 부모가 자신을 사랑하고, 소중히 여기고, 지켜줄 것으로 느끼며, 이는 나중에 아이의 평상시 기분 상태를 결정하는 데 크게 이바지하게 될 것이다.

나와 아이의
행복한 수면을 위한 방법

────── 수면은 무척 중요하다. 아기들이 아니라 부모에게 말이다. 아기들은 졸리면 잔다. 그러나 부모에게 수면은 감정적인 주제다. 대부분의 부모는 자신이 선택한 수면 전략을 지적받으면 화내거나 방어적인 태도를 보인다. 특히 본인이 생각하기에는 문제없는 전략인데, 나 같은 사람이 와서 '아이가 밤에 혼자 울도록 내버려 두는 건 잔인하고 어리석은 선택이다. 아이와의 교감을 거부하는 행동이며 아이를 인격체가 아니라 해결해야 할 문제로 바라보는 것이다' 따위의 말을 하면 더욱더 그러하다. 그러나 내가 이런 말을 하는 이유는 맹세코 그런 부모들을 비난하기 위함이 아니다. 단지 어린아이가 한밤중에 부모를 필요로 하는 순간에 혼자가 되기를 바라지 않을 뿐이다. 어른에게도 혼자서 외롭게 울다 지쳐 잠드는 경험이 유쾌하지 않듯이, 아이도 마찬가지다. 나는 인간관계에서 상대방을 내가 원하는 대로 행동하도록 '훈련'하거나 조종하려는 것을 별로 좋아하지 않는데, 특히 그 대상이 어린아이라

면 더욱더 그러하다. 아이들은 이제 막 부모와의 관계를 통해 자신의 성격과 애착 유형을 형성해나가는 과정에 있기 때문이다. 수면 훈련이란 아이가 혼자서 울다가 잠들도록 놓아두는 것이다. 때에 따라서는 아이가 일정 시간 혼자 울게 놓아두었다가 몇 분이 지난 후 부모가 들어가서 달래줄 때도 있는데, 이때 달래주러 들어가기까지의 시간을 점차 늘려나가게 된다. 이런 훈련을 통해 아기가 잠드는 데 걸리는 시간이 점차 줄어든다는 연구 결과가 있다. 심지어 아이가 부모를 찾아서 울지 않게 하는 이런 훈련이 아이에게 해가 없다는 연구 결과도 있지만, 이후에 나온 또 다른 연구를 보면 앞선 연구 결과를 반박하는 것들도 있다. 이전 연구 결과의 허점을 지적하고 수면 훈련이 아기의 뇌 발달에 악영향을 미친다는 것을 증명한 것이다.

수면 훈련 연구를 통해 알 수 있는 사실은 수면 훈련을 한다고 해서 아기에게 부모가 필요하지 않다는 것은 아니며, 단지 반복된 시도를 좌절시킴으로써 울지 않게 하는 것뿐이라는 것이다.

부모들이 잠에 집착하는 이유는 충분히 이해할 만하다. 수면을 지속해서 방해받으면 몹시 지치는 것이 사실이다. 그러나 억지로 아이를 재우려는 시도, 특히 최대한 빨리, 최대한 이른 시간에, 아이 혼자 잠들게 하려는 시도는 부모와 자녀 간의 관계를 해칠 위험이 있을 뿐만 아니라 아이의 행복 역량 발달을 방해할 수 있다. 자신의 감정을 달래고 다스리는 방법은 아이 스스로 배울 수 없으며 양육자가 와서 몇 번이고 달래고, 또 달래주어야 비로소 체득하는 자질이다. 아이는 성장 과정에서 감정을 달래는 느낌을 서서히 내면화한다. 다시 말해, 양육자가 어르고 달래주는 경험을 통해 자신을 어르고 달래는 방법을 배우는 것이다. 게다가 애초에 이 어르고 달래는 일은 연중무휴로 계속해서 이루어져야 하는데, 이제 막 부모가 된 이들에게는 버거운 과제일 것이다.

잠드는 경험이 편안함과 안정감, 그리고 함께 있는 경험으로 기억될 때 아이는 수면을 긍정적으로 인식할 것이다. 반대로 부모가 아이를 재운답시고 밀어내고 요구를 무시하면 잠드는 경험은 외로움과 거절로 기억될 것이다.

서구 문화권에서는 밤에 아이를 혼자 재우는 것이 거의 경쟁적으로 유행이다. 어쩌면 이것은 강압적 울음을 들었을 때 이에 응하고자 하는 자연스러운 본능을 억누르고, 사회의 기대치나 숨 가쁘게 흘러가는 일상생활을 더 우선시하기 때문인지 모른다. 그러나 사회가 부모와 아이에게 기대하는 바는 자연스러운 생물학적 본성과 상충할 수 있다. 기억해야 할 사실은 아이는 때가 되면 알아서 부모에게서 분리될 준비를 한다는 것이다. 부모가 항상 그 자리에 있다는 확신이 생기면 아이는 어려움 없이 부모와의 분리를 받아들인다. 왜냐하면 언제든지 자신이 원할 때 다시 부모에게 돌아갈 수 있다고 생각하기 때문이다. 부모를 필요로 하는 아이를 밀어낸다고 해서 아이의 독립심이 자라지는 않는다. 오히려 그럴수록 아이의 분리 과정을 방해하고 지연될 뿐이다. 그뿐만 아니라 아이가 안정적인 애착 유형을 발달시키는 데도 방해가 된다. 모든 포유류는 물론이고 대부분의 문화권에서는 인간 역시 아기와 함께 자는 것을 당연하게 여긴다. 아시아, 남유럽, 아프리카, 중앙아메리카와 남아메리카 지역에서는 아기가 젖을 뗄 때까지 부모와 함께 자는 것이 당연시되며 동아시아에서는 단유 후에도 여전히 부모와 아이가 함께 자기도 한다. 어린아이가 부모와 떨어져 자도 괜찮다는 사고방식은 서구 문화권에서조차 흔한 것은 아니다.

밤 수면 시간은 아기의 삶에서 절반을 차지한다. 그런데 그 시간을 항상 외롭고, 거절당한 것 같은 느낌으로 보낸다면, 나중에 커서 이것이 아이의 평상시 기분 상태로 자리 잡을 위험이 있다. 아기가 울어도 곧 엄마나 아빠가 와서, 혹은 가족 중 다른 누군가가 와서 달래준다면 아기의 스트레스 정도는 그럭저럭 견딜 만한 수준에서 마무리된다. 그러나 아무리 울어도 아무도 오지 않을 때 아이의 스트레스는 해로운 수준에 도달한다. 이렇게 높은 수준의 스트레스를 경험할 때는 코르티솔 호르몬이 과잉 분비되며 이는 아이의 뇌 발달에 악영향을 미친다. 가끔 너무 피곤해서 아이가 우는 것을 못 듣고 쭉 잤더라도 그건 괜찮다. 가끔 그렇게 한 것만으로 지속적인 악영향을 미치지는 않는다. 문제는 부모가 지속해서 아이의 울음을 무시하고 혼자 내버려 둘 때다. 이때는 나중에 치유가 필요한 심리적 상처를 입힐 수도 있다. 상처를 치유하려면 아이의 감정을 있는 그대로 수용하면 된다. 아이가 그런 감정에 둔감해지도록 아이를 꾸짖거나 강제하는 대신 아이와 함께 있고, 함께 감정을 느껴줌으로써 네가 혼자가 아니라는 사실을 느끼게 해주는 것이다. 이는 자녀의 나이와 관계없이 모든 부모가 자녀에게 해주어야 하는 일이다.

양육의 많은 부분이 그렇지만, 수면 습관 역시 초기에 많은 시간을 투자할수록 나중에 가서 실수를 바로잡는 데 들어가는 시간이 줄어든다. 내 생각에 최선의 투자는 무엇보다 아이와 공감을 나누고, 함께 누워 자거나 최소한 아이가 잠들 때까지 옆에서 함께하는 것이다. 이렇게 하면 아이는 사랑받았던 기억, 엄마 아빠가 함께해주고 안전하게 지켜주었던 기억을 수면과 연관 지을 것이다.

아이와 밤에 함께 있느라 수면 패턴이 바뀌었을 수도 있다. 이는 완전히 정상적인 일이다. 특히 아기가 자다가 깼을 때 가까이에 부모가 있어서 부모의 냄새를 맡거나 만질 수 있으면 더 좋다. 또한 아이 곁에서 함께 잘 때 아이가 울어도 자리에서 일어날 필요가 없다는 장점도 있다.

밤새 한 번도 깨지 않고 자는 사람은 없다. 성인의 수면 주기는 보통 90분 정도이고, 유아는 60분가량이다. 우리가 잘 때 마치 한 번도 안 깨고 쭉 자는 것 같지만 실제로는 중간에 한 번씩 잠에서 깨거나, 아주 얕은 수면 상태에서 다시 깊은 수면에 빠지는 과정을 반복할 뿐이다. 잠에서 깬 아이도 부모가 가까이에 있고 만질 수 있다는 사실을 확인하면 완전히 깨지 않고 다시 잠들 확률이 높다.

설령 그동안 아이를 혼자 자도록 훈련해왔다고 해서 자책하지는 말기 바란다. 울기를 포기한 아이라도 스트레스 호르몬 지수는 여전히 높은 수준으로 유지된다는 이야기를 듣기 전까지는 아이가 울지 않아도 여전히 심한 스트레스를 느낀다는 사실을 몰랐을 수도 있다. 또 개중에는 혼자 자는 훈련을 했어도 별 탈 없이 잘 크는 아이도 있다. 모든 아이는 각자의 성향과 필요가 다르니 그럴 수 있다. 하지만 나라면 절대 그런 모험은 하지 않을 것이다. 화가 난다고 해서 이 책을 집어던지거나 하지는 않았으면 좋겠다. 아이의 울음을 무시하거나, 응답을 미루는 방식으로 아이를 혼자 자도록 훈련해왔다고 해서 부끄러워할 필요는 없다. 아이를 밤에 혼자 재워야 하고 보채지 않도록 교육해야만 한다는 사회적 압박이 워낙 커서 거기에 굴복하는 것도 어찌 보면 놀랍지 않다. 그러나 수면 훈련을 대체할 대안은 얼마든지 있으며 이에 관해서는 잠시 후 이야기할 것이다. 수면 훈련은 아이와의 관계 맺기가 아니라 아이를 내가 원하는 대로 조종하는 것이다. 아이를 인격을 지닌 사람이 아니라 대상으로 바라보는 행동이고, 아이가 준비됐을 때 아이의 속도에 맞춰서 부모와 분리될 수 있도록 하는 것이 아니라 그저 아이가 밤에 조용하고 얌전히 자도록 강제하려는 행동이다.

말을 배우기 전에 있었던 일을 기억하는 사람은 많지 않을 것이다. 그러므로 외롭고 불안한 상태에서 혼자 잠들어야 하는 것이 어떤 기분이었는가를 기억하지 못하고, 또 같은 행동을 아이에게 반복하는 것이 해롭다는 것도 인지하지 못한다. 나는 수면 훈련이라는 것이 좌절감을 습관화하는 것 외에도 그러한 좌절감을 차단하게 하는 행동이라고 생각한다. 좌절감, 절망 같은 감정을 차단한 아이는 힘든 상황을 겪는 타인에게 공감할 수 있는 능력 또한 무뎌진다. 아기를 울지 않도록, 혹은 혼자서 조용히 잠들도록 훈련하면 결국 아이는 타인을 필요로 하는 것에 수치심을 느낄 수도 있다.

갓 태어난 아기들은 매일 운다. 매일, 매시간, 밤낮을 안 가리고 우는 것처럼 보이기도 한다. 그러다 조금 크면 그때는 한나절에 한 번씩 울고, 그렇게 조금씩 우는 빈도가 줄어든다. 내 힘든 감정을 부모가 달래주면 아기는 점차 힘든 감정을 다스리는 법을 스스로 배워나간다. 반대로 아기의 울음을 무시하면 아기는 부모와 감정을 나누지 않는 것에 익숙해진다. 그뿐만 아니라 힘든 감정을 다스리는 법도 배우지 못한다. 아기의 감정을 받아주고 달래주는 사람이 있다는 것은 정신 건강의 토대를 쌓는 중요한 요인이다.

물론 이해한다. 이것을 실천하기란 말처럼 쉬운 일은 아니라는 것을 말이다. 가뜩이나 육아로 지친 당신에게 이건 이러하고 저건 저러해야 한다며 내 주장만 잔뜩 늘어놓는 내가 원망스러울지도 모르겠다. 그런 이들에게는 사과하고 싶다. 그러나 아이의 분리 과정을 돕는 방법이 수면 훈련만 있는 것은 아니다. 밤에 아기와 떨어지지 않고 함께 자는 방법도 있다. 이때 아기는 외롭거나 엄마 아빠가 나를 버리고 떠났다는 기분을 느끼지 않을 것이다. 그러나 사정상 아기와 함께 잘 수 없는 사람도 있고, 또 아기가 곁에 있으면 잠들지 못하는 사람도 있을 것이다. 이런 이들을 위한 대안으로 신경과학자 다르시아 나바에즈Darcia Narvaez는 '수면 유도'를 제안한다.

아이가 안정감을 느끼는 '수면 유도'

───── 수면 유도는 아이의 요청을 완전히 무시하고 차단하는 수면 훈련과는 다르다. 부모와 따로 자는 것에 익숙해지도록 아이가 견디고 허용할 수 있는 범위 내에서 단계별로 조금씩 분리를 진행하는 것이다. 이때 가장 중요한 것은 아이가 분리 과정에서 안정감을 느끼는가이다. 첫째로, 생후 6개월 미만의 아기에게는 수면 유도를 시도하지 말라고 나바에즈는 말한다. 생후 첫 1년 동안 아기의 뇌에서는 사회적, 정서적 정보 처리를 담당하는 부분(다시 말해 아이의 정신 건강의 토대가 되는 부분)이 부모와의 애정 어린 교류를 통해 발달한다. 따라서 아직 부모와 분리될 준비가 되지 않은 어린 아기에게 이것을 시도해서는 안 된다. 또한 아이에 따라 발달 속도가 빠르거나 느릴 수 있음을 기억해야 한다.

앞서 언급했듯, 태어난 지 얼마 안 된 아기들은 사물이 눈에 보이지 않더라도 사라진 것이 아니며 존속한다는 사실을 모른다. 심리치료사들은 이것을 '대상 영속성'이라고 부른다. 따라서 대상 영속성이 발달하지 않은 아기는 부모가 눈에 안 보이면 자신이 버려졌다고 생각한다. 우리는 상대방이 안 보이거나 소리가 들리지 않아도 여전히 존재한다는 걸 매우 당연하게 생각한 나머지 이것이 본능이 아니라 학습된 능력임을 간과할 때가 잦다.

다시 한번 말하지만, 대상 영속성을 습득하는 시기도 아기마다 다르다. 아기들은 저마다 다른 속도로 발달하며 인지적으로는 영속성의 개념을 알지만, 이것이 체감으로 다가오기까지는 더 많은 시간이 걸릴 수 있다. 어쨌든, 일단 아기가 대상 영속성을 터득하고 나면 부모와의 분리를 유도하기가 한결 쉬워진다.

가장 처음 해야 할 일은 아기가 어떤 상황에서 가장 안전하고 편안하게 느끼며 잠드는가를 알아보는 것이다. 예를 들어 어떤 아기는 모유를 수유할 때 잠들거나, 자다가 깼을 때 젖을 물리면 다시 잘 자기도 한다. 나바에즈는 이것을 '안도감 최저선'이라고 부르며 수면 유도의 시작점으로 꼽았다.

다음으로, 이 최저선에서 아이에게 불안을 유발하지 않고 시도할 수 있는 변화에는 어떤 것이 있는지 생각해보자. 예컨대 아이가 나른해져 있을 때 아직 잠들지는 않았음에도 젖 물리기를 중단한다. 대신 여전히 부모의 체온과 심장 박동을 느낄 수 있도록 안아서 토닥이는 것이다. 아기가 이 변화를 받아들이는 것 같으면 몇 차례 더 반복한다. 아기가 이 상태에 익숙해지면 이것이 곧 새로운 '안도감 최저선'이 되며, 여기서 또다시 새로운 변화를 시도할 수 있다. 갈수록 부모와의 분리를 강화하는 변화를 시도하면 되는데,

예컨대 아이가 나른해할 때 이제는 안아주는 대신 이불 위에 내려놓고 이마를 가볍게 토닥이거나 아기를 달래는 것이다. 그다음에는 아기를 엄마 아빠 침대가 아니라 아기 요람에 누이는 것을 시도할 수 있다. 그리고 요람과 부모 침대 사이의 거리를 점점 더 멀어지게 하다가, 이윽고 다른 방에서 재우는 것까지 시도한다. 이 과정에서 아기가 불안해하면 다시 아이가 안정감을 느낄 수 있는 안도감 최저선까지 돌아온다.

다음은 내 경험담이다.

나는 우선 딸아이가 졸려 할 때 젖을 물리는 대신 안아서 토닥이는 것부터 시작했다. 아이가 거기에 익숙해질 무렵, 다음 단계로 아이를 아빠에게 넘겨 재우도록 했다. 아이가 나를 떠나 아빠 품에서도 잠들게 되면서 둘 중 한 사람은 아이와 자고, 나머지 한 사람은 다른 방에서 잘 여건이 마련되었다.

딸이 두 살쯤 되었을 무렵 자기만의 방이 있었으면 좋겠다고 말했다. 하지만 정작 밤이 되어 엄마 아빠 없이 혼자 잘 수 있겠느냐고 물어보자 절대 안 된다며 경악했다. "혼자 자는 건 싫어요, 혼자 노는 건 괜찮아요"라고 아이는 말했다. 그래서 우리는 다른 대안을 제시했다. 아이가 잠들 때까지는 엄마 아빠가 옆에 있겠다, 새벽에 혹시 잠이 깨거든 엄마 아빠 침대로 와서 같이 자도 좋다, 다만 엄마 아빠를 깨우거나 말을 거는 것은 안 된다고 말이다. 아이는 이 대안을 받아들였다. 이후 아침에 일어나 보면 아이가 우리 곁에 와서 자고 있을 때도 있었고 밤새 자기 방에서 혼자 잔 날도 있었다.

아이가 세 살 무렵에는 거의 자기 방에서 혼자 잠을 잤고 네 살 때는 우리가 재워주지 않아도 혼자서 잠들 만큼 만족스럽고 안정적인 분리가 이루어졌다. 이 과정은 우리가 유도한 게 아니라 아이가 스스로 자원해서 한 것이었다. 물론 아이가 내건 조건도 있었다. 본인이 원하면 엄마 아빠가 재워주지 않고 혼자서 잠들 수 있지만, 필요할 때 요청하면 엄마나 아빠가 잠들 때까지 옆에 있어 달라는 것이었다. 딸아이는 침대에 눕는 것을 싫어하지 않았는데, 아이에게 침대는 안정감을 주는 공간이지 외로움을 느끼게 하는 장소가 아니었기 때문이다.

가장 중요한 것은 아이의 안도감 최저선을 지키는 한도 내에서 분리를 유도해야 한다는 것이다. 아이는 저마다 발달 속도가 다르고, 부모와의 친밀감에 대한 욕구, 자신만의 공간에 대한 욕구가 다르다. 이런 이유로 분리에 적합한 시기란 결국 아이에 따라 다르다. 같은 부모 밑에서 태어났더라도 첫째가 다르고 둘째가 다를 수 있다. 우리의 목표는 아이가 침대를 외로움과 좌절, 고립의 공간이 아니라 휴식과 안정의 공간, 편안하게 잘 수 있는 공간으로 인식하는 것이다. 침대를 이렇게 긍정적인 공간으로 인식한 아이는 자연스럽게 침대와 친해지고, 유년기 내내 충분히 숙면할 수 있다. 당연한 이야기지만 이 시기 숙면은 아이의 성장과 발달을 위해 매우 중요하다.

수면 유도는 수면 훈련과 달리 아이에게 분리를 강요하지 않고, 아이가 허용할 수 있는 범위 내에서 분리를 장려한다. 이 방법이 시간상 더 오래 걸리겠지만, 그만한 가치가 있다고 나는 믿는다. 그뿐 아니라 효과가 더 항구적이고 아이가 성장함에 따라 부모와 떨어져 자는 것을 더 쉽게 받아들일 수 있으며 부모와의 관계에도 긍정적인 영향을 미친다. 아이를 특정 방향으로 장려하는 것은 괜찮지만, 아이를 속이고, 무시하고, 조종하는 방법으로는 아이와 평생 유지하는 유대 관계를 맺기 어려울 것이다. 육아에 지친 상태에서 장기적 관점을 취하기 어렵다는 것은 이해하지만, 어려운 일인 만큼 보람도 클 것이다.

부모가 아이에게 기대하는 것의 대부분은, 사실 때가 되면 자연스레 알아서 하게 되는 것들이다. 부모는 최소한의 지도만 해주거나 모범을 보여주는 것으로 충분하다. 아이가 도움이 필요할 때 아이가 불편을 느끼지 않는 범위 내에서 특정 방향으로 가도록 장려해줄 수는 있을 것이다. 그러나 언제나 기억해야 할 사실은 아이 스스로 할 수 있는 것까지 부모가 대신해주려 하면 오히려 아이의 발달을 저해할 수 있다는 것이다.

아이에게는 구해줄 사람이 아니라
도와줄 사람이 필요하다

────── 아직 준비되지 않은 아이를 억지로 떼놓으려 하지 않고, 부모와의 분리 과정을 아이가 주도하게 하면 불안감을 덜 느끼고 부모에게 집착하는 일도 줄어든다. 이는 밤에 혼자 잘 때나 유치원에 아이를 맡기고 올 때, 친구의 생일 파티에 부모 없이 참석할 때, 그 밖에 아이가 부모와 떨어져 있는 모든 상황에 적용되는 말이다. 이때 부모가 할 수 있는 최선은 아이가 이런 상황을 좀 더 쉽게 받아들이도록 분리를 장려하고 유도하는 것이다. 다시 말해 아이의 안도감 최저선이 허용하는 범위 내에서 분리를 시도하는 것이다. 그러나 아직 준비가 안 된 아이에게 독립성을 강요하고, 분리 과정을 서두른다면 오히려 그것이 아이와의 관계에 독이 되고, 이를 바로잡기 위해 나중에 더 큰 노력을 하게 될지 모른다. 아이가 부모 없이 혼자서 여러 가지를 해내도록 강제하는 것이 독립심을 기르는 일이라고 생각할지 모르지만, 아이는 이것을 부모가 자신을 밀쳐낸다고, 혹은 벌준다고 생각할 수 있다. 내가 하고 싶은 말은 부

모에게 편리한 시기가 아니라 아이가 원하는 시기에 부모와 분리되도록 아이를 믿고 기다려달라는 것이다.

부모가 조바심 내지 않아도, 때가 되면 알아서 혼자 자고, 스스로 앉고, 기고, 걷고, 혼자 옷을 입고, 단단한 음식을 먹게 되는 것이 아이들이다. 그러다 보면 머지않아 제 먹을 것을 스스로 요리하고, 제 살 집의 집세를 내는 어른이 되어 있을 것이다. 그런데 아직 준비되지 않은 아이에게 이것들을 빨리하라며 재촉하면 오히려 아이를, 그리고 우리 자신을 좌절하게 하는 결과를 가져올 뿐이다. 아이에게 못 가르쳐서 안달인 것의 대부분은 사실 가만히 내버려 두면 아이가 알아서 배울 것들이다. 부모가 재촉하는 바람에 오히려 아이의 발달이 더뎌질 수 있다.

예를 들어 아이에게 혼자서 앉는 것을 연습시키겠다고 부모가 아이 등을 받쳐주며 앉히는 행동은 아이 스스로 앉는 법을 배울 기회를 빼앗는 것이다. 아이가 앉을 때가 되면 부모가 손으로 등을 잡아주거나 하는 행동은 필요 없다. 오히려 이는 아이의 움직임을 방해할 뿐이다. 아이에게 시간을 주면 알아서 여러 가지 동작에 필요한 움직임을 배워나갈 것이다. 가만히 놓아두면 아이들은 알아서 뒤집고, 꿈틀거리다가 기는 동작을 배우고, 자리에 앉고, 서고, 걷는다. 그리고 새로운 것을 배우는 방법도 배운다. 이 과정에 부모가 개입할 여지는 거의 없다.

아직 필요한 근육이 제대로 발달하지 않은 아기를 부모가 억지로 앉히려고 하면 오히려 역효과가 날 수 있다. 이 경우에는 아기

마음: 나와 아이의 정신 건강을 위한 조건

가 기기 시작할 때 앉은 자세에서 한쪽으로 기울여진 채로 팔다리를 끌며 길지 모르고 이는 바른 자세를 해치는 원인이 된다. 용기 내어 말해보자면 사실 내 딸이 이런 경우였다. 앞서 이야기했듯, 모든 부모는 실수한다. 내가 육아는 이러이러해야 한다며 어떤 것을 바른 길이라고 제시할 때, 이 글을 읽은 여러분 중 누군가는 자신이 실수했다고 생각해 속상해할지도 모른다. 그러나 단유를 너무 일찍 시작했다거나 너무 서둘러서 아이를 앉히려 했다는 것은 큰 문제가 되지 않는다. 정말 중요한 건 아이와 내가 어떤 관계를 맺는가이다. 이제 성인이 된 딸은 요즘 필라테스로 비틀어진 자세를 바로잡고 있다. 딸이 어렸을 때 내가 앞에서 말한 것 같은 정보를 알았더라면 좋았겠지만, 나는 알지 못했다. 앞서 여러 번 이야기했지만, 중요한 것은 실수했느냐가 아니라 그것을 어떻게 바로잡는가이다. 때로는 필라테스 강습을 통해 바로잡거나, 아니면 상담을 받으러 다니면서 바로잡을 수도 있다. 성인이 된 자녀가, 성장기에 입은 상처로 상담이나 그 외 다른 형태의 도움을 받는다고 해서 부모인 당신이 수치심을 느끼지 않았으면 좋겠다. 자신이 저지른 실수에 대해 방어적인 태도를 보인다고 해서 그 실수가 사라지는 것은 아니다. 오히려 사태를 악화할 뿐이다.

앞에서 말한 예가 너무 한정적이라고 생각할지도 모르겠다. 내가 말하고 싶은 바는 아이를 어디까지 도와줄지 명확한 선이 있어야 한다는 것이다. 아이 스스로 배울 수 있는 것, 특히 부모가 개입하지 않았을 때 더 잘 배울 수 있는 것까지 부모가 대신해줘서는 안 된다. 아이를 어느 정도까지 도와줘야 하는지 감이 잘 안 올 때는 아이를 특정 방향으로 장려 또는 유도한다는 개념을 떠올리면 도움이 될 것이다.

생후 5개월, 2주 하고도 3일 된 여아 프레야가 거실 러그 위에 엎드려 있다. 프레야의 아빠는 옆에 놓인 소파에 앉아 뭔가를 읽는 중이다. 프레야가 끙끙거리는 소리를 낸다. 멀리 떨어진 곳에 있는 탁구공을 잡으려 애쓰는 것이다. 아빠가 고개를 들어 프레야가 애쓰는 모습을 본다. 공을 갖다줘야 할까? 프레야는 고개를 들어 아빠를 보고는 속상하다는 듯 울음을 터뜨린다. 아빠는 무릎을 꿇고 프레야 옆에 앉으며 "공을 잡고 싶은데 마음대로 안 돼서 속상하구나?"라고 말한다. "혼자서 잡을 수 있겠니?" 아빠가 부드럽게 웃으며 프레야를 한번 바라보고, 공을 한번 바라본다. 프레야는 울음을 멈추고, 무릎과 손으로 바닥을 밀며 공을 향해 꿈틀거리며 나아가기 시작한다. 공에 손가락이 닿자 밀려서 더 멀리 굴러가 버린다. 아빠가 얼른 공을 주워서 원래 있던 자리에 놓아둔다. 프레야는 다시 한번 공을 잡으려 시도하고, 이번엔 공을 움켜쥐는 데 성공한다. 아이의 얼굴이 기쁨으로 환하게 빛나자 아빠도 함께 웃는다. 아빠는 "열심히 노력해서 공을 잡았구나, 기특하다, 우리 딸"이라고 이야기한다.

물론 이런 상황에서 아이를 도와줘야 하는지, 응원해야 하는지, 아니면 그냥 조용히 지켜만 봐야 하는지를 알기란 쉽지 않다. 그러

마음: 나와 아이의 정신 건강을 위한 조건

나 대부분은 아이가 보내는 신호들을 자세히 관찰함으로써 올바른 대응이 무엇인지 알 수 있다. 아이 스스로 할 수 있는 일을 부모가 대신해줘 버리면 아이가 배울 기회를 빼앗고 주체성을 부정하게 된다. 반대로 아이가 정말로 도움이 필요한 상황인데도 이에 응해주지 않는다면 아이를 무심하게 대한 것이 된다. 앞의 사례에서 프레야의 아빠는 둘 사이의 균형을 잘 맞췄다. 그가 별다른 고민 없이 자연스럽게 행동할 수 있었던 이유는 어린 시절 자신이 그런 대우를 받으며 자랐기 때문이다. 만약 그렇지 못했던 사람이라면 아이에게 적절한 도움을 주도록 의식적으로 노력할 필요가 있다.

 아이가 관계를 주도하도록 하기

아무것도 하지 말고 아이와 함께 있으며, 아이가 관계를 주도하도록 놓아두는 연습을 해보자. 아이를 세심히 지켜보고 필요한 순간에는 도와주되, 대신해주고 싶은 마음을 억누르자. 아이의 문제를 대신 해결하려고 하지 말고, 아이가 문제를 해결하는 과정을 도와주도록 하자.

아이에게 놀이의
주도권을 주자

——— 우리는 '놀이'라고 하면 뭔가 시시하고 하찮은 것을 떠올리지만, 사실 아이들에게 놀이는 무척 중요한 일이다. 아이는 놀이를 통해 집중력을 기르고 새로운 것을 발견하는 습관을 들이며, 흥미로운 일에 몰두하는 즐거움을 깨닫는다. 그뿐만 아니라 아이들은 놀면서 여러 가지 개념을 연결하고 상상력을 키워나간다. 또래 아이들과 교류하는 방법을 배우는 것도 함께 놀면서다. 놀이는 창의력과 집중력, 호기심, 그리고 새로운 발견의 기반이 된다. 모든 포유류는 놀이를 한다. 놀이란 결국 삶의 여러 가지 기술을 연습하는 것에 지나지 않는다. 아이에게는 노는 것이 곧 일이며, 우리가 어른의 일을 진지하게 생각하듯이 아이의 놀이도 진지하게 받아들여야 한다.

처음 마리아 몬테소리Maria Montesori의 글을 읽었을 때 무척 놀랐다. 몬테소리는 아이가 어떤 활동에 집중할 때 방해해서는 안 된다고 말한다. 어린아이가 카펫 위에서 트럭을 굴리며 '부릉부릉'

엔진 소리를 내는 것이 아이에게는 중요한 과업을 수행하는 과정이라는 발상이 무척 신선했다. 놀이하는 아이는 대상에 몰입하고, 집중하고, 상상력을 발휘하며, 이야기 전개를 만든다. 아이의 놀이에는 분명한 시작과 진행과 끝이 존재한다. 그리고 이런 놀이 과정을 여러 번 반복하면서 아이는 주어진 일을 집중하여 완수할 역량을 다진다.

그러나 아이의 놀이는 생각보다 훨씬 어린 나이부터 시작된다. 아기들에게는 마음껏 놀 수 있는 안전한 공간이 필요하다. 그래야만 손 닿는 곳에 있는 모든 사물을 마음껏 만져볼 수 있기 때문이다. 이런 아기에게 부모가 늘 '안 돼'라고만 말하면 아기는 주위 사물에 집중할 수 없다. 방해하는 사람이 없는 상태에서, 아기는 종잇조각처럼 단순한 물건만 가지고도 몇 분씩 집중해 놀 수 있다. 종잇조각을 꼭 쥐어도 보고, 비비 꼬아도 보고, 떨어뜨렸다가 다시 줍기를 반복한다. 부모가 보기에는 지루해 보일 수 있지만, 아기에게는 아니다. 아기가 이렇게 놀 때 부모가 해야 할 일은 아기를 저지하거나 명령하지 않고 가만히 지켜보는 것이다.

아이에게 많은 장난감은 필요 없다. 아이에게 상자에 담긴 장난감을 사다 주면 장난감은 버리고 상자만 갖고 논다는 이야기가 완전히 우스갯소리가 아닌 까닭이 여기에 있다. 지인의 두 살짜리 아이가 생일을 맞아 부모, 친구, 친척들에게 선물을 산더미처럼 받았다. 아이의 고모가 다른 선물을 사면서 레몬 모양의 플라스틱 주스 병도 하나 사서 함께 주었는데, 그날 받은 선물 중에 아이가 가장 많이 갖고 논 장난감은 다름 아닌 그 주스 병이었다고 한다. 주스 병을 조몰락거리면서 좁은 입구로 물을 빨아들이는 것도 지켜보고, 다시 병을 꾹 짜서 물을 쏘기도 하고, 물총처럼 여기저기 겨냥하며 놀기도 했다. 값비싼 인형의 집도, 디즈니 캐릭터 상품도, 소꿉놀이 세트도 레몬 모양 주스 병 앞에서 무색해진 것이다. 이처럼, 아이들은 몇 가지 장난감만 있으면 잘 논다. 장난감 자동차 서너 개, 골판지 상자, 공주 인형, 곰 인형, 그리고 블록 정도만 있으면 준비 완료다. 옷 입히기 인형 같은 것이 있으면 상상력을 발휘할 수 있다. 장난감이 많다고 항상 좋은 건 아니다. 장난감 개수가 한정돼 있으면(서랍 하나에 담길 정도의 장난감과 물감, 종이 같은 공예재료 약간) 다 놀고 나서 장난감을 제자리에 갖다 놓기도 더 쉬워진다.

어른과 마찬가지로 아이도 선택지가 너무 많으면 오히려 상황에 압도되고 고르기가 어려워진다. 선택지가 많은 게 항상 좋을 것 같지만 심리학자 배리 슈워츠Barry Schwartz의 실험 결과를 보면 그렇지 않음을 알 수 있다. 그는 실험을 통해, 사람들에게 서른 가지 초콜릿 종류를 제안했을 때보다 여섯 종류의 초콜릿 중의 하나를 고르게 했을 때 더 행복도가 높다는 사실을 발견했다. 그뿐만 아니라 자신의 선택에 대해서도 후자의 만족도가 높았다. 우리는 선택지가 너무 많이 있으면 잘못 선택할까 봐 두려워한다. 서구 가정의 아이는 평균적으로 150개 이상의 장난감을 가졌으며 매년 70개 이상의 장난감을 새로 선물 받는다. 이는 아이를 압도할 뿐이다. 장난감이 너무 많으면 아이는 하나의 놀이에 깊게 빠져들지 못하고 이

장난감에서 저 장난감으로 옮겨 다닐 가능성이 크다. 부모들이 아이에게 자꾸 장난감을 사주는 이유는 장난감이 많으면 아이가 부모를 덜 찾을 것으로 생각하기 때문이지만, 장난감이 부모의 빈자리를 대신하지는 못한다.

아이는 스스로 하고 싶은 놀이를 자유롭게 선택하고 주도하는 과정에서 창의력을 기른다. 그러나 때에 따라서는 아이가 부모와 함께 놀고 싶어 하는 예도 있다. 이때 아이가 원하는 것은 엄마 아빠이지 새 장난감이 아니다.

청진기를 들고 '병원 놀이'를 하는 것이, 혹은 아이가 제안하는 어떤 놀이를 함께하는 것이 지루하고 무척 단순하게 느껴질 수 있다. 특히 지금 해야 할 일이 산더미같이 쌓여 있는데 아이가 놀아달라고 보챈다면 더더욱 난감할지도 모른다. 그러나 내 경험상 아이가 놀아달라고 했을 때 처음부터 같이 놀아주는 쪽이 훨씬 결과가 좋았다. 내 딸은 항상 나에게 테디 베어 역할을 하라고 했다. 처음에는 내가 테디 베어 역할을 맡았지만, 놀이가 무르익어감에 따라 딸아이가 테디 베어 역할까지 맡아서 곰 인형 성대모사를 하곤 했다.

놀이하는 동안에는 아이가 관계를 주도하도록 해야 한다. 뭘 하고 놀지, 누가 어떤 역할을 맡을지를 아이가 결정하게 한다. 처음에는 아이와 함께 집중해서 놀아주고, 이후 아이가 놀이에 몰입해 부모의 참여가 필요하지 않으면 슬쩍 빠져나오는 편이 밀린 일거리를 처리하기에도 좋을 것이다. 아이가 함께 놀자고 청해올 때는 응하는 것이 당신에게도, 아이에게도 더 쉽고 즐거운 결과를 낳는 선택이다.

반대로 너무 바빠서 놀 수 없다고 아이의 요청을 거절하면 아이는 계속해서 놀자고 당신을 조를 것이고, 결국 밀린 일을 처리하기가 어려울 것이다. 그뿐만 아니라 이렇게 아이의 청을 거절하면 아이에게 너와 노는 것이 재미없다, 네가 귀찮다는 메시지를 주어 아이가 외로움이나 분노, 슬픔을 느낄 수 있다. 심지어는 부모와의 관계에서 불안감을 느낄지도 모른다. 아이들은 일단 놀이가 재밌어서 몰입하고 나면 부모가 함께해주지 않아도 혼자서 잘 논다.

이처럼, 아이를 기를 때는 우회로가 통하지 않는다.

어차피 투자할 시간이라면 나중에 아이와 씨름하듯 부정적으로 보내는 것보다는 애초에 적극적으로 아이와 놀아주며 보내는 편이 나을 것이다. 이는 놀이뿐 아니라 다른 많은 것에도 적용되는 이야기다.

예전에 해변에 갔다가 아버지와 딸을 본 적이 있다. 아이는 여섯 살쯤 되어 보였다. 막 해변에 도착했을 때 아이는 아빠에게 이것저것 요구했다. '아빠, 이것 좀 해주세요.' '이리로 와보세요.' '물에 들어가요.' '아빠, 모래 삽 갖다주세요.' '모래성 쌓아요' 등등. 아빠는 아이가 시키는 모든 일을 묵묵히 했다. 그러나 시간이 지나면서 아이는 점점 놀이에 빠져들었고, 썰물이 빠진 자리에서 젖은 모래를 갖고 놀기 시작했다. 아빠는 여전히 아이 근처에 있었지만, 함께 놀지는 않고 그냥 딸아이를 지켜만 보았다. 종종 짬이 나면 신문을 읽기도 했다. 아이가 놀이에 몰입하면 부모도 나름의 여유 시간을 지낼 수 있음을 보여주는 아주 사랑스러운 예였다.

조금 있자 또 다른 여자아이가 오더니 첫 번째 아이가 노는 것을 가만히 지켜보았다. 첫 번째 아이는 두 번째 아이를 놀이에 끼워주었다. 참 흐뭇해지는 광경이었다. 만일 아이의 아빠가 아이가 요청했을 때 놀아주지 않고 바로 신문을 읽으러 가버렸다면 아이는 아빠의 관심을 끄는 데 모든 신경이 집중돼서 초조해했을 것이고 놀이에 열중하거나 새 친구를 사귀지도 못했을 것이다.

아이는 가족과 함께하는 더 조직적인 게임도 좋아한다. 축구나 카드게임 같은 것 말이다. 가족과 이런 게임을 자주 했던 사람은 어른이 돼서도 사랑과 즐거움으로 가득했던 기억이 남아 자녀와 또 게임을 하려 할 것이다. 그러나 어렸을 때 가족과 함께 게임을 해본 적이 별로 없는 사람이라면 게임을 하거나 심지어 이런 이벤트를 준비하는 것조차 버겁다고 느낄 수 있다. 가족과 함께하는 시간이 과거의 감정을 상기시킨다면 그 사실을 분명하게 인지하자. 그 감정이 현재가 아니라 과거에 기인하고 있음을 기억함으로써 이를 극복할 수도 있고, 아니면 다른 가족끼리 놀라고 한 뒤에 감정이 가라앉으면 틈틈이 끼어들어 함께 게임을 할 수도 있다.

어렸을 때 우리 가족은 크리스마스부터 새해까지 일주일 정도를 다른 두 가족과 함께 보냈었다. 세 가족이 모이면 항상 '모노폴리'라는 보드게임을 했는데, 어른이나 아이 할 것 없이 모두 좋아하고 열성적으로 참여한 게임이었다. 그렇지만 모임에서 아저씨

중 유독 한 분만은 일찍 자리를 뜨곤 했는데, 자신은 6킬로미터 이상 떨어진 집까지 혼자 걸어갈 테니 아내에게 아이를 차에 태우고 천천히 오라고 말하곤 했다. 훗날 아저씨는 내게 자신이 외동아들이었으며 크리스마스가 되면 보드게임을 선물 받기는 했어도 아무도 자신과 함께 그것을 가지고 놀아주지는 않았다고 했다. 그래서 이렇게 여러 가족이 모여 보드게임을 하는 순간이 오면 그때의 슬픈 감정이 떠올라 힘들다고 했다. 또 그런 기분으로 자리를 지키고 앉아 있으면 다른 사람들의 기분까지 우울하게 할까 봐 자리를 떴다는 것이다. 아저씨 이야기는 유감스럽게도 해피엔딩으로 마무리되지 않았지만, 그때 어린 시절의 경험이 참으로 오랫동안 우리에게 영향을 미치는구나, 하고 실감했던 기억이 난다.

아이는 다양한 연령대의 친구를 사귈 때 가장 왕성하게 성장한다. 연령대가 비슷한 아이 둘을 함께 데려다 놓으면 같이 놀지 않고 각자 따로 놀 가능성이 크다. 연령대가 다른 아이와 어울리면 또래 아이와 놀 때는 배우지 못하던 것들을 많이 배울 수 있다. 특히 나이가 더 어린 쪽이 연상의 친구로부터 많은 것을 배운다. 우리가 새롭게 배우는 것의 상당 부분은 타인을 관찰하면서 배우는 것이다. 연상의 친구와 어울리다 보면 행동도 어른스러워지고, 롤모델이 생기기도 하며, 무엇보다 정서적 지지를 받을 수 있다. 나이가 많은 아이 역시 자기보다 어린 친구에게 이것저것 가르쳐주고, 돌봐주면서 자연스레 리더십을 체득하게 된다.

많은 성인이 자신의 어린 시절을 되돌아볼 때 가장 행복했던 순간은 다양한 연령대의 아이들이 함께 모여 게임도 만들고, 넓은 공간에서 뛰어다니던 때라고 말한다. 아마도 보통 명절이나 연휴 때 사촌, 친구들이 함께 모였을 것이다. 아니면 함께 캠핑하거나, 축제에 참여하거나, 외출하거나, 집 근처 공원이나 정원에 놀러 갔을 때였을 수도 있다. 그런 자리에는 언제나 든든한 어른이 동석해서 필요할 때마다 아이들을 도와주고, 식사도 챙겨주고, 아이들이 안전하게 느낄 경계선을 그어주기도 했다. 요즘은 아이들이 모두 여러 가지 방과 후 활동으로 바쁜 나머지 다양한 연령대의 친구를 사귀고 놀 시간이 없는 것 같다. 그러나 아이에게는 실내 활동이나 전자기기 이용 시간을 줄이고 밖에 나가 다른 아이들과 노는 경험이 더 필요하다. 특히 전자기기 사용은 중독성이 있어 주의해야 한다. 물론 그렇다고 아예 못 쓰게 하는 것은 그 나름대로 아이에게 필요한 기회를 박탈하는 것이겠지만 말이다.

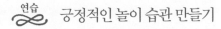

연습 긍정적인 놀이 습관 만들기

- 아이가 집중할 때는 방해하지 말 것.
- 어린 자녀가 부모와 함께 놀고 싶어 할 때는, 우선 아이가 원하는 놀이를 함께하자. 그리고 아이가 놀이에 몰입해 부모를 필요로 하지 않을 때 슬쩍 뒤로 빠져주자.
- 자녀가 뭘 하고 놀지 모른다고 해서 부모에게 아이를 즐겁게 해줄 의무가 있는 것은 아니다. 아이가 지루해할 때는 아이를 믿어주고, 재미있는 놀이를 찾아낼 것으로 믿는다고 이야기해주자. 지루함 역시 창의성의 필수적인 요소다.
- 때로는 부모가 좋아하는 활동을 아이와 함께함으로써 부모 역시 아이와 있는 시간이 즐겁게 느껴지도록 하자. 보드게임을 함께해도 좋고, 카드게임이나 운동, 노래 부르기 등 당신이 좋아하는 활동이라면 무엇이든 좋다.
- 아이들은 최대한 다양한 연령대의 친구를 사귀는 것이 좋다.

The Book You Wish Your Parents Had Read

6

행동

모든

행동은

의사소통이다

행동에 관한 이야기를 책 마지막 부분인 6장에 배치한 이유는 앞서 이야기한 다른 문제들이 해결되면 행동상의 문제는 쉽게 해결되기 때문이다. 부모와의 애정 어린 관계 속에서 자신의 감정을 수용해주는 사람이 있다면 더욱더 그렇다. 타인과 탄탄한 유대감이 형성되어 있고 자신을 받아주는 사람들이 있을 때 우리는 훨씬 더 점잖게 행동한다.

요람을 흔드는 손으로 세상을 만든다는 말이 있다. 맞는 말이다. 아이들을 평가하지 않고 사랑으로 키우는 것, 아이가 느끼는 감정을 하찮거나 잘못됐다고 치부할 것이 아니라 배려하고 수용해주는 것은 미래 사회의 구성원을 길러내는 부모의 책임이다. 그러나 아이를 배려와 존중으로 키운다고 해서 아무런 규칙도 제재도 없이 아이를 키우라는 말은 아니다.

6장에서는 육아를 이기고 지는 대결로 바라보는 태도에 관해 정리했다. 또한 바람직한 행동 습관을 들이기 위해서는 어떤 자질들이 필요한지 알아보고, 자녀를 얼마나 엄격하게 대해야 할지도 이야기할 것이다. 이를 통해 칭얼대고 떼쓰는 아이를 어떻게 대해야 할지, 아이에게 해도 되는 것과 안 되는 것 사이의 선을 언제 어떻게 설정하는 것이 좋은지도 알게 될 것이다.

아이는 결국
나를 닮는다

아이는 부모를 닮는다. 지금 당장은 아닐지라도 결국엔 그렇게 된다. 고객 중에 아버지가 자신과는 전혀 다른 사람이라고 말하던 사람이 있었다. 그의 아버지는 영리 목적으로 큰 기업체를 몇 개씩 운영하는 사업가였고, 독재자 스타일로 아랫사람을 부리는 데 익숙한 인물이었다. 그는 아버지와 달리 자선 사업체에서 일했지만, 조직 내에서 팀을 운영할 때는 아버지와 다를 바 없이 전제군주처럼 군림했다. 어쩌면 아이의 행동에 가장 큰 영향을 미치는 건 부모의 행동일지도 모른다. 우리는 사람들이 각자의 개성을 지닌 별개의 독립적 존재라고 생각하지만, 사실은 서로에게 영향을 주고받으며 살아가고 있다. 우리는 커다란 세계의 일부로 존재하며, 우리가 서 있는 퍼즐 조각은 옆 사람의 퍼즐 조각과 합을 맞출 때만 존재한다. 다시 말해, 아이가 하는 모든 행동, 그리고 당신이 하는 모든 행동은 주변과 상관없이 독립적으로 일어나는 일이 아니라 주위 사람들의 말과 행동, 더 나아가서는 각자가 속한 문화권의 영향을 받아 탄생한 결과물이다.

스스로 생각하기에 당신은 항상 점잖고 올바른 행동을 하는가? 항상 다른 사람을 존중하고, 타인의 감정을 배려하는가? 단순히 예의 있게 행동할 뿐인가, 아니면 진심과 선의에서 우러나오는 친절을 베풀고 있는가? 겉으로는 웃는 얼굴이지만, 사람이 없는 곳에서는 상대방을 험담하지는 않는가? 혹시 인간관계를 이기고 지는 경쟁이나 게임으로 생각하지 않는가? 당신이 어떤 식으로 행동하든, 당신의 아이는 그것을 보고 배워 똑같이 따를 것이다. 심지어 자랑스럽지 못한 행동까지도 말이다.

반대로 부모가 자녀에게, 그리고 다른 사람에게 친절하고 사려 깊게 대하는 모습을 지속해서 보여주면 언젠가 아이도 그 모습을 따라 한다. 물론 그렇게 되기까지는 시간이 걸릴 수 있다. 그동안 아이들은 항상 '착하게'만 행동하지는 않을 것이다. 특히 아직 언어를 배우기 전인 아이들은 자신이 느끼는 바를 오직 행동으로만 전달할 수 있어서 더더욱 그렇다. 심지어 말을 하고 글을 쓸 줄 안 뒤에도 몇 년 동안은 그럴 것이다. 자신이 느끼는 감정이 무엇인가를 알고 그것을 언어화하고, 이를 통해 내게 뭐가 필요한지 알아내려면 꽤 긴 시간 동안 연습하고 요령을 쌓아야 한다. 이는 어른에게도(아니, 언어를 다루는 것이 직업인 시인이라고 해도) 쉽지 않은 일이다.

항상 착하기만 한 사람, 항상 나쁘기만 한 사람은 없다. 사실 '선'과 '악'을 나누는 것 자체가 유용한 일이 아니다. 물론 드물게는 후천적으로 공감과 사랑을 많이 받아도, 타고나기를 타인과 공감할 수 있는 능력이 부족한 채로 태어난 사람도 있다. 그러나 이들 역시 일반적일 때와 다른 뇌를 지니고 태어난 것뿐이지 '악'한 것은 아니다. 나는 사람의 행동을 선과 악으로 나누는 이분법에 동의할 수 없다. 다만 그 행동이 누군가에게는 편하거나 불편할 수 있다는(혹은 해로울 수 있다는) 사실은 인정하는 바다. 세상에 태어날 때부터 악하게 태어나는 사람은 없다. 이런 이유로 나는 아이들의 행동을 '착하다' 또는 '나쁘다'고 부르는 대신 '편한' 행동과 '불편한' 행동으로 나눈다.

앞에서도 이야기했지만, 모든 행동은 의사소통을 위한 시도다. 사람들이, 그중에서도 특히 아이들이 부적절하고 주위 사람에게 불편을 끼치는 행동을 하는 이유는 그보다 더 나은 대안을 찾지 못했기 때문이다. 주변인을 불편하지 않게 하면서 더 효율적으로 자신의 감정과 필요를 표현할 방식을 찾지 못했기 때문이다. 아이들의 이런 행동은 주위 사람들에게 불편을 가져올 수는 있어도 '나쁘다'고는 할 수 없다.

부모가 할 일은 아이의 행동을 암호를 풀듯 해석하는 것이다. 섣불리 아이의 행동을 '나쁜 짓'과 '착한 행동'으로 나눌 것이 아니라 때때로 자문해야 한다. 아이가 이 행동을 통해서 하고 싶은 말은 무엇일까? 아이가 좀 더 편리한 방식으로 메시지를 전달하도록 내가 도울 수는 없을까? 아이가 몸짓으로, 소리로, 그리고 단어로 나에게 하고자 하는 말은 도대체 무엇일까? 무엇보다 마주하기 어려운 질문도 있다. 나의 어떤 언행이 아이가 저렇게 행동하게 한 것일까?

육아는 이기고 지는
게임이 아니다

—————— 딸 플로가 세 살쯤 되었을 때 하루는 함께 쇼핑하러 갔다. 쇼핑몰이 집에서 꽤 가까운 거리였는데, 아이가 유모차에 타기 싫다며 같이 걸어가겠다고 했다. 그래서 우리는 유모차를 집에 두고 갔다. 쇼핑을 마치고 돌아오는 길에, 플로가 갑자기 어느 집 문 앞에 털썩 주저앉는 것이 아닌가? 나도 모르게 '안 돼!'라는 생각이 들었다. 당시 나는 당장 눈앞에 일어나는 상황을 있는 그대로 받아들이지 않고, 미래에 일어날 일을 먼저 생각하고 있었던 것이다. 나는 어서 집에 가서 장 본 것을 정리하고 푹 쉬고 싶다고 생각했다. 그랬기에 집에 가다 말고 남의 집 대문 앞에서 쉬는 건 내가 세운 계획과는 전혀 맞지 않았다. 하지만 플로는 지금 당장 쉬고 싶어 했다.

문득, 집에 좀 늦게 간다고 해서 그게 뭐 그리 대수냐는 생각이 들었다. 그래서 쇼핑한 물건이 담긴 가방들을 옆에 내려놓고 플로와 함께 쭈그려 앉았다. 플로는 보도의 갈라진 틈 사이로 지나가는 개미를 바라보고 있었다. 개미는 틈새로 들어가 사라졌다가 다시 나타나는 일을 반복했고, 우리는 함께 앉아 개미를 바라보았다.

그때 한 노인이 다가와 "아이고, 애가 엄마를 이긴 모양이네"라고 말했다. 그가 무슨 이야기를 하는지는 깊이 생각하지 않아도 알 수 있었다. 그는 이 상황을, 부모와 자녀가 벌이는 고집 싸움에서 아이가 이겼고 엄마인 내가 할 수 없이 아이 옆에 앉아 있는 것으로 생각한 것이다. 나도 이 유서 깊은 고집 싸움에 관해서는 좀 아는 편이다. 나의 부모님은 자식과의 기 싸움에서 절대 지면 안 된다고 믿었다. 심지어는 아이가 원하는 것을 너무 많이 들어주면 아이를 망친다고까지 생각했다.

그러나 사실 부모와 자녀는 같은 편에 있는 사람들이다. 둘 다 좌절감을 느끼기보다는 만족과 행복을 느끼고 싶을 것이다. 양쪽 모두 싸우는 게 좋아서 싸우는 사람은 없다. 노인은 마치 다 이해한다는 듯 인자한 미소를 지었다. 그가 나쁜 의도로 말한 것이 아니라는 걸 알기에 나는 그에게 일일이 설명하거나, '부모 자식 사이가 원수도 아닌데, 이기긴 누가 이겨요?'와 같이 말하지는 않았다. 대신 "아이가 개미를 보고 싶어 하네요"라고 말하고 웃어주었을 뿐이다. 그는 그대로 갈 길을 갔고, 개미들도 어느샌가 사라지고 없었다. 플로와 나 역시 아무 일 없었다는 듯 툭툭 털고 일어나 집으로 향했다.

앞에서도 말했지만, 모든 행동은 의사소통 시도다. 그러므로 모든 행동의 기저에는 그것을 촉발한 감정이 있다. 자녀의 특정 행동 뒤에 숨겨진 감정을 찾아내 공감해주고, 그것을 언어화해 표현하도록 도와주면 아이도 행동을 통해 감정을 표출할 필요를 덜 느끼게 된다.

앞의 사례에서, 나는 그때까지 그렇게 오랫동안 걸어본 적 없는 플로가 분명히 피곤하고 쉬고 싶었을 것으로 생각했다. 그뿐만 아니라 쇼핑몰의 여러 가지 소음과 광경이 어린 플로에게는 과잉 자극이 되었을지도 모른다. 어른과 달리 아직 어린아이인 플로는 쓸데없는 감각 자극을 걸러내는 데 익숙하지 않기 때문이다. 어쩌면 플로가 개미라는 하나의 사물에만 집중하고 싶어 했던 것도 그런 피로감에서 벗어나려는 행동일 것이다. 이처럼, 상황을 아이의 처지에서 생각하면 이해하기가 더 쉬워진다. 만약 내 처지에서만 생각했다면 나는 '빨리 집에 가서 쉬고 싶다. 아이 때문에 귀가가 늦어진다. 아이가 내 계획을 방해한다'고만 느꼈을 것이다.

옛 어른 중에는 '아이를 응석받이로 기르면 안 된다'고 생각하는 분들이 꽤 있다. 노인이 '애가 엄마를 이긴 모양이네'라고 말했던 것도 그런 맥락에서였을 것이다. 아이가 자기주장을 하면 '매를 번다'며 혼내는 사람들이 있다. 특히 아이가 떼쓸 때 이런 접근을 하는 부모들을 자주 본다. 어떤 이유에선지 몇몇 부모는 아이가 떼쓰는 상황을 무척이나 두려워한다. 심지어는 아이가 칭얼대는 기색을 조금만 보여도 마치 그때 바로잡지 않으면 평생 떼쟁이로 살게 될 것처럼 반응하기도 한다. 이처럼 부모들이 이기지 못해 안달인 아이와의 '기 싸움'에는 사실 승자가 없다. 아이의 마음을 헤아려주기보다 어떻게든 자신에게 편리한 쪽으로 아이를 조종하려 하는 부모가 있을 뿐이다. 사실, 이는 '싸움'이라고도 할 수 없으며 그저 부모가 상상해낸 허구의 갈등일 뿐이다.

부모가 아이를 상대로 이런 접근을 하는 것은 상황을 있는 그대로 보지 않고 미래에 일어날 수 있는 일에 더 신경 쓰기 때문이다. 그러나 상황만 있는 그대로 놓고 보면, 그날 플로는 그저 집에 가는 길에 지쳐서 잠시 쉬고 싶었을 뿐이다.

부모와 아이의 관계에서 누가 이기고 지는지를 자꾸 따지면 결국 그 때문에 둘 사이 관계를 해치게 될 것이다. 그 싸움에서 부모가 이긴다고 치자. 아이는 결국 항상 다른 사람을 이기려고 드는 성인으로 자랄 것이다. 내가 원하는 것만을 상대에게 강요하는 것이 당연하고 바람직하다고 아이가 생각한다면 어떻게 할 것인가? 그런 아이가 학교에 가서 친구는 잘 사귈 수 있을까?

아이는 부모에게서 타인과 관계 맺는 방식을 보고 배운다. 부모가 자녀에게 자신의 계획이나 뜻을 강요하는 형태로만 관계를 맺으면 아이 역시 유해한 관계 맺기를 배운다. 타인과의 관계를 '명령하는 사람'과 '따라야 하는 사람' 다시 말해 '지배자'와 '복종하는 사람'으로 단순하게 인식하면 아이의 인격 성장에 심각한 제약이 걸릴 수밖에 없다. 예를 들어 한쪽은 피해자, 한쪽은 가해자라는 관계 설정에 자주 노출된 아이는 피해자가 되지 않으려면 가해자가 되어야 한다고 생각하거나, 아니면 자신은 항상 피해자일 수밖에 없다고 당연하게 생각한다.

행동: 모든 행동은 의사소통이다

이렇게 승자와 패자가 명확한 관계는 아이의 정서에도 부정적 영향을 미친다. 기 싸움에서 진 패자는 굴욕감을 맛본다. 굴욕을 경험한 사람은 승자가 바라는 것처럼 겸손하고 고분고분해지기는커녕 분노를 느낀다. 이런 분노가 내부로 향하면 우울증으로 발전하고, 외부로 표출되면 반사회적 행동으로 나타난다.

아이와의 관계가 '이기고 지는' 관계가 아니라면, 어떤 식으로 관계를 맺어야 아이가 주위 사람들에게 불편을 끼치지 않도록 행동하게 할까? 아이와 함께 있는 상황에서는 미래에 일어날지 아닐지도 모르는 일에 대한 허구의 두려움을 접어두고, 상황을 있는 그대로 인식하고 거기에 맞게 적절히 대치하면 된다. 그렇게 하면 항상 그런 건 아니어도 대부분 아이와의 갈등에 적절하게 대처할 수 있을 것이다.

나의 부모님이 이 책을 읽었더라면

미래가 아닌
현재에 집중하자

━━━ 지나라는 이름의 고객의 경험담이다. 딸이 젖을 떼면서 밥을 먹여야 했는데, 방에 깔린 좋아하는 러그 위에 앉혀놓고 엄마가 노래를 불러주어야만 스파게티든 채소든 먹는다는 것이었다. 물론 엄마가 이렇게 해주면 아이는 행복했고, 엄마도 아이가 잘 먹으니 행복했다.

우리는 종종 아직 일어나지 않은 미래의 일을 상상하며 걱정한다. 이러다 애가 노래 불러주는 사람 없이는 밥을 못 먹으면 어떡하지? 평생 엄마 아빠랑 같이 자겠다고 하면 어쩌지? 공갈 젖꼭지를 못 떼면? 이러다 나중에 취직해서도 회사에 곰 인형을 데려가겠다고 하는 건 아닐까? 그러나 이것들은 모두 말 그대로 상상일 뿐이다. 앞의 사례에서, 만일 지나가 '이러다 아이가 정상적으로 식사할 수 없으면 어떡하지? 평생 러그 위에서만 밥을 먹겠다고 하는 건 아닐까?'라고 생각했다면 아마도 아이가 앞으로 겪게 될 많은 상황(학교에 가서 급식을 먹거나 외식할 때, 심지어는 데이트할 때)을 걱정할 수밖에 없었을 것이다. 그러나 장담컨대, 아이들이 보이는 행동은 거의 다 한때이며 그 시기가 지나면 그걸로 끝난다. 그러니 그때그때 상황에 맞는 해결책이 있다면 적용하면 그만이다. 해결책이 아무리 특이해 보여도 말이다.

특히 수면 문제에서는 각자의 상황에 맞는 해결책을 선택하는 것이 중요하다. 침대 두 개를 붙여서 온 가족이 함께 잘 때 모두 만족스럽게 잠들었다면, 미래 따위는 걱정하지 말고 당장 오늘 밤에 나와 아이를 모두 재워줄 그 방법을 쓰면 된다. 어차피 시간이 지나면 아이는 자기만의 방, 자기만의 침대에서 자고 싶어 할 것이다. 아이가 언제까지 부모의 코 고는 소리를 좋아할 것 같은가?

그리고 어제까지는 효과가 있었던 방법이 이제 효과가 없다면 방법을 바꾸면 된다. 다만 가능하면 모두 만족할 방법을 채택하거나, 최소한 어느 한 사람이라도 지나치게 나만 양보한다는 느낌이 들지 않는 해결책을 선택하도록 하자. 그때그때 상황에 맞춰 적절한 해결책을 선택하려면 융통성이 필요하다.

아이에게
롤 모델이 되기

─────── 앞서 말했듯, 부모는 아이에게 바람직한 행동을 보여주는 롤 모델이 되어야 한다. 아이와 주변의 다른 사람들을 공감과 존중으로 대하면서, 아이가 보고 배우기를 바랄 수밖에 없다. 그러나 이에 덧붙여, 사회화된 바람직한 행동을 하려면 다음과 같은 자질이 필요하다.

1. 일이 내 뜻대로 되지 않을 때 좌절하지 않고 인내할 수 있는 능력
2. 융통성
3. 문제 해결 능력
4. 다른 사람의 관점에서 사물을 바라보고 느낄 수 있는 능력

앞에서 이야기했던 사례에 적용해보자면, 1) 나는 어서 집에 가서 쉬고 싶었지만, 플로는 집에 가는 도중에 길가에 앉아 쉬고 싶어 했다. 이것은 내 계획과 다른 전개였지만, 좌절하지 않고 인내했

다. 2) 나는 계획했던 것보다 집에 좀 늦게 가도 큰 문제가 없다는 것을 인정하고 융통성을 발휘했으며, 3) 피곤하고 지친 아이를 쉬게 해줌으로써 아이에게 닥친 문제를 해결했다. 그리고 마지막으로 4) 딸아이의 관점에서 왜 중간에 쉬고 싶은지를 생각해보고 이해하려 노력했다. 또한 지나가던 노인의 관점에서도 왜 그가 그런 말을 했는가를 생각할 수 있었다. 그 결과 나는 두 사람과의 관계에서 불편을 겪지 않고 상황을 넘길 수 있었다.

주변에 이런 자질을 갖추고 사회화된 행동을 하는 어른이 많으면 아이는 그들의 행동을 흉내 내며 자연스레 체득한다. 그러나 아이의 발달 속도는 저마다 다 달라서 이런 자질을 체득하는 시기 역시 각자 상당한 차이를 보인다. 세 살도 되기 전에 글을 줄줄 읽는 아이가 있는가 하면 아홉 살이 돼서야 유창하게 글을 읽었던 나 같은 사람도 있다. 한 살도 되기 전에 사방팔방 뛰어다니는 아이가 있고 생후 18개월이 되어도 걷는 것보다 기어 다니는 걸 더 좋아하는 아이도 있다. 이처럼 각기 다른 속도로 발달하는 건 신체적인 능력만이 아니다. 행동과 관련된 자질 역시 아이마다 그 발달이 빠르거나 느릴 수 있다.

자녀를 키우는 부모들은 종종 '아이 때문에 미쳐버릴 지경'이라며 하소연한다. 이 말은 보통 아이가 '고래고래 소리를 지른다/운다/칭얼댄다/고집을 부린다'는 뜻이거나, 그 밖에 부모의 속을 뒤집어놓을 만한 어떤 행동을 한다는 이야기다. 이처럼 아이는 종종 부모에게 불편한 행동을 한다. 하지만 이는 어른들이 하는 것처럼

나의 부모님이 이 책을 읽었더라면

일부러, 상대를 괴롭히려고 하는 행동은 아니다. 아이는 부모의 사랑을 받고 싶어 하고, 부모와 교감하고 싶어 하며, 친구가 되고 싶어 한다. 때로는 부모의 관심이 너무나 고픈 나머지 무관심보다는 차라리 부정적인 관심이라도 받고자 한다.

아이의 행동 때문에 감정이 격해질 때 이를 다스리고 싶다면 우선 아이가 그런 식으로 행동하게 된 상황적, 감정적 이유를 먼저 이해하는 것이 도움된다.

아이 중에는 유독 보채는 이유를 알기가 어렵고, 달래기가 어려운 아이들이 있다. 아이가 우는 것은 영아 산통(생후 6주~2개월가량 된 아기들이 밤에 안 자고 서너 시간씩 계속 울어대는 증상. 원인 미상. 소화기가 미숙해서 그럴 것으로 추측한다) 때문일 수 있고, 아니면 방 안이 너무 밝거나 시끄러워서, 기저귀가 축축해서, 무섭거나 피곤해서일 수도, 아니면 그냥 아이가 매우 섬세한 기질을 타고나서일 수도 있다. 아이가 울 때 그 이유를 알 수 없는 경우가 대부분이지만, 그렇다고 우는 것을 그냥 내버려 둬도 되는 건 아니다. 반대로 아기일 때는 순하다가 나중에 자기 통제에 어려움을 겪는 아이도 있다. 나이를 막론하고, 아이는 다그치고 혼내기보다는 달래주고 받아줄 때 발달의 다음 단계로 더 수월하게 넘어간다.

아이는 마주한 과제가 너무 거대하고 버거울 때 좌절한다. 아이를 잘 살펴보면, 새로운 발달 단계로 넘어가거나 새로운 역량을 학습하기 바로 직전에 가장 많이 짜증 내고 좌절한다. 첫 걸음마를 뗄 때, 말문이 터질 때, 사고력이 자라나고 글을 쓸 수 있을 때, 사춘기가 오고 이성에게 관심이 생길 때, 부모에게서 독립할 무렵 등등, 이럴 때 아이는 불안정한 모습을 보인다. 아이들이 부리는 짜증, 생떼, 억지는 의도적인 방해 공작이라기보다는 발달 단계를 밟아나가는 과정의 성장통으로 보는 것이 더 적절하다. 떼쓰는 아이를 가만히 보면, 아이도 그것이 즐거워서 하는 건 아니라는 걸 알 수 있다. 할 수만 있다면 아이도 그런 기분을 느끼고 싶지는 않을 것이다.

그런가 하면 주위 사람을 불편하게 행동하는 아이에게 부모가 너무 응석받이로 키운 탓이라고 생각하는 사람들도 있다. 그러나 이는 사실이 아니다. 느슨한 부모 밑에서 자란 아이 중에도 행동상의 문제가 전혀 없는 아이들이 많고, 반대로 엄격한 부모 밑에서 공평하고 일관적인 대우를 받으며 자란 아이라 할지라도 문제 행동을 보이기도 한다. 즉, 아이가 불편한 행동을 하는 것은 부모가 얼마나 엄격한가의 문제라기보다는 앞에서 언급한 네 가지 자질(일이 내 뜻대로 되지 않을 때 좌절하지 않고 인내할 수 있는 능력, 융통성, 문제 해결 능력, 다른 사람의 관점에서 사물을 바라보고 느낄 수 있는 능력)을 학습하였는가의 문제라고 할 수 있다.

반사회적 행동을 하지 않고, 바람직한 행동을 학습하는 과정은 그러나 수식처럼 딱 떨어지지는 않는다. 어떤 아이에게는 바람직한 행동을 하도록 하는 촉매 요인이 다른 아이에게는 전혀 다른 결과를 가져올 수 있다. 아이들은 기계가 아니라 사람이기 때문이다. 부모라면 누구나 아이를 로봇으로 키우고 싶은 게 아니라 유대를 맺고 교감할 수 있는 인격체로 길러내고 싶을 것이다. 그런 의미에서 아이가 바람직한 행동을 했을 때 스티커를 주거나 상을 주는 것을 권장하지는 않는다. 그런 보상은 어떤 행동을 좋다 나쁘다 평가하려는 자세이지, 그 행동의 기저에 있는 감정을 수용하고 공감하려는 태도가 아니기 때문이다. 보상을 받는다고 해서 아이가 인내심을 배우는 것도, 유연성이나 문제 해결 능력을 기를 수 있는 것도 아니며, 타인의 처지에서 생각하고 공감하는 연습을 할 수 있는 것도 아니다. 보상은 아이를 내가 원하는 방향으로 가게 하려는 유인책이자 요령일 뿐이다. 자녀를 이런 식으로 대한 부모는 설령 자녀가 나중에 커서 자신을, 그리고 타인을 조종하려 한다 해도 할 말이 없다. 나는 아이가 공감의 대상이지, 스티커로 조종할 수 있는 대상은 아니라고 생각한다.

대가를 바라거나, 처벌을 두려워하면서 바람직한 행동을 하는 사람은 거의 없다. 대부분은 타인을 존중하고 배려하는 것이 당연하고 자연스럽게 느껴져서 그렇게 행동한다. 경험을 통해 타인을 적으로 돌리지 않고 협력할 때 더 조화로운 삶을 산다는 걸 알았기 때문이다. 처벌이 두려워서 타인을 돕거나 타인의 감정을 배려하는 사람은 없다. 상대방의 하루가 조금은 덜 힘들었으면 하는 마음에서 돕는 것이다. 그리고 우리 아이들 역시 상과 벌이라는 근시안적인 동기가 아니라 타인에 대한 공감과 배려에서 우러나오는 행동을 할 수 있길 바란다. 물론 말은 이렇게 했지만, 나를 포함하여 모든 부모는 적어도 한두 번쯤 아이가 말을 잘 듣게 하려고 뇌물 아닌 뇌물을 바쳐본 적이 있을 것이다. 그러나 이런 뇌물은 예외적인 수단이어야지 습관이 되어서는 안 된다.

아이를 집안일에, 예컨대 식기세척기에 그릇을 넣고 꺼내는 일에 참여하게 하고 싶다고 해보자. 이때 가장 좋은 방법은 아이가 어렸을 때부터 그런 물건을 가지고 놀게 하는 것(아이에게는 놀이가 곧 일이다)이다. 부모가 아이의 놀이에 협조하면 아이도 부모에게 협조하고, 부모의 행동을 따라 한다. 그렇게 어느 정도(솔직히 말해, 꽤 오랜) 시간이 지나고 나면 용돈이나 스티커를 위해서가 아니라 엄마 아빠의 집안일을 함께 나누고 싶은 마음에 식기세척기에 그릇을 넣고 꺼내는 아이를 볼 수 있을 것이다. 아이에게 돈의 가치를 가르치고자 집안일을 시키고 용돈을 준다는 부모들도 있다. 그러나 내가 볼 때 아이에게 돈의 가치를 가르치고자 한다면 우선 사람의 가치를 가르치는 것이 선행되어야 한다.

아이는 어른들이 자신을 대하는 태도를 보고 그대로 따라 한다. 어른들이 자신에게 감사와 존중하는 태도를 보이면 아이들도 '감사합니다' '부탁해요' 같은 말을 배우고, 실제 상황에서도 자연스럽게 쓴다. 부모가 먼저 모범이 되지 않은 채 아이에게 이런 말을 쓰라고 강요하면 한두 번 끄집어낼 수는 있어도 진심에서 우러나오는 말은 아닐 것이다. 지인이나 친척이 아이에게 선물을 주었는데 아이가 '고맙습니다'는 말을 하지 않으면 부모의 얼굴이 화끈거릴 때가 있다. 아이가 부모인 나뿐만 아니라 다른 사람들에게도 귀여움을 받았으면 하는 마음, 그리고 무엇보다 아이의 행동이 곧 가정

교육 수준을 나타내는 방증이라는 생각 때문이다. 그러나 이런 상황에서는 아이에게 진심에서 우러나오지 않은 감사 인사를 강요해 굴욕감을 느끼게 할 것이 아니라, 부모가 먼저 자아를 내려놓고 선물을 준 사람이 무안하지 않도록 선물에 대한 감사 인사를 전하면 된다. 진심 어린 감사의 표현을 많이 접하면 아이들은 자연스레 그것을 배울 것이다. 아이가 건네는 소꿉놀이 찻잔을 고마워하며 받아드는 것이 그 시작이 될 수 있다. 지금은 시간 낭비 같아 보일지 모르지만, 아이의 소꿉놀이에 장단을 맞춰주며 보낸 시간은 사실 아이에게 투자한 것이다.

우리 아이의 행동은
무슨 뜻일까?

──────── 아이가 하는 불편한 행동이 무슨 뜻인지 어떻게 알 수 있을까? 우선 부모 자신은 어떤 때 가장 좌절하는지를 생각해보자. 나는 주변 사람들이 나를 이해하지 못하고, 이해하려는 시도조차 하지 않을 때 가장 그렇다. 또, 누군가가 나에게 집중해주었으면 하는 순간에 그 사람이 나를 무시할 때, 바람직하지 못한 행동을 하고 싶어진다. 내가 세워둔 계획, 품었던 희망이나 기대치가 통제할 수 없는 요인으로 꺾일 때 스트레스를 받는다. 또, 불가능에 가까운 일을 달성해야 하거나, 더는 견디기 어려운 상황에 부닥쳤을 때도 그렇다. 아이도 마찬가지다. 아이가 짜증을 내고 성질을 부릴 때는 아마 비슷한 상황에 처한 것일지도 모른다. 잔뜩 화가 난 아이는 울고, 삐치고, 소리 지를 뿐만 아니라 부모를 차고, 때리고, 물건을 집어던진다. 심지어는 짜증을 부리다가 제 몸을 다치기도 한다.

아이가 언제 이런 행동을 하는지를 일일이 기록해두자. 무엇이 아이의 짜증을 촉발했는가? 아이가 가장 힘들어하는 상황은 어떤 상황인가? 혹시 아이의 짜증에 내 기분도 관련이 있는가? 부모가 이런 것을 대신 관찰하고 기록해주어야 하는 이유는, 아이는 자기가 그런 식으로 반응한 이유를 모를 수도 있기 때문이다. 아이에게 왜 그러냐고 물어보아도, 아마 '엄마 나빠' 내지는 '몰라' 같은 답밖에 얻지 못할 것이다.

문제는 화나 짜증이 나 있는 상태에서는 그 감정이 너무나 강력하고 지배적이어서 그것을 언어화하기가 어렵다는 것이다. 특히 어린아이는 왜 이 상황이 불편하고 견디기 어려운지를 말로 잘 설명하지 못한다. 이는 아이뿐만 아니라 부모에게도 적용되는 이야기이다. 다음 사례를 한번 살펴보자. 지나에게 받은 이메일이다. 지나에게는 어린이집에 다니는 딸 이퍼가 있다.

오늘 전 런던발 열차에 한 시간이나 잡혀 있어야 했어요. 그래서 딸 아이가 어린이집에서 저를 다섯 시 40분까지 기다려야 했죠. 원래 하원 시간보다 30분이나 지난 시간이었어요. 제가 도착했을 때만 해도 아이는 멀쩡하게 친구와 잘 놀고 있었죠.

그런데 어린이집 문밖을 나서자마자… 어휴. 그냥 제 진심이니 솔직하게 이야기할게요. 정말 이렇게 못된 아이가 있을까 싶을 정도로 돌변했어요. 제가 코트를 입히려고 했더니 건물 복도를 이쪽 끝에서 저쪽 끝까지 뛰어다니며 "싫어! 싫어!" 하고 소리를 질러댔죠. 그 순간만큼은 아이에게 완전히 두 손 두 발 다 들 수밖에 없었어요. 다른 부모들이 지켜보는 가운데라 너무 부끄러웠죠. 그래도 어떻게든 아이를 통제하는 시늉이라도 하려고 그만두지 않으면 오늘 저녁에는 푸딩을 먹을 수 없다고 말해봤지만… 전혀 소용이 없었습니다.

같은 어린이집 원생 중 우리 애처럼 행동하는 아이는 한 번도 못 봤어요. 솔직히, 저희 딸이 가장 통제가 안 되는 것 같아요. 건물 밖으로 나와서도 아이는 여전히 심통이 잔뜩 나 있었죠. 유모차에 안 탄다, 모자도 안 쓴다, 장갑도 끼기 싫다 실랑이했어요. 집에 가는 길에 약국에 들렀는데, 여기서도 제 손을 안 잡으려 하고, 진열대에서 물건을 이것저것 끄집어냈어요. 계산대 앞에서는 소리 지르고 고함을 치기 시작했고요. 아이를 다시 유모차에 태우는 과정에서 아이는 싫다고 악을 써댔고, 저는 거의 씨름을 해야 했어요. 다시 한번 아이에게 완전히 기가 눌린 것 같은 기분이 들었어요. 아이가 악다구니를 써대는데 부모인 나는 아무것도 할 수가 없었거든요.

길모퉁이를 돌아서야 이퍼와 씨름하느라 저녁거리와 장 본 물건이 담긴 가방을 어린이집에 놓고 왔다는 걸 깨달았어요. 부리나케 어린이집으로 달려가 봤지만 이미 문이 잠겨 있었죠. 자포자기하고 싶은 심정이었어요. 무엇보다 딸에게 너무 화가 났습니다. 아마 지금까지 중에 최고로 화가 났던 것 같아요. 어린이집 선생님들, 학부모들이 저를 얼마나 한심하고 무능한 부모라고 생각하겠어요?

집에 도착해 남편을 본 순간 눈물이 왈칵 쏟아졌어요. 저는 딸에게 등을 돌린 상태로 흐느꼈죠. 아이를 앞에 두고 엉엉 우는 부모가 되었다는 사실에 더욱 기분이 안 좋았어요. 전 왜 이렇게 엄마 노릇이 힘들고 서툰 걸까요?

다음은 내가 보낸 답장이다.

열차가 한 시간이나 연착했다니, 정말 애간장이 다 타셨겠네요. 제가 그런 상황이었더라도 아이를 데리러 갈 시간이 늦었다는 생각에 초조하고 답답해 미쳐버렸을 거예요. 내가 늦었다고 나를 나쁜 엄마라고 생각하면 어쩌나, 눈치도 보였을 거고요.

게다가 딸아이는 또 엄마를 얼마나 기다렸겠어요? 이런 상황에 자신이 이렇게 초조해하고 스트레스받을 게 뻔하니, 다른 일정만이라도 계획한 대로 별 탈 없이 흘러가 주었으면 하고 바라는 게 당연해요. 딸을 만나고 나서는 다시 계획한 대로 저녁 시간을 보내고 싶은 마음이 굴뚝같았을 거예요. 그래서 이퍼가 어떤 기분일지 생각해볼 만한 마음의 여유가 없었겠죠. 아이가 어떤 감정을 느끼고 있고, 그것을 수용해주기 위해 잠시 멈춰 서서 아이를 지켜볼 만큼의 감정적 여유조차 없었을 거란 걸 잘 알아요. 나라도 그런 상황이었다면 아이에게 내가 원하는 행동을 요구했을 거예요. 또 다른 사람들에게 엄마와 딸이 사이좋게 잘 지내는 모습을 보여주지는 못할망정 소리 지르고 싸우고 씨름하는 모습만 보여주었으니 창피했을 거고요(내 딸은 이제 다 컸지만, 지금 와 생각해보니 아이가 어렸을 때는 우리도 그렇게 싸우고 씨름했던 날이 있더라고요). 떼쓰는 아이에게 푸딩으로 협박할 수밖에 없었던 것도 후회됐을 거예요. 게다가 장 본 것까지 놓고 왔으니… 나였다면 완전히 '멘탈 붕괴'를 겪었을 것 같네요. 내가 지나의 입장이었어도, 나를 이해하고 사랑해주는 남편을 본 순간 눈물이

터져 나왔을 거예요.

이제, 딸 이퍼의 처지에서는 어떻게 느껴졌을지 생각해보자.

엄마, 안녕. 저는 아직 글을 쓸 줄 모르고, 말도 잘 못 하지만, 만약 제가 말할 수 있었다면 아마 이렇게 말했을 거예요.

엄마가 저에게 '못됐다'는 도장을 쾅쾅 찍고 그대로 사건을 종결하는 대신 우리 사이에 어떤 일이 일어나는지를 보려고 노력해준다면 정말 좋을 것 같아요.

어린이집에 있을 때 저는 처음부터 속상해 있었어요. 엄마가 올 시간이 지났는데, 평소 같으면 엄마와 함께 있을 시간인데 그렇지 못했거든요. 그리고 마침내 엄마가 왔을 때 저는 집중해서 놀고 있었어요. 그런데 엄마는 제게 지금 당장 가야 한다며 코트를 입으라고 하셨죠. 저는 "싫어!"라고 했어요. 엄마가 코트를 입으라고 으름장을 놓았고 저는 소리를 질렀어요. 그리고 우리 둘 다 속이 상했죠.

제가 왜 '싫다'고 했는지 말씀드릴게요. 저는 제가 받아들일 수 있는 것보다 상황이 급하게 변할 때, 그래서 그 변화를 받아들일 시간이 필요할 때 반사적으로 '싫어!'라고 말하게 돼요. 엄마를 골탕먹이려고, 이겨 먹으려고 그러는 게 아니에요.

상황이 예기치 않게 바뀌려 할 때 저도 모르게 나오는 반응일 뿐이에요. 엄마는 너무 급하고 다른 데 정신이 팔린 듯 보여서 엄마의 마음을 알 수가 없었어요. 그러자 무서워졌고, 무서워지면 화도 나요.

엄마는 늘 미래 계획을 세우지만, 저는 지금 일어나는 일에 더 집중하는걸요. 엄마가 저와 함께 지금 일어나는 일에 집중해주었으면 좋겠어요. 그렇지 않으면 저는 외롭고 속상해요.

엄마가 왜 저를 데리러 늦게 왔는지를 찬찬히 설명해주면 좋겠어요. 그리고 오늘 저녁에는 뭘 할 계획이라는 것도 차근차근 설명해주셨으면 해요. 그래서 제가 마음의 준비를 할 수 있게요. 저는 아직 어른들만큼 유연하게 생각하는 법을 몰라서 제 마음속의 '모드'를 전환하는 데 약간의 시간이 더 필요해요. 몰입하던 일을 당장 그만두고 코트를 입는 건 제게는 너무 버거운 일이었어요. 엄마도 뭔가에 푹 빠져 집중하는 도중에 갑작스레 중단해야 하면 짜증 날 거예요. 제게는 놀이가 그런 일이거든요.

제가 놀이를 하거나 뛰어다닐 때 그 행동을 멈춰야 한다면 몇 분 전에 미리 이야기해주세요. 인제 그만 놀자, 코트를 입자, 유모차에 타자 등등, 행동 하나하나에 대해서요. 이런 계획에 일일이 마음의 준비가 필요해요. 엄마가 세워둔 계획이 있다면 제게 미리 말해주세요. 그래야 저도 그걸 알고 준비하죠. 놀이를 중단해야 한다면 5분 전에 미리 말해주세요. 놀이를 그만두는 게 아쉬울 수 있다고도 말해주세요. 그리고 3분 전에 한 번, 1분 전에 한 번 또 이야기해주세요. 제가 실내에서 코트를 입기 싫어하면, 밖으로 나가서 코트를 입으라고 말해주세요. 특히 모드 전환이 힘들 때는 신나게 뛰어다니다가 유모차에 타야 할 때예요. 잔뜩 들뜨고 신난 상태에서 갑자기 정적인 상태로 전환이 이루어지지 않고, 에너지가 갈 곳을 잃다 보니 그게 짜

행동: 모든 행동은 의사소통이다

증이 되어 튀어나오는 거거든요.

엄마가 제게 '싫어!'라는 말을 못 하게 하거나, 뛰지 말라고, 혹은 소리 지르지 말라고, 시키는 대로 하지 않으면 벌을 주겠다고 말해도, 저에게는 와 닿지 않아요. 아직 저는 미래를 내다보고 제 행동이 가져올 결과를 예상하는 능력이 발달하지 않았기 때문이에요. 그런 신경 회로는 제가 좀 더 크고 난 뒤에야 발달하거든요. 엄마가 제게 하지 말라고만 말하면, 제 마음을 몰라준다고 느껴요. 그래서 더 무섭고 화가 나고, '싫어!'라고만 말하게 되죠. 무섭고 화날 때는 조용히 가만히 있을 수가 없어요.

엄마가 이런 제 감정을 알아채고 저도 이해할 수 있게 말로 옮겨준다면 참 좋겠어요. 예를 들어 '재미있는 놀이를 그만해야 해서 짜증이 나는구나'라고요. 제가 느끼는 짜증이나 두려움을 엄마가 말로 표현해주면, 저도 그 단어들을 써서 제 감정을 표현할 수 있어요. 그렇게 해나갈수록 언어로 의사소통할 수 있고, 통제 불능 상태가 되는 일도 줄어들 거예요.

엄마가 화를 내거나 바보 같은 짓 하지 말라고 말하면 저는 마음을 닫고 소리를 지를 거예요. 엄마가 바쁘고 스트레스받을 때는 제 감정에 공감하기보다 그냥 원하는 걸 시키는 게 더 쉽게 느껴진다는 건 알아요. 하지만 엄마와 마음을 나누고 상호작용할 때 저는 엄마가 저를 사랑하고, 제게 관심이 있고, 또 제 마음을 알아준다고 느끼는걸요. 그런 기분이 들 때 저는 침착하게 행동할 수 있고, 감정이 쌓여서 돌발적인 행동으로 폭발하는 일도 줄어들 거예요.

약국에서도 마찬가지예요. 엄마가 어떤 생각을 하는지, 뭘 하러 여기에 왔는지 이야기해주었더라면 아마 저도 엄마를 도와주려 했을 거예요. 하지만 엄마가 착하게 있으라고만 했기 때문에 엄마가 하는 행동을 보고 그대로 따라서 선반에서 약통을 꺼낸 거예요. 시간이 없고 바쁘더라도, 엄마가 하는 일에 저를 끼워주세요. 그러면 저를 꾸짖고 훈계하는 데 훨씬 시간을 덜 쓰게 될 거예요.

엄마가 울음을 터뜨려도 아빠는 엄마를 사랑한다고 말하고 안아주었죠. 엄마가 장 본 것을 두고 왔어도 괜찮다고 말해주었어요. 제게도 그런 수용과 이해가 필요해요. 애초에 어린이집에서 갑자기 놀이를 중단해야 해서 화가 났을 때 엄마가 저를 안아주셨더라면 그날 저는 훨씬 덜 말썽 부렸을지도 몰라요. 엄마, 엄마랑 저는 평생을 함께할 친구잖아요? 엄마가 다른 사람들의 시선을 신경 쓰는 것은 이해하지만, 그 시선을 통해 자신을 평가하는 건 도움이 되지 않아요.

엄마, 얼른 커서 뜻대로 되지 않는 일에도 짜증 내지 않고 참을 수 있는 의젓한 딸이 될게요. 계획이 바뀌어도 적응하는 융통성을 배우고, 행동이 아니라 말로 감정을 표현할 수 있도록 노력할게요. 무엇보다 엄마의 감정을 상상해보고 배려할 줄 아는 딸이 되고 싶어요. 하지만 제가 그런 것을 배울 수 있는 사람은 엄마 아빠뿐인걸요.

엄마가 서투른 엄마라며 자책하지 마세요. 엄마는 세상에서 제일 좋은 엄마이고 제가 세상에서 가장 많이 사랑하는 사람이에요.

피할 수 없다면
즐겨라

────── 양육은 언제나 시간이 많이 드는 일이다. 어차피 시간을 투자해야 한다면, 문제를 예방하도록 능동적이고 적극적으로 투자하는 편이, 이미 문제가 발생하고 나서 뒷수습하기 위해 투자하는 것보다 나을 것이다. 어떤 일을 하건, 아이의 속도에 맞출 필요가 있다. 아이의 감정을 언어화하도록 도와주고, 오늘 계획이 무엇인지를 미리 알려주어야 한다. 또한 그 일을 할 때 아이도 참여하도록 해주자. 이런 과정을 건너뛰면 당장은 시간을 좀 아끼는 것처럼 보일지 몰라도 결국 나중에 아이와 실랑이하며 그 시간만큼 그대로 소모하게 된다. 이처럼, 어차피 아이에게 쓰는 시간이 대동소이하다면 기왕 그 시간을 좋은 쪽으로 쓰는 게 어떨까?

참고로, 지나는 딸 이퍼의 처지에서 상황을 보고 아이가 느낄 법한 감정을 언어화하는 연습을 시작했다고 한다. 미래 계획보다 현재 일어나는 상황에 더 집중함으로써 아이의 속도에 발맞추는 법을 배우고 더 깊은 교감이 가능해졌다고 지나는 말했다. 이퍼 역시 전보다 훨씬 더 의젓하게 행동하게 되었다.

연습 어려운 상황 예측하기

아이가 유독 힘들어하는 특정한 상황이 있거나, 아이가 말썽을 부릴 것으로 예상되는 상황을 앞두고 있다면 잠시 멈추고 그 상황에서 아이는 어떤 기분일지 상상해보자. 또 아이가 말이 능숙했다면 감정을 어떤 식으로 표현했을지, 부모에게 어떤 도움을 요청했을지도 생각해보자. 그리고 그것을 내가 바로 앞에서 한 것처럼 아이가 부모에게 보내는 편지 형태로 적어보도록 하자. 글쓰기는 아이의 시각에서 상황을 바라보는 데 많은 도움을 주며, 이를 통해 부모와 아이 모두 더 침착하게 상황에 대처할 수 있다.

아이가 느끼는 감정을
언어로 표현해주기

──── 아이가(혹은 누구라도) 내가 원하지 않는 행동을 하는데, 이를 멈추고 싶다면, 다른 대안을 제시하는 것이 도움된다. 다음의 예시는 이를 잘 나타낸다.

존에게는 네 살배기 아들 주니어가 있었다. 주니어는 매일 아침 일어나면 부모의 침실로 달려가 엄마 아빠가 깨어나서 자신을 안아줄 때까지 소리 지르는 게 일상이었다. 하루는 존이 아들에게 새로운 대안을 제시했다. 아침에 일어나 침실로 달려오는 건 좋지만 소리는 지르지 말자고 말이다. "소리 지르지 말고, '엄마 아빠 안녕! 저 좀 안아주세요.'라고 말하면 어떨까?" 그는 이렇게 주니어에게 제안했다. 아들은 아빠의 말대로 실천해보았지만, 이번에는 소리를 지르는 대신 울음을 터뜨리고 말았다.

아이 엄마가 아이에게 "혹시 아침에 혼자 일어나면 쓸쓸한 거니?"라고 물었고, 아이는 고개를 끄덕였다. 부모는 아이에게 새로운 대안을 제시해주었다. 아침에 일어나 "엄마 아빠, 저는 너무 외롭고 쓸쓸한 기분이에요. 저 좀 안아주세요"라고 말하라고 말이다. 그러자 많은 것이 달라졌다. 이제 주니어는 아침마다 침실로 달려 와 자신의 감정을 표현하고 포옹을 받는다.

며칠이 지나, 주니어의 부모는 아들에게 말했다. "요즘은 별로 외롭거나 쓸쓸해 보이지 않는구나. 하지만 꼭 외로워야만 포옹을 받을 수 있는 건 아니야!" 그리하여 이제 주니어는 아침마다 이렇 게 말하고 포옹을 받는다. "엄마 아빠, 오늘은 기분이 좋아요. 저 좀 안아주세요"라고 말이다.

이 사례는 아이의 감정을 부모가 언어화했을 때 나타날 수 있는 놀라운 변화를 보여준다. 이는 어른에게도 적용되는 이야기다.

부모들은 울고 소리 지르는 아이의 감정을 있는 그대로 인정하 기 어려워한다. 내 아이가 고통을 받거나 힘들어한다고 생각하고 싶지 않기 때문이다. 또한 그런 괴로운 감정들을 명명해주면 오히 려 그것을 더 악화하는 것이 아닐까 걱정하지만, 사실은 전혀 그렇 지 않다. 오히려 감정을 정확하게 명명함으로써 상황을 개선할 수 있다. 감정을 언어로 표현하는 일은 원래 시간이 걸리지만, 특히 아 이들에겐 더 어려울 수 있어 부모가 도와주어야 한다.

딸 플로가 아기였을 때 동네 수영장에 데려가곤 했다. 하루는 내 가 갈 수 없는 사정이 생겨서 남편에게 아이를 맡겼다.

수영 시간은 언제나처럼 별일 없이 지나갔지만, 문제는 집에 가 는 길에 생겼다. 남편은 아무 생각 없이 풀에서 나와 계단을 오르 려 했다. 플로와 나는 주로 풀에 들어갈 때는 계단으로 내려가고,

풀에서 나와 탈의실로 올라갈 때는 엘리베이터를 이용하곤 했다. 당시 22개월이던 플로는 아빠가 계단으로 가는 것을 보고 "싫어!"라고 말하며 바닥에 주저앉아버렸다.

바닥에 주저앉는 행동은 어른들을 불편하게 하는 행동이고, 이른바 부모들이 말하는 '나쁜 짓'이다. 하지만 생각해보면 플로는 '나쁜' 짓을 한 게 아니다. 그저 자신에게 익숙한 정해진 행동을 하고 싶었을 뿐이다. 아직 아기여서 융통성을 발휘하거나 자신이 원하는 것을 말로 명확하게 표현할 줄 몰랐을 뿐이다. 아이가 바닥에 주저앉자 당황스럽고 부끄러웠던 남편은 아이에게 이유를 물어볼 생각도 하지 못한 채 아이를 그대로 둘러업고 계단을 올랐다. 당연히 그게 마음에 들 리 없었던 플로는 울며 소리를 질렀다. 집에 도착할 무렵 두 사람 모두 몹시 화가 나 있었다. 수영장에서 있었던 일을 전해 들은 나는 여전히 눈물이 맺힌 아이의 큰 두 눈을 바라보며 물었다. "아주 속상했겠다, 우리 아가가 엘리베이터 타서 버튼 누르는 걸 얼마나 좋아하는데. 그렇지?" 아이는 고개를 끄덕였다. "그래서 계단이 아니라 엘리베이터를 타고 싶었던 건데, 아빠가 그걸 몰랐지, 그렇지?" 아이는 다시 한번 고개를 끄덕였다.

이 일을 통해 배울 수 있는 사실은 아이가 익숙해하는 상황이나 루틴에서 벗어날 일이 생기면 그 사실을 아이에게 미리, 충분히 이야기해주어야 한다는 것이다. 아이가 그 상황을 미리 상상해보고 준비할 수 있게끔 말이다. 때에 따라서는 닥쳐올 상황을 예행연습해보는 것도 도움이 될 수 있다.

반드시 이유를
알 필요는 없다

―――― 앞의 예에서는 아이가 무엇 때문에 속상했는지 바로 짐작할 수 있어서 다행이었다. 하지만 아이가 화난 이유를 바로 알 수 없는 상황도 생겨난다. 부모가 생각할 때는 재밌을 거로 생각해서 데려간 곳(예컨대 수영장)인데 정작 아이는 싫다며 울고불고 난리가 나고, 부모는 도무지 영문을 알 수 없는 그런 상황 말이다.

아이가 울거나, 소리 지르고 고집부릴 때면 무엇 때문에 그러는지 궁금해하는 것이 자연스러운 일이다. 원인을 알아야 뭐라도 할 수 있다고 느끼기 때문이다. 하지만 때로는 원인을 몰라도, 그냥 궁금한 채로 있는 것도 나쁘지 않다. 대부분 부모는 원인을 알 수 없을 때 '아이가 피곤해서'라고 단정하고 넘어가려 한다. 물론 피곤한 것도 하나의 원인일 수는 있다. 그러나 내가 어렸을 때를 떠올리면, 엄마 아빠가 나에 대해 이런 식으로 이야기할 때마다 오히려 더 화가 났던 것 같다. 내가 화난 이유는 따로 있는데 그 이유를 무시하는 것 같았기 때문이다. 부모들은 아이가 왜 우는지 그 까닭을 알 수 없을 때 '피곤해서 그런가 봐'라고 말하는 걸 좋아한다. 그러나 사실 정말 피곤한 건 아이가 아니라 부모가 아닐까?

부모들은 이 밖에도 아이의 불편한 행동을 여러 가지로 설명하려 한다. 그러나 때로는 이것이 오히려 독이 될 때도 있다. 이 사실을 인정하는 것만으로도 이미 치유에 한 발짝 다가섰다고 할 수 있다.

'그냥 관심 달라고 저러는 거야'

사람은 나이를 막론하고 누구나 관심받고 싶어 한다. 아이가 느끼기에 엄마 아빠가 자신에게 충분히 관심을 보이고, 필요할 때면 언제든 원하는 만큼 관심을 받을 수 있다고 생각하면 아이는 굳이 관심을 얻으려고 불편한 행동을 하지 않는다. 만약 아이가 정말로 관심을 받고 싶어서 말썽부린다면 차라리 관심을 보여달라고 직접 말하도록 제안하자.

딸은 어렸을 때 먹지도 않을 사과를 자꾸 달라고 했다. 아이가 보고 싶었던 것은 사실 내 웃는 얼굴과 만족한 기색이었다. 사과를 줘도 정작 먹지 않는다는 걸 알아차린 나는 아이에게 사과 대신 관심을 보여달라고 말하면 어떻겠냐고 제안했다. 이후 이것은 우리만의 암호가 되었다. 물론 사과를 낭비하는 일도 줄어들었고 말이다. 게다가 딸은 누구나 때때로 관심이 필요하다는 것을 깨닫고 그것을 요청하는 데 주저하거나 부끄러워하지 않게 되었다.

'다른 목적이 있어서 저러는 걸 거야'

아이에게는 엄마 아빠를 골탕 먹일 계획을 세우고 이를 실행할 만한 능력이 아직 없다. 아이가 울고 보채는 건 당신을 괴롭히려는 게 아니라 그냥 자기가 느끼는 감정을 있는 그대로 표현하는 것이다. 아이는 순수한 감정 덩어리다. 게다가 아직 그 감정을 거리를 두고 바라보는 방법, 자신이 무엇을 원하는지를 파악하여 이를 점잖게 요구하는 방법을 모른다. 그래서 어른들이 도와주어야 한다.

아이가 소리 지르고, 발로 차고, 심지어 자기 머리를 쿵쿵 찧는 것은 부모를 골탕 먹이려고 사전에 짜둔 계획을 실행하는 것이 아니다. 자신의 감정을 주체할 수 없어서 몸으로 표현하는 것이다. 이 아이들에게 필요한 것은 감정을 언어화하는 일을 도와줄 사람이다. 아이들도 시간이 지나면 더 점잖은 방법으로 자신의 감정을 표현할 줄 알게 된다.

간혹 좀 큰 자녀가 부모를 속이려 하는 것 같거나, 감정을 주체하지 못해서 부리는 짜증이 아닌, 어설픈 연기를 하듯이 짜증 부릴 때가 있다면 아이에게 네 행동이 그렇게 보인다는 사실을 알려주고, 그렇게 행동하는 이유를 언어화해 주도록 하자. 예를 들어 '아빠(또는 엄마)가 볼 때는 네가 숙제하기 싫어서 요령을 부리는 것 같아. 혼자 숙제하기가 싫은 거니? 그런 거면 숙제할 동안 아빠가 옆에서 기다릴게'라고 말이다.

'일부러 내 속을 긁으려고 저러는 거야'

부모가 볼 때는 아이가 뜻대로 되지 않는 상황에서 투정 부리거나 짜증을 내는 것이 못마땅할 수 있지만, 정작 아이는 자기 행동이 어떻게 보일지를 알고 그러는 것은 아니다. 내 딸 플로가 쇼핑을 끝내고 집으로 가는 길에 쉬었다가 가고 싶었던 일을 생각해보라. 그때 나는 내 계획이 틀어진 것에 다소 짜증이 났었다. 하지만 플로가 나를 짜증 나게 하려고 일부러 그랬던 것은 아니다. 수영장 바닥에 주저앉았던 일도 마찬가지다. 그게 제 아빠를 당황하게 하거나 부끄럽게 하려고 일부러 했던 행동일까? 아니다. 그저 자신이 원하는 바를 아직 말로 표현할 줄 몰랐던 것뿐이다. 아이들은 자신의 감정, 자신이 원하는 것을 말로 표현하는 방법을 어른들이 하는 것을 보고 배운다. 당연한 이야기지만, 이는 단순히 비스킷을 달라고 부탁하는 일보다 훨씬 어렵고 복잡한 과제다. 특히 강력한 감정이 관련되어 있다면 더욱 그렇다.

'아이에게 뭔가 문제가 있는 것 같아'

사회성이 상대적으로 늦게 발달하는 아이도 있고, 자기 뜻이 꺾이는 좌절의 경험을 남보다 받아들이기 어려워하는 아이도 있다. 어떤 아이는 융통성이나 문제 해결 능력이 남보다 늦게 발달하기도 한다. 이 때문에 부모와 아이가 어려움을 겪을 수도 있다. 예컨대 앞서 소개한 수영장 사례에서 플로가 계단으로 가기 싫다며 수영장 바닥에 주저앉아 떼를 썼어도 생후 22개월 된 아기이기에 다

들 그럴 수 있다고 생각했을 것이다. 하지만 만약 플로가 여섯 살, 혹은 일곱 살이었다면 어땠을까? 보통 그 나이대 아이라면 이제 맹목적인 떼쓰기는 졸업했을 것으로 생각한다. 하지만 아이에 따라서는 자신이 어떤 감정을 느끼는지 파악하고 그걸 표현하거나 받아들이는 적절한 방법을 찾는 일을 남보다 더 어렵게 느끼는 아이도 있을 수 있다. 이때 가장 효과적인 것은 누군가가 아이의 편에 서서 그러한 감정을 정확하게 말로 표현해주는 것이다. 이것을 부모보다 더 잘할 수 있는 사람은 없을 것이다.

물론 부모라고 항상 아이의 마음을 다 알 수 있는 건 아니다. 하지만 그럴 때도 괴로워하는 아이를 윽박지르고 혼내기보다 친절하게 대하면 아이도 더 협조적인 태도를 보이고, 아이와의 관계를 발전시킬 수 있다.

만약 아이가 또래 아이보다 특정 발달 단계에서 졸업하지 못하고 오래 머무르는 것 같다면, 그리고 그것이 아이에게 행동상의 문제를 일으키는지 확인이 필요하다면 상담사나 사회복지사의 도움을 받아보는 것도 좋다. 의사나 교사는 아이에게 필요한 도움을 제공할 것이다. 그 과정에서 아이에게 진단을 내릴 때도 있는데, 이를 통해 부모가 원인을 알고 안도하며, 또 전문가의 도움을 받게 된다면 그건 좋은 일이다.

그러나 이때 조심해야 할 부분도 있다. 진단이 자칫 아이에 대한 절대적인 평가로 받아들여질 수 있기 때문이다. 그리되면 더는 아이가 보이는 행동 이면의 감정을 이해하거나 알려고 노력하지 않을 수 있다. 그런가 하면, 진단명이 문제 행동의 핑곗거리가 될 수 있고 어차피 여기서 더는 나아지기 어렵다는 생각에 아이에 대한 낙관적인 전망을 포기할 수도 있다.

심지어는 그럴 문제가 아닌 일에도 불필요한 의학적 도움을 받게 될 수도 있다. ADHD를 예로 들어보자. 연구 결과에 따르면 9월에 태어난 아이보다 8월에 태어난 아이 중에 ADHD 진단을 받는 경우가 더 많다고 한다. 이처럼 전문가들은 거의 1년 늦게 태어난 아이들이니만큼 좀 덜 성숙한 태도를 보일 수 있다는 가능성을 남겨두기보다는 그냥 다음해 8월에 태어난 아이들에게 과잉 행동 장애가 있는 것으로 판단해버리는 경향이 있다. 행동을 억제하는 약이라고 해서 다 나쁜 건 아니지만, 약물은 최후의 수단이어야 한다고 생각한다.

부모 혼자서는 아이의 행동이 감당이 안 돼서 전문가의 도움을 받아야 한다면 빨리 결정하고 초기에 도움을 받는 것이 낫다. 아이와의 관계를 해치기만 하는 행동이 오랫동안 굳어질수록 엉킨 매듭을 푸는 데도 오랜 시간이 걸릴 것이다.

엄격한 부모 vs 관대한 부모, 정답은 무엇일까?

——— 자녀의 행동을 특정 방향으로 이끌기 위해 부모들이 사용하는 전략에는 크게 세 가지가 있다. 엄격한 부모, 관대한 부모, 협력하는 부모이다.

엄격한 부모

아마 사람들 대부분은 아이를 훈육할 때 엄격한 태도를 보여야 한다고 생각할 것이다. 다시 말해, 부모가 바람직하다고 생각하는 바를 아이에게 강제하는 것이다. 예를 들어 아이에게 방을 깨끗이 정리 정돈하라고 시키고 이를 따르지 않으면 벌을 주는 식이다.

타인이 나에게 이래라저래라 간섭하는 것을 좋아할 사람은 없다. 아이들도 마찬가지다. 물론 여기에 복종하는 아이도 있겠지만, 그렇지 않은 아이가 더 많을 것이다. 일방적으로 아이에게 내 뜻을 강요하는 태도는 결국 둘 사이 관계를 멀어지게 할 뿐만 아니라 승자와 패자의 관계로 인식하게 하며, 결국 패배한 쪽은 굴욕감과 분노를 느끼고 말 것이다.

특히 위험한 것은 타인과 관계 맺을 때 '상대가 틀렸음을 증명하는 것'과 '절대 양보하지 않는 것'이 중요하다는 메시지를 줄 수 있다는 것이다. 또한 내 뜻대로 일이 되지 않을 때 이를 견디기 어려워하는 아이로 자랄 수도 있다. 부모가 아이에게 자기 뜻을 강요할 때 아이는 그런 부모에게서 독선적이고, 융통성 없고 관용을 베풀지 않는 모습을 배우게 될 것이다.

그러면 이제 서로 자기 말이 맞다고 주장하며 양보할 생각이 없는 사람이 둘이 된다. 다시 말해 서로 고함치고 적대시하는 전쟁의 막이 열리거나 부모와의 소통을 회피하는 자녀가 남을 뿐이다. 아이와의 편안한 관계를 원한다면 장기적으로 볼 때 이는 절대 좋은 전략이 아니다. 물론 살다 보면 '장난감은 이제 그만!' 소리칠 수밖에 없는 순간이 오지만, 이런 커뮤니케이션 스타일은 어디까지나 예외적이어야지 일상이 돼서는 안 된다.

내가 아이에게 권위적인 태도로 대하면 아이 역시 나중에 커서 권위에 대한 왜곡된 시각을 가질 수 있다. 그 결과 권위자에게 협조하지 않으려 하거나 다른 사람들을 이끄는 리더가 되는 데 어려움을 겪는다. 아니면 남들 위에 군림하려는 독재자 유형의 리더가 될 수도 있다. 정리하자면 이렇다. 아이에게 부모의 뜻을 일방적으로 강요하는 건 아이의 도덕심이나 협업 능력을 함양하는 데 도움이 되지 않을뿐더러 아이와 좋은 관계를 맺는 데도 방해가 된다.

관대한 부모

반대로 자녀에게 어떤 기준이나 기대치를 제시하지 않는 부모들도 있다. 이렇듯 느슨한 양육 방식은 부모 자신이 어린 시절 걱정과 불안에 휩싸인 부모 밑에서 과잉보호를 받으며 자랐거나, 아니면 권위주의적인 부모 밑에서 억압받으며 자랐을 때 그 반발로 나타날 때가 잦다. 부모가 관대해도 아이가 스스로 자신만의 기준을 만들고 그것을 지켜나가는 예도 있지만, 그렇지 않은 예도 많다. 부모가 기대치를 제시해주지 않을 때 아이는 나아갈 방향을 잃고 불안해질 수 있다. 때로 우리는 권위주의적인 부모의 전철을 밟지 않겠다는 결심이 너무 강한 나머지 그 반대 방향으로 지나치게 가버리고 만다. 그 결과 아이에게 어떤 선이나 기준도 제시하지 못한다. 이 역시 현재 직면한 상황에 충실하게 대응한다기보다는 과거 성장 과정의 경험에 반응하는 것이라고 할 수 있다.

관대한 부모에게 단점만 있는 것은 아니다. 상황에 따라서는 최선의 해결책이 될 수도 있다. 아직 아이가 준비되지 않았을 때는 아이에 대한 기대치를 내려놓는 것이 합리적일 때도 있기 때문이다. 예를 들어 첫째 아이는 정리 정돈을 잘했어도 둘째는 정리를 어려워할 수 있다. 이때 둘째를 잡고 상처뿐인 싸움을 할 것이 아니라, 내가 기대하는 수준의 정리 정돈 역량을 아직 발달시키지 못한 아이에게는 한시적으로 기대치를 낮춰주는 것이 현명할지 모른다. 장난감을 치우라는 이야기를 한동안 아예 하지 않는 것이다. 그렇다고 해서 포기하는 건 아니다. 단지 아이가 준비될 때까지만 의도적으로 아이에게 경계선을 제시하지 않고 기다려주는 것이다. 관대한 양육 전략은 아이가 협력적인 양육 방식을 받아들일 준비가 될 때까지 꽤 괜찮은 단기적 해결책일 수 있다.

협력하는 부모

협력하는 부모는 자녀와 머리를 맞대고 문제 해결 방법을 고민하는 부모다. 협력하는 부모는 독재자라기보다는 조력자에 더 가까우며, 함께 문제 해결책을 찾아나간다는 점에서 내가 가장 선호하는 스타일이기도 하다.

그렇다면 협력적인 양육 방식이란 무엇이고 어떤 것일까?

1. 내가 원하는 것을 명확히 함으로써 문제를 정의한다. 예를 들어 '엄마는 네 방이 깔끔하면 좋겠어. 그러기 위해서 네가 정리했으면 해'라고 말하는 것이다.

2. 아이의 행동 뒤에 숨겨진 감정을 찾아낸다. 아이 혼자서는 찾기 어려울 수 있다. 예를 들어 아이에게 '방을 어지른 건 친구들인데, 네가 정리해야 해서 불공평하다고 생각하니?'라거나 '정리할 게 너무 많아 엄두가 안 나지? 다 제자리에 갖다 놓으려면 끝이 안 날 것 같아서 말이야'라고 물어본다.

3. 아이가 느끼는 감정을 받아들인다. '네가 왜 불공평하다고 생각하는지 알 것 같아'라거나 '대청소하기 전에는 부담스럽게 느껴질 수 있어'라고 말이다.

4. 함께 해결책을 생각한다. '엄마는 그래도 네 방이 깨끗했으면 좋 겠거든. 어떻게 하면 가장 쉽게 청소할 수 있을까?'

5. 서로 합의한 해결책을 끝까지 실행하고, 필요하다면 위의 과정을 반복한다.

그리고 아이를 평가하려 하지 않는다.

특히 2단계는 생각보다 쉽지 않다. 아이의 생각, 감정이 나와 다를 때, 그 감정을 인정하는 말을 입 밖으로 내뱉기란 어려운 일이다. 그러나 단지 내가 불편하게 느끼는 감정이라고 해서 이를 수용해주지 않을 때 아이는 아이대로 더더욱 자기 입장을 고수하며 고집을 부릴 것이다. 아이들은 자신이 느끼는 바를 말로 표현하는 데서툴러서, 앞의 예시에서 한 것처럼 부모가 여러 가지 단어를 제시하며 아이가 느끼는 감정을 짚어주어야 한다.

아이가 느끼는 감정이 무엇인지 파악하고 나면 문제를 재정의할 수 있다. 다시 말해 문제는 '방이 돼지우리 같으니 어서 치우지 않으면 장난감을 다 버려버리겠다'는 것이 아니다. 이런 식의 접근은 아이에게 수치심과 반발을 불러일으킬 뿐이며 아이를 위협하는 행동이다. 그보다는 아이의 감정에 공감해줄 필요가 있다. 물론 이것은 직관에 반대되는 행동이므로 연습이 필요하다. 그러나 아이들은 타인이 내 감정에 공감했던 경험을 통해 나 역시 타인에게 공감하는 방법을 배운다.

아이와 함께 문제 해결 방법을 고민할 때 중요한 것은 아이가 과정을 주도하게 하는 것이다. 또한, 아이가 내놓는 해결책을 단칼에 거절하는 일이 없도록 하자. 예를 들어 앞의 방 정리 예시에서 아이는 '그냥 정리 안 하고 이대로 놔두면 되잖아요'라는 해결책을 제시할 수도 있다. 이 선택지를 여러 가지 측면에서 곰곰이 생각해본 후 다음과 같이 대답할 수 있을 것이다. "그래, 그것도 하나의 선택지이긴 하지. 그렇게 하면 너는 좋겠지만, 엄마(또는 아빠)는 기분이 안 좋거든. 방이 어질러져 있으면 정신이 산만하기도 하거니와, 엄마가 청소기를 돌리거나 빨래한 옷을 옷장에 넣어둘 때도 불편하단다. 다른 방법은 없을까?" "모르겠어요." "괜찮아, 시간은 많으니까. 천천히 생각해보렴." 이런 상황에서 부모가 조바심을 내어 모든 답을 다 혼자서 내리면 아이와의 상호작용에서 부모가 아이의 몫까지 빼앗는 것이 된다. "일단은 엄마가 장난감을 치워 둘게. 그리고 조금 쉬었다가, 이따가 엄마가 빨래를 개서 정리할 때 네가 도와주는 것으로 하자. 엄마는 빨래 개는 게 어렵거든." "좋아요, 엄마가 빨래 갤 때 저를 불러 주세요. 어떻게 할지 자세한 건 그때가서 이야기하기로 해요."

권위주의적 부모 밑에서 자란 이들은 어른이 돼서 육아할 때도 그런 방법을 최선으로 생각할 수 있다. 이런 때라면 협력적인 양육 방식이 대단히 번거롭게 느껴질 수 있다. 그러나 이 방법의 가장 큰 장점은 방을 정리하는 것 외에도 서로의 감정을 솔직하게 털어놓고 이를 통해 관계를 발전시키며 동시에 타협과 문제 해결 능력을 기를 수 있다는 점이다. 양육자의 가장 중요한 과제는 아이의 방을 깔끔하게 정리하는 것이 아니다. 아이와 함께하며 아이가 성장하도록 돕는 것이다. 협력적인 양육 방식은 아이가 사회화된 행동을 하는 데 필요한 네 가지 자질, 즉 인내심과 융통성, 문제 해결 능력, 그리고 공감 능력을 발달시킨다.

아이가
짜증을 부릴 때

—— 짜증을 부리는 아이의 모습을 가만히 살펴보면, 아이 역시 그 행동이 즐거워서 하는 게 아님을 알 수 있다. 즉, 아이도 짜증 부리기가 즐거워서 하는 건 아니다. 어떤 목적을 가지고 계산적, 전략적으로 떼쓰는 건 더더욱 아니다. 일이 뜻대로 풀리지 않는 것에 대한 답답함, 분노, 그리고 슬픔을 주체하지 못해 온몸으로 표현하는 것이다.

짜증 부리기를 비롯하여, 어른을 힘들게 하는 아이 행동의 대부분은 다 마찬가지다. 그렇다면 자문해보자. 아이는 이런 행동으로 어떤 말을 하고 싶은 것일까? 아이의 행동 기저에는 어떤 감정이 작용하고 있을까? 이 감정을 알아냈다면, 이제 그것을 받아주고 수용해줄 차례다. 예를 들어 '점심 먹기 전에 아이스크림을 못 먹게 해서 무척 화가 났구나'라고 말하는 것이다. 그리고 아이가 조금 진정되면 감정을 표현할 수 있는 좀 더 무난한 방법을 알려주도록 하자. "네가 먹고 싶은 음식을 엄마가 못 먹게 해서 화가 날 때면, 엄마한테 화가 난다고 말하면 돼. 네가 소리 지를 때보다 화가 난다고 말했을 때 엄마가 더 금방 이해할 수 있어."

예를 들어 어린아이들은 일이 제 뜻대로 풀리지 않아 답답할 때 짜증을 부린다. 하지만 그것은 아이가 선택한 것이 아니라 감정에 사로잡혀 어쩔 수 없이 나오는 행동이다. 한번 짜증을 부리기 시작하면 나중에 가서는 애초 무엇 때문에 짜증을 부렸는지 잊어버리기도 한다. 엄마가 아이스크림을 못 먹게 했다는 사실조차 잊고, 그저 원하는 것을 얻지 못했을 때의 분함과 답답함만 남을 뿐이다. 그렇다고 해도 나는 아이가 소리 지르고 울 때 혼자 내버려 둬서는 안 된다고 생각한다. 양육자가 옆에 있으면서 소통해야 한다. 대화라고 할 것도 없는, 아이가 숨을 고르느라 잠시 울음을 멈췄을 때 '아이고 불쌍한 우리 강아지, 얼마나 속상했으면'하고 달래주는 말 한마디일지라도 말이다. 이런 말을 통해 아이는 자신이 혼자가 아니라는 사실을 실감할 수 있다. 세상에 혼자 추는 춤을 좋아하는 사람은 없다. 설령 그 춤이 서로 다투고 미워하는 춤이라 할지라도 말이다. 물론 아이가 생각할 때 부모가 의도적으로 자신의 말을 곡해하고 있고 그것이 아이가 화가 난 이유이거나, 아니면 부모 스스로 자신의 감정을 제대로 수용하지 못하는 경우라면 이야기가 다르겠지만 말이다. 그렇다 해도 나는 아이가 극단적인 감정적 고통을 혼자서 겪는 상황은 좋지 않다고 생각한다.

아이가 짜증을 부릴 때 느끼는 감정을 일일이 말로 표현해주는 것도 도움이 된다. '정말 많이 화가 났나 보구나'라고 말이다. 특히 화가 난 아이에게는 위로가 필요하다. "네가 슬프다니 내 마음도 편하지는 않구나." 그렇다고 해서 화를 내는 아이에게 뭐든지 원하는 대로 해주라는 건 아니다. 그럴 수도 없고 그래서도 안 된다. 세상에는 하늘을 날고 싶은데 날 수가 없어서, 혹은 상어와 수영을 하고 싶은데 그럴 수 없다는 이유로 우는 아이들도 있다.

부모가 할 수 있는 일은 아이의 관점에서 상황을 바라보는 것이다. 아이가, 내가 줄 생각이 없거나 줄 역량이 없는 무언가를 원한다는 이유만으로 아이를 벌하거나 밀쳐낼 것이 아니라, 원하는 것을 갖지 못해 속상한 마음을 달래주어야 한다. 이처럼 자신의 감정이 받아들여지는 경험이 반복될수록 아이 스스로 자신의 감정을 다스릴 수 있게 된다. 나를 이해해주고, 침착한 태도로 내 감정을 살피며, 내가 이렇게 느끼고 행동한다는 이유만으로 나에게 수치심을 느끼게 하지 않는 사람, 내 감정이 아무리 격해도 그것을 받아주는 그런 사람이 아이에게는 필요하다. 그리고 그 사람은 다름 아닌 부모인 당신이다.

내 생각에는, 부모들이 아이가 떼쓰고 짜증 내는 상황을 너무 피하고 싶은 나머지 꼭 그어주어야 할 선조차 그어주지 않는 것 같다. 아이에게 '안 돼'라는 말을 했다가 아이가 짜증을 부릴까 봐 겁이 나서다. 쓰다 보니, 한쪽 팔로는 칭얼대는 아이를 안고, 다른 한쪽으로는 무거운 짐과 킥보드를 들고 가는 부모의 모습이 떠오른다. 나라면 무거운 짐과 킥보드를 종일 들고 다니느니, 짜증 내는 아이를 달래려고 노력하는 쪽을 택하겠지만, 사람마다 견딜 수 있는 한계가 다 다르다 보니 내가 뭐라고 할 일은 아닐 수 있겠다.

수치심이나 부끄러움을 통해 치유 받는 사람은 아무도 없다. 아이가 떼를 쓰고 성질을 부릴 때 부모는 아이의 감정에 압도되지 말아야 한다. 아이를 안아주고, 옆에 있고, 아이 눈높이에 맞춰 아이의 감정을 중요하게 생각한다는 걸 보여주어야 한다. 언어를 사용해 아이의 감정을 받아들이거나, 아니면 너를 사랑한다는 눈빛이나 행동을 드러내는 것만으로도 충분할 수 있다.

그러나 아이가 자신에게 또는 다른 사람에게 위험을 가져오거나 피해를 줄 때는 그 상황에서 아이를 데리고 나올 필요가 있다. '네가 강아지를 다치게 할 수도 있어서/다른 사람들을 방해할 수도 있어서 너를 안고 여기서 나갈 수밖에 없어'라고 말하면 된다. 그리고 말한 대로 실제로 실천해야 한다.

반대로 부모가 같이 고함을 지르고 아이를 거칠게 다루면 아이의 짜증을 더 악화하기만 할 것이다. 부모의 이런 행동은 결국 아이가 어떤 감정을 느꼈다는 이유만으로 아이를 벌하는 것이나 다름없다. 아이의 짜증을 무시하는 행동 역시 일종의 보복이다. 우는 아이를 태우고 계속 유모차를 밀고 갈 것이 아니라 일단 멈추고, 아이와 얼굴을 마주 보며 네가 슬퍼서 나도 마음이 편하지 않다는 걸 진심으로 표현해주자. 그리고 잠깐 아이를 유모차에서 꺼내 품에 안아주는 것도 좋다.

아이가 짜증을 낸다고 해서 무엇이든 원하는 걸 들어주라는 이야기가 아니다. 답답하고 짜증 나는 감정에 몸서리치는 아이에게 진심으로 동정심을 느끼라는 이야기다. 나는 현재 일어나는 상황을 말로 언어화하는 방법을 쓰곤 했다. '엄마가 대신 킥보드를 들어주지 않아서 화가 났구나.'(혹은 아이가 화난 이유가 무엇이든 그것을 말로 옮겨주면 된다.) 머지않아 아이도 뜻대로 안 되는 상황에서 치밀어 오르는 짜증을 참는 인내심을 기르게 될 것이다. 나 역시 아이가 짜증을 부릴 때마다 아이의 감정, 아이가 겪는 상황을 언어로 대신 표현해주며 오랜 시간을 보냈다. 그 인고의 시간 끝에 아이가 스스로 "정말 화가 나요"라고 자신의 감정을 말로 표현했을 때 느꼈던 기쁨이 아직도 기억난다. 나는 우리가 얼마나 많이 성장하였는가를 놓고 속으로 혼자 감탄하지 않을 수 없었다. 아이의 짜증으로 내 인내심의 한계가 시험당하는 것 같을 때마다 기억하자. '반응'이 아니라 '대응'해야 한다는 것을. 또한 짜증을 개인적으로 받아들이지 말아야 한다는 것을 기억하자. 숨을 한번 깊게 들이쉬고, 나 자신, 그리고 아이와 소통의 문을 열어놓도록 하자.

아이를 관찰하고, 아이가 느끼는 감정을 알아채고, 아이가 말하고자 하는 바를 찾아내기 위해 여러 가지를 시도하고 언어화하려 노력하다 보면 언제 어떤 상황에서 아이가 감정과 행동의 제어력을 잃는지, 그리고 그럴 때 주로 어떤 신호를 보이는지 알 수 있다. 신호를 알고 나면 아이가 짜증을 부리기 전에 미리 예방할 수 있다. 실제로 많은 부모는 아이가 또래들과 어울리다가도 혼자 또는 부모와 조용히 지내고 싶어 할 때 이를 알아채곤 한다. 혹은 유모차에 가만히 앉아 있을 인내심이 바닥나기 시작하고, 뛰어다니고 싶어 다리가 근질거릴 때가 언제인지, 배가 고프다고 보챌 때가 언제인지도 잘 안다.

유아기가 지났는데도 여전히 짜증을 부리고 자제력을 잃는 일이 잦다면, 혹은 아이와 자꾸 싸우거나 도외시하는 일이 잦다면 무엇이 문제인지, 어떻게 하면 상황을 개선할지 생각해야 한다.

하루 24시간 계속 짜증을 부리는 아이는 없다. 따라서 부모가 해야 할 첫 번째 일은 아이가 언제, 어디서, 누구와 있을 때, 무엇 때문에, 왜 짜증을 부리는가를 관찰하고 이를 통해 아이의 짜증을 촉발하는 도화선을 찾는 것이다.

예컨대 감각 자극이 너무 심한 상황, 혹은 소음이 너무 많을 때 아이가 짜증을 낸다면 그런 상황을 피하거나 줄이려고 노력할 수 있을 것이다. 아니면 상황 간의 전환 때문일 수도 있다. 예를 들어 한참 신나게 노는 아이에게 당장 그만두고 밥을 먹으러 오라고 하는 것이다. 아니면 부모가 조바심을 내서 문제가 됐을 수도 있다. 부모가 아이에게 지나치게 높은 기대를 한 것이 문제 될 때가 생각보다 많다. 아이에게 기대를 걸지 말라는 건 아니지만, 아이는 아직 준비되지 않았는데 너무 높은 기대를 하면 아이도 부모도 좌절한다. 모든 사람은 각자 저마다의 속도로 발달 단계를 밟아나간다.

아이의 짜증을 유발하는 원인이 무엇인지 알아냈다면, 다음은 그 상황(아이가 짜증 내는 상황)에서 부모인 나는(혹은 학교에서의 상황이라면 학교의 어른들은) 어떤 역할을 하는가를 살펴볼 차례다. 혹시 어른들이 너무 융통성 없는 모습을 보이는 것은 아닌가? 실제로 어른들은 (아직 말로 감정을 표현하는 데 서투른) 아이가 행동을 통해 뭔가를 이야기하려고 하면 그 행동의 의미를 알아보려고 하지도 않고 단지 좀 더 엄격하게 대해야겠다고만 생각하는 때가 잦다. 이런 방법이 통하는 아이도 물론 있을 것이다. 또한 부모의 인내심이 바닥나기 전에 미리 몇 가지 경계선을 긋는 것도 나쁘지만은 않다. 그런 경계선을 일관성을 가지고 지킬 수만 있다면 말이다. 하지만 때에 따라서는 이 엄격해져야 한다는 생각이 너무 과해서 유연성을 잃어버리기도 한다. 이런 모습을 본 아이는 더욱더 고집이나 짜증을 부리고 이는 상황을 악화시킬 뿐이다. 예를 들어 아이의 학교 성적이 생각보다 저조하게 나왔다고 해보자. 이때 많은 교사나 학부모들은 아무런 의심 없이 공부 시간을 늘리고, 노는 시간은 줄이겠다고 생각할 것이다. 그러나 아이를 가만히 살펴보면, 정작 아이의 문제는 주어진 공부 시간에 가만히 앉아 집중하지 못하는 것일 수 있다. 이런 아이에게 공부 시간만 늘려서는 문제를 더욱 악화할 뿐이다. 세상에 자기 자신의 상태를 완벽하게 파악하고 부모에게 와서 '저는 아직 몸에 힘이 넘치는 것 같아요. 밖에 나가 한바탕 신나게 뛰어놀고 와야 진정할 수 있을 것 같아요'라고 설명하는 여섯 살짜리 아이는 없을 것이다. 이것은 부모가 아이를 관찰해서 알아내야 하는 부분이다.

텍사스주 포트워스의 이글 마운틴 초등학교 교사들은 한 가지 새로운 시도를 해보기로 했다. 아이들의 쉬는 시간을 한 시간으로 늘리기로 한 것이다. 이는 기존 쉬는 시간에서 두 배 이상 늘어난 것이었다. 교사들에 따르면, 쉬는 시간을 연장한 이후 아이들의 학습 능력이 향상됐다고 한다. 학생들이 교사의 지시를 더 잘 따를 뿐만 아니라 더 독립적으로 학습하려는 의지를 보이고 스스로 문제를 해결하는 모습을 보였다. 문제 행동으로 징계받는 학생 수도 줄어들었다. 학부모 역시 아이들의 창의력과 사회성이 개선되고 있다고 말했다. 이 사례에서도 알 수 있듯, 아이를 억압하고 통제하는 것만이 능사가 아니다. 오히려 열린 자세로 아이를 대하고, 아이의 관점에서 그들이 필요한 것, 원하는 것이 무엇일지 생각해보는 것이 도움될 수 있다.

논리를 앞세운 언쟁(앞에서 '팩트 테니스'라 명명한 사실 주고받기)으로는 아이의 울음을 멈추게 할 수도, 협력을 끌어낼 수도 없다. 아이에게 가장 효과적인 것은 무엇보다 공감과 이해다. 부모는 아이가 짜증 나는 행동을 한다고만 생각할 뿐, 왜 스스로 짜증을 느끼는가에 관해서는 두 번 생각하지 않는다. 단순히 아이가 '못된 행동'을 한다고 단정 짓고 넘어가기 때문이다. 그러나 아이와의 사이에서 일어나는 모든 상황은 아이와 부모가 맺는 관계와 무관하지 않다. 아이뿐 아니라 부모 역시 그 상황에 이바지한 바가 있다는 이야기다. 그렇게 생각해보면, 아이가 보이는 행동 역시 어느 정도는 부모의 책임이라고 할 수 있다. 항상 부모 말이 옳아야 하고, 아이와의 언쟁에서 이겨야 한다는 태도를 내려놓을 수 있다면, 그리고 더 나아가 아이에게 협조하고 협동하는 모습을 보여주려 노력한다면 그런 책임을 인지하기도 더욱 쉬울 것이다.

아이가
칭얼거릴 때

───── 특히 부모의 신경을 긁는 아이의 행동 중에는 투덜거리기, 칭얼대기, 부모에 대한 집착 등이 있다. 이때 칭얼거린다는 건 뛰다가 넘어져서 터뜨리는 울음과는 다른, 서러움을 표현하는 한탄에 더 가깝다. 문제는 부모로서는 도대체 아이가 무엇 때문에 슬퍼하는지 도무지 알 수가 없다는 것이다. 설상가상으로 어떻게든 아이의 관심을 다른 데로 돌리려고, 혹은 기분을 풀어주려고 갖은 노력을 했음에도 칭얼거림이 멈추지 않을 수 있다.

이때 부모는 아이가 '뚝' 그쳤으면 좋겠다고 생각한다. 칭얼대는 아이가 '못된 행동'을 한다고 생각할 수도 있다. 그러나 과연 부모가 느끼는 짜증이 정말 아이의 투정 때문일까? 혹시 부모 자신이 어린아이였을 때 느꼈던 슬픔과 무력감으로부터 단절되었기 때문은 아닐까? 아이가 칭얼거릴 때 짜증이 나는 건 어쩌면 연약하고 다치기 쉬운 존재가 된다는 것의 고통을 다시 경험하고 싶지 않은 마음 때문일 수도 있다. 그래서 아이의 칭얼거림을 멈추게 하려는 것이다.

아니면 아이가 칭얼거리고 투덜대는 이유가 내가 부모로서 부족하기 때문이라고 받아들이는 것일 수 있다. 어쩌면, 아이는 항상 행복하고 즐겁기만 한 것이 정상이라고 은연중에 생각하고 있을지 모른다. 이런 이유로 아이는 단지 슬프거나 외로운 감정을 표현할 뿐인데 부모는 이를 두고 아이의 괴로움 하나도 해결해주지 못하는 무능의 증거로 받아들이는 것이다.

벨라는 대기업에서 시니어 매니저로 근무하는 45세의 여성이다. 남편 스티브는 요리사이면서 동시에 식당을 운영한다. 부부에게는 세 아들이 있는데 각각 8살, 12살, 14살이다. 이들은 주말마다 여러 가지 활동에 참여하고, 다른 가족과의 교류도 잦은 에너지 넘치는 가족으로, 집에는 경쾌한 분주함이 감돈다. 벨라와 스티브 모두 일이 바빠서 주중에는 후아니타가 집에 상주하며 아이들을 돌보고, 집안일도 처리한다. 후아니타는 첫째 아들이 다섯 살이던 때부터 벨라 가족과 함께했다.

벨라는 막내 펠릭스에게 문제가 있다고 생각한다. "펠릭스는 저희에게 집착이 너무 심해요. 이제 여덟 살이나 됐는데도, 밤이고 낮이고 끊임없는 관심을 요구해요. 첫째, 둘째 아이가 그 나이 때 원하던 관심을 합한 것보다 더 많아요. 혹시 펠릭스가 아기일 때 부모인 저희와 유대 관계 형성이 제대로 안 되었던 건 아닐까 생각해보았지만, 그건 아닌 것 같아요. 펠릭스가 왜 그리 불안정한 모습을 보이는지 모르겠어요."

나는 벨라가 펠릭스의 집착을 견디기 어려워하는 이유가 무엇인지, 혹시 둘 사이 관계에 그 원인이 있지는 않은지 궁금했다. 그래서 펠릭스에게 어떤 꿈을 꾸었는지 물어보라는 처방을 내렸다. 물론 아이의 꿈 자체가 상황에 대한 해답을 주지는 않겠지만, 이를 계기로 벨라가 펠릭스와 대화하기를 바랐다.

벨라는 나에게 말했다. "아이가 끔찍한 꿈을 꿨다고 하더군요. 자기 혼자 남겨져 있고, 주변엔 아무도 없었다고요. 저는 아이에게 혹시 현실에서도 그런 상황을 경험한 적이 있느냐고 물어보았어요. 하지만 한편으로는 절대 그런 일이 없었을 거로 확신했죠. 그래서 펠릭스가 그런 적이 있다고 답했을 때 적잖이 놀랐어요. 웨일스에 있는 외삼촌을 보러 갔을 때 혼자 차에 남겨졌다고 하더군요.

아이의 이야기를 듣고 보니 저도 기억이 났어요. 저희 오빠가 지방에 살거든요. 펠릭스가 두 살쯤 되었을 때 오빠네 집에 애들을 데려간 적이 있어요. 도착했을 때 펠릭스는 잠들어 있었고요. 그래서 첫째, 둘째를 먼저 안에 들여보내고 차에서 짐을 꺼내 나르고 있었어요. 차에 돌아와 보니 펠릭스가 잠에서 깨 울고 있더군요.

아이가 그때 일을 기억한다는 사실에 충격을 받았어요. 저는 아이에게 혼자 둬서 미안하다, '혼자 있던 시간은 채 5분도 되지 않았을 거야'라고 상황을 설명했고 꼭 안아주었어요. 하지만 6년 넘게 지난 사소한 사건이 어떻게 지금까지 아이에게 영향을 미칠 수 있는지는 잘 이해가 되지 않아요."

벨라에게는 그것이 사소한 사건이었겠지만, 펠릭스에게는 아닐 수도 있다. 나는 벨라에게 그 사건이 있기 전이나 후에도 펠릭스가 낯선 곳에 혼자 남겨진 적이 있느냐고 물어보았다.

"아뇨, 그렇지는 않아요. 다만 아이가 20개월쯤 됐을 때 패혈성 인후염을 심하게 앓아서 입원한 적이 있어요. 항생제도 듣지 않아 일주일 정도 혼수상태에서 기기에 호흡을 의지해야 했죠. 혼수상태일 때 잠시 자리를 비운 적은 있지만, 아이가 깨어난 뒤로는 항상 저나 남편이 아이와 함께 있었어요."

나는 벨라에게 "아들이 혼수상태가 될 정도로 아팠다니 정말 근심이 많으셨겠어요"라고 말했다. 그러나 벨라는 "아뇨, 그 정도는 아니었어요. 물론 즐거운 경험은 아니었지만, 아이 키우면서 누구나 한두 번쯤은 겪을 수 있는 일이죠"라고 답했다.

벨라의 대답을 들은 나는 마치 거절당한 듯한 기분을 느꼈다. 내가 쓸데없는 걱정을 한 것 같았다. 무엇보다 벨라 자신도 펠릭스가 아픈 것에 대한 자신의 감정을 외면하고 있다고 느꼈다. 그 어린아이가 혼수상태가 될 정도로 아팠다는 것에 대해, 그리고 자식이 그런 일을 겪을 때 옆에서 지켜봐야 했을 부모의 마음을 상상해보니 내 가슴이 무너지는 것 같았다. "남편은 펠릭스가 우리를 떠날 수도 있다고 이야기했지만, 전 그런 이야기는 받아들일 수 없었어요"라고 벨라는 말했다. 이야기를 듣고 나는 다시 한번 슬픔이 밀려오는 것을 느꼈고 그것을 벨라에게 솔직하게 이야기했다. 이번에는 벨라의 눈가에도 눈물이 맺혀 있었다.

나는 벨라에게 "어쩌면 펠릭스가 엄마 아빠에게 매달리는 이유는 악착같이 생명줄을 잡고 버텨야 했던 그때의 경험 때문인지도 몰라요. 혼수상태에 있었으니 당연히 의식적으로는 엄마 아빠의 부재를 알아차리지 못했겠지만, 무의식적인 차원에서는 느꼈을 수도 있죠. 그래서 혼자 남겨지는 꿈을 꿀 수도 있고요"라고 말했다.

이것이 사실이건 아니건, 벨라는 이 대화에서 많은 걸 느낀 듯했고, 펠릭스의 집착도 이해할 수 있었다. 덕분에 벨라는 펠릭스의 감정에 공감하게 되었다.

또 한 가지 달라진 것은 벨라가 아들 펠릭스를 잃을 뻔했던 일에서 과거에 억누른 슬픔과 두려움에 직면한 것이다. 힘든 감정을 묻어 두고 싶은 건 당연하지만, 그럴수록 타인의, 특히 아이의 어려운 감정에도 무뎌진다. 펠릭스가 투병할 때 느꼈던 감정들을 억눌렀던 탓에 벨라는 펠릭스가 느끼는 힘든 감정에도 진심으로 공감할 수 없었던 것이다.

벨라는 아들을 잃을 뻔했던 그때의 감정을 떠올리면 자신이 완전히 무너질까 봐 걱정했다. 하지만 그런 일은 일어나지 않았다.

"옛날에는 아이의 문제 행동이 아이의 잘못이라고 생각했어요. 형들은 멀쩡한데, 펠릭스는 왜 그럴까 의아했지요. 하지만 이제는 알 것 같아요. 감정에는 옳고 그름이 없다는 것을요."

나와 대화를 나눈 이후 벨라도 꿈을 꾸었다. 그것도 악몽을 말이다. 꿈속에서 조카 두 명과 펠릭스가 함께 바다에서 수영하다가 사고가 났다. 조카 둘은 무사히 구출되었지만, 펠릭스는 물속으로 가라앉고 말았다. 벨라는 깜짝 놀라 잠에서 깼었다. 눈에서는 눈물이 흘러내렸고, 가슴은 두근거렸다. 그녀는 아들이 잘 있는지 확인하고 싶어 펠릭스의 방으로 갔다. 아이는 세상 모르고 자고 있었다. 이 역설적인 상황은 그녀에게 깊은 인상을 남겼다. 왜냐하면 평소에는 펠릭스가 엄마 아빠의 침실로 찾아오곤 했기 때문이다.

이제 벨라는 펠릭스의 행동에 짜증이 날 때마다 그 행동의 책임이 자신에게도 있음을 기억하려 노력한다. 펠릭스의 집착이 줄어든 탓인지, 아니면 펠릭스의 집착에도 벨라 자신이 덜 짜증 내는 것인지, 좀 더 아들과 소통하려고 노력하는 것인지, 아니면 셋 다인지는 확실히 알 수 없지만 말이다.

아이에 따라, 그리고 아이와 부모가 맺는 관계의 양상에 따라 아이가 투정하고 집착하는 이유도 달라진다. 앞의 사례를 소개한 이유는 꼭 죽을 고비를 넘긴 아이만이 부모에게 매달리는 모습을 보이기 때문은 아니다. 아이가 촉발하는 감정들을 외면할수록 아이와의 관계가 원활히 풀리지 못하고, 아이와 원하는 만큼 가까워질 수 없으며 아이가 행복해질 수 있는 역량도 제한된다고 이야기하고 싶어서였다.

아이와 부모 자신의 감정을 있는 그대로 인정하고 수용하는 것은 정신 건강을 위해서도 중요하지만, 감정을 촉발하는 계기가 무엇인지를 파악하기 위해서도, 또 나와 내 아이가 이렇게 행동하는 원인을 찾기 위해서도 중요하다.

부모에 대한 집착이든, 옷장 속에 숨어 있는 유령이나 침대 밑 괴물에 대한 두려움이든, 아니면 단순히 슬픔이나 짜증이든, 모든 감정은 일단 맥락을 알면 이해하기 쉬워진다. 때로 맥락이 분명히 드러나지는 않더라도 감추어진 맥락은 존재한다. 아이의 감정을 받아들이고 이를 통해 아이의 행동을 이해하는 것이 맥락을 찾는 일의 시작이다. 이것을 할 수 있으면 아이의 감정을 견딜 수 있고, 바람직한 변화를 끌어내기 위해 아이와 함께 해결책을 모색할 수 있다.

부모가
아이에게 하는 거짓말

———— 때로는 비밀이라는 이름으로 자녀에게 거짓말할 때도 있다. 정작 부모들은 이것을 거짓말로 생각하지 않는다. 굳이 아이가 알 필요 없는, 혹은 알면 안 좋을 것 같은 정보를 공개하지 않는 것뿐이라고 말이다.

그러나 이처럼 아이에게 의도적으로 사실을 숨기거나 거짓말을 하면, 비록 상황의 진실을 의식적으로는 알지 못하더라도 아이는 이로부터 영향을 받는다. 가족이 나에게 뭔가를 숨기면 뭔가 석연찮은 구석이 있다는 것을 아이도 몸으로 느끼기 때문이다.

부모는 현실로부터 아이를 보호하기 위해 거짓말했다고(혹은 진실을 말해주지 않았다고) 생각하겠지만, 이를 통해 아이의 직감을 무뎌지게 할 뿐이다. 아이도 눈치가 있고 직감이 있는데 자신이 느끼는 것과 부모가 이야기해주는 상황이 다르니 그게 편할 리가 없다. 이 불편한 감정을 언어로 표현할 수 없을 때 아이들은 행동을 통해 이를 분출한다.

내가 심리치료사 교육을 받을 때 이런 현상을 다음의 사례 연구를 통해 배운 바 있다.

X 부부는 10대 아들 A의 문제로 심리치료사 F 박사를 찾았다. 부부는 아들의 행동이 통제 불능이라고 호소했다. 무단결석을 하고, 술과 마약에 손을 댔을 뿐만 아니라 부모에게는 늘 퉁명스럽고 반항적인 태도로 일관했다. 어머니의 지갑에 손을 댄 적도 있었다. 부부는 어떻게 하면 아들을 말 잘 듣는 아이로 만들 수 있는지 알고 싶어 했다.

박사는 우선 아이들이 사춘기에 접어들면 부모와 분리되고 싶어한다고, 가족 외의 또래 집단에 받아들여지고자 하는 욕구를 느낀다고 설명했다. 그러다가 충분히 부모와 분리되어 자신만의 정체성을 확립했다고 생각하면 예전만큼 부모로부터 거리를 유지해야 한다는 생각을 덜 하고 상황도 더 안정될 것이라고 말이다. 그러나 부부는 아들의 행동이 그 이상이라고 주장했다.

박사는 부부에게 아들의 유년기에 관해 물어보았다. 부부는 아들이 아주 행복하고 정상적인 유년 시절을 보냈다고 말했지만, 말하는 투가 지나치게 형식적이고 단조로워 보였으며 무엇보다 세부 내용이 빠져 있었다. 이때 부부는 둘만 아는 비밀을 지키려는 듯 눈빛을 주고받았다. 이를 알아챈 박사가 부부에게 물었다. "혹시 제게 말씀하시지 않은 사정이 있나요?" 부부는 침묵하며 서로 바라보았다.

"두 분 사이는 항상 화목하셨나요?" 박사가 침묵을 깨며 물었다. "사실 저희는 그때 같이 있지 않았습니다." 남편이 이렇게 말하자 부인이 날카로운 눈초리로 그를 바라보았다. "아이가 어렸을 때 두 분이 갈라서신 건가요?" 박사가 재차 물었고, 결국 부부는 자신들의 사정을 털어놓았다.

남편 X씨는 A의 생부가 아니었다. 비록 A는 그렇게 알고 있었지만 말이다. X 부인의 말을 따르면 A의 생부는 '몹쓸 인간'이었다. 밥 먹듯이 바람을 피웠고, 알코올 중독이었다. 그러다 A가 생후 18개월 무렵 음주 운전으로 교통사고가 나서 사망했다.

"어차피 아들은 그 사람을 기억도 못 할 거예요. 집에서 아이를 봐 준 적이 없는걸요"라고 부인은 말했다.

"글쎄요, 의식적인 차원에서는 그럴지도 모르죠. 하지만 본능적으로는 아버지의 존재를 느꼈을 수도 있어요. 그러다가 어느 날부터 아버지의 부재를 느꼈을 수도 있고요"라고 박사는 말했다.

"저희는 아들의 행동이 제 아빠(친아빠)로부터 유전된 게 아닌가 걱정하고 있어요"라고 남편이 말했다. 박사는 모든 행동은 곧 의사소통 시도이며 따라서 그 뒤에는 하고 싶은 말이 있다고 말해주었다. "아들이 그런 행동들을 통해 어떤 말을 하고 싶은 것 같으세요?" 박사가 묻자 남편은 "글쎄요, 제 생각에 그 애는 그냥 저희가 꺼져주었으면 하는 것 같은데요"라고 답했다.

"두 분은 아이에게 거짓말하셨어요. 그것도 아주 큰 거짓말을요. 아이는 그 사실을 모르지만, 직감적으로 이 상황이 어딘가 앞뒤가 맞지 않는다는 것 정도는 느끼고 있을지도 몰라요. 그리고 그런 감각이 아이를 혼란스럽게 하는 거고요"라고 박사는 말했다.

"거짓말을 한 게 아니라, 그냥 이야기를 안 한 것뿐인데요"라고 부부는 말했다.

"진실을 생략함으로써 거짓말을 하신 거죠"라고 박사는 답했다.

"그럼 저희가 어떻게 해야 할까요?" 부부는 물었다.

"뭘 어떻게 하시라고 일일이 말해드릴 수는 없어요. 단지, 아이에게 거짓말한 것이 이 문제의 원인일 수 있다는 생각이 드네요."

부부는 아들에게 진실을 말하기로 했다. 아들은 화를 냈고, 자신에게 삼촌이 있다는 사실을 알아내 집을 나가 삼촌과 살기 시작했다. 그때부터 일을 시작했고, 학교생활도 훨씬 나아졌으며 대학까지 진학했다고 한다.

부부가 바란 것처럼 아들 스스로 행동을 바로잡은 것이다. 이제 남은 과제는 과거의 상처를 치유하는 것뿐이었다. 아들이 느끼는 분노를 이해하고, 진실을 말해주는 대신 완벽한 가족이라는 면면을 유지하는 데 급급했던 자신들의 잘못을 인정하고, 이것이 아들에게 미친 영향을 깨닫고, 사과하고, 아들이 느낀 감정을 그대로 수용하면 되는 것이다. 그러나 실제로 그리되었는지 어떤지는 알 길이 없다. 아들이 독립하고 난 뒤의 일은 알려진 바가 없기 때문이다.

우리는 일어나지 않았으면 하고 바라는 일, 혹은 일어나지 않았더라면 싶은 일에 대해 진실을 빠뜨리는 방법으로 아이들에게 거짓말한다. 불편하고 힘든 감정들로부터 아이를 지키고 싶은 마음은 당연하다. 그러나 사실 정말 문제가 되는 것은 아이의 감정이 아니라, 아이의 감정을 두려워하는 부모의 마음일 때가 잦다. 그러니 예컨대 배우자와 불화가 있을 때는 차라리 솔직하게 터놓고 엄마 아빠 사이가 요즘은 조금 좋지 않다, 그래도 잘 해결하려 노력하고 있고 잘 해결되길 바라고 있다고 말하는 편이 낫다. 아이의 세계에 적지 않은 영향을 미치는 문제를 아이 본인에게 비밀로 할 것이 아니라는 말이다. 꼭 전해야 할 나쁜 소식이 있다면 아이가 소화할 수 있는 언어로 진실을 전하고 아이가 걱정하면 달래는 것이다. 아이 혼자서도 분위기가 평소 같지 않다는 건 얼마든지 알아챌 수 있고, 이때 부모가 적절한 설명을 해주지 않으면 아이는 오히려 더 최악의 상황을 상상할지도 모른다.

아이들에게 거짓말을 하거나, 진실을 감추는 행동은 좋지 않다. 따라서 가족에게 중요한 사람의 죽음처럼 나쁜 소식이 있더라도 이를 알려주어야 한다. 물론 소식을 전하면서 지금은 죽음에 슬퍼하지만, 그리고 비록 떠난 사람을 잊을 수 없지만, 동시에 그 빈자리에 적응할 수 있고 남은 사람들은 여전히 살아갈 것이며 행복해질 수 있다는 믿음도 주어야 한다. 마찬가지로 지금까지 함께 살던 부모 중 한 명이 따로 떨어져 살게 될 때 아이와 미리 이 사안을 충분히 이야기해야 한다. 아이 역시 지금까지 자신이 알던 세계가 어떤 식으로 유지되고, 또 달라질지를 사전에 알고 마음의 준비를 할 수 있어야 하기 때문이다. 엄마 아빠가 따로 살더라도 주기적으로, 그리고 예측 가능한 방식으로 부모 양쪽 모두와 충분히 만나 교류할 수 있다는 믿음을 주어야 한다.

물론 어떤 이야기를 하건 아이의 나이에 맞는 소통 방식이 따로 있을 것이다. 예를 들어 부모 중 한 명이 암에 걸렸다고 해보자. '아빠(또는 엄마)가 몸이 아파. 의사 선생님한테 치료받는데, 치료가 잘되면 예전처럼 건강해질 수 있어. 아빠가 예전만큼 네게 신경 써주지 못해서 미안해, 아빠도 걱정돼서 그렇단다'라고 말하는 편이 투병 사실을 비밀로 하는 것보다 낫다. 아이를 입양할 때도 처음부터 아이의 나이에 맞는 방식으로 사실을 이야기해야 나중에 아이가 입양 사실을 알고 나서도 충격받지 않는다.

살다 보면 누구나 슬픔과 고통을 겪는다. 부모도, 아이도 예외는 아니다. 그리고 그런 불가피한 고통으로부터 언제까지고 아이를 보호만 해줄 수도 없다. 단지 아이 곁에서 슬픔과 고통을 함께 느끼고, 그 감정을 수용해줄 수 있을 뿐이다.

아이들은 누구나 자신이 중요하다는 느낌을 받고 싶어 한다. 부모가 자신을 원하고 사랑한다는 감각이 필요한 것이다. 말로만 사랑한다고 하는 것이 아니라 행동으로 드러나는 사랑을 느끼고 싶어 한다. 눈이 마주쳤을 때 활짝 웃는 부모의 얼굴, 부모와 주고받는 상호작용, 부모가 나를 위해 내주는 시간, 아이들과 함께하는 시간을 즐기고 만끽하는 부모의 태도에서 아이들은 사랑을 느낀다. 아이에게 영향을 미칠 만한 중요한 진실을 감추는 상태에서는 이런 거리낌 없는 관계를 맺기가 어렵다. 아이도 진실을 알 권리가 있다.

아이가
부모에게 하는 거짓말

———— 딸이 중학교에 진학하면서 신입생 학부모 환영회에 참여한 적이 있었다. 당시 교장이던 마거릿 코넬 여사는 자리에 참석한 학부모들을 한번 쭉 둘러보더니 직구를 던졌다. "머지않아 여러분의 자녀가 여러분께 거짓말을 하기 시작할 겁니다." 그 말을 듣고 생각했다. '내 딸은 아니야, 우리가 얼마나 친한데.' 교장은 내 생각에는 아랑곳없이 말을 이어나갔다.

"부모님들이 생각하기에는 우리 딸이 나한테 뭐든지 다 말할 것 같지만, 아닙니다. 사춘기가 되면 아이들은 거짓말하게 돼 있습니다. 부모님들이 하셔야 하는 일은 아이가 거짓말해도 너무 놀라지마시고, 그러려니 하고 넘어가시는 겁니다."

몇 년 후 코넬 교장에게 그때의 일을 묻자 그는 이렇게 말했다. "누구나 거짓말을 해요. 우리가 여러 가지 나쁜 짓을 하기는 하지만, 그중에서도 거짓말은 정말 자주, 그리고 별 생각 없이 하는 행동이죠. 그런데도 무슨 이유에선지 학부모님들은 자녀의 거짓말을 어떤 잘못보다 심각하게 생각하시는 것 같아요. 아이가 심각한 잘못은 아니지만 그래도 하면 안 되는 행동을 하고 나서 부모님에게 안 그랬다고 말을 하면, 부모님은 대개 이런 반응을 보여요. '내가 우리 딸을 잘 아는데, 실수는 해도 거짓말하는 아이는 아닙니다.' 문제는 부모님의 이런 태도가 아이를 궁지에 몰게 되고, 결국 아이는 잘못이 얼마나 심각한 것이었든 상관없이 끝까지 거짓말한다는 겁니다."

아이들은 모두 거짓말을 한다. 어른들도 마찬가지다. 물론 거짓말을 안 할 수 있다면 좋을 것이다. 솔직함은 더 허심탄회한 대화를 가능하게 하고, 둘 사이를 가깝게 해주는 촉매니까. 그러나 누구나 하는 거짓말이 단지 자녀의 입에서 나왔다는 이유만으로 아이를 천인공노할 죄인처럼 대해서는 안 된다.

게다가 어른들 역시 거짓말이나 거짓말을 해도 되는 상황에 대해 일관되지 못한 태도를 보일 때가 잦다. 한편으로는 아이에게 거짓말하지 말라고 하면서도, 3년 연속 할머니가 크리스마스 선물로 촌스러운 목도리를 짜서 보내주시는데도 아이에게 '마음에 들어요, 감사해요'라고 진심과 다른 말을 하도록 강요한다. 이때 아이들은 거짓말을 해도 괜찮을 때와 그렇지 않을 때를 구분하기 위해 복잡한 학습 과정을 거치게 된다.

집에서 부모가 거짓말하는 모습을 일상적으로 보고 자라기도 한다. 예를 들어 엄마가 아빠에게 회사 행사에 핑계 대고 못 가겠다고 말하라고 시키는 상황이 있다. 진실은 사정이 생겨 못 가는 게 아니라 그냥 가기 싫은 것인데 말이다. 부모가 다른 사람들에게 진실을 감추는 모습을 보며 자란 아이라면 자신도 부모의 거짓말에 속는 처지가 될 수 있음을 모를 리 없다.

우리가 거짓말하는 방식을 가만히 들여다보면, 사실 아이에게 거짓말이란 상당한 정신적 노동이 필요한 일임을 알 수 있다. 우선 대안을 생각하고 '이런 일이 있었다'고 말할 수 있어야 한다. 자신이 꾸며낸 내용을 염두에 두면서 동시에 실제로는 어떤 일이 일어났는지도 기억해야 한다. 거짓말이 성공하려면 이 둘을 잘 구분해야 한다. 그리고 마지막으로 진짜 놀라운 부분은 거짓말을 듣는 상대가 어떤 정보를 알고 있고 무슨 생각을 하는지를 고려해야 한다는 것이다.

어린 아기들도 먹기 싫은 음식을 엄마가 안 볼 때 강아지한테 던져주는 것 같은 속임수는 쓰지만, 앞에서 말한 것처럼 정교한 거짓말을 할 수 있는 건 만 네 살 무렵부터다. 이맘때 아이는 마치 자기에게 초능력이라도 생긴 듯한 기분을 만끽한다. '이야, 내가 말을 지어내도 사람들이 그걸 믿네! 이거 좋은데?'

많은 경우 아이들이 거짓말하는 이유는 있는 그대로의 사실을 말하면 부모나 어른들이 놀라거나 화내고, 자신을 평가하려 들기 때문이다. 곤경에서 벗어나려고 거짓말하는 아이들도 있고, 자신이 상상한 것을 진짜처럼 이야기하는 아이들도 있다. 때로는 어른들을 기쁘게 하려고, 혹은 다른 이들에게 친절하게 대하려고 거짓말하기도 한다.

행동: 모든 행동은 의사소통이다

자신의 정서적 상태를 표현하기 위해 사실과 다른 이야기를 지어낼 때도 있다. 어른들이 왜 기분이 안 좋으냐고 물어보는데 어떻게 답해야 할지 알 수 없을 때 자신의 감정을 대변해줄 이야기를 지어내는 것이다.

플로가 세 살 무렵, 어린이집에 다니던 때의 일이다. 평소 활발하던 아이가 얌전히 있는 것을 보고 선생님이 무슨 일이 있느냐고 물었다. 아이는 "우리 집 금붕어가 죽었어요"라고 답했다. 하원 시간에 선생님은 플로와 나눈 대화 내용을 전했고 나는 "어… 저희 집은 금붕어를 키운 적이 없는데요?"라고 답했다.

이 일을 곰곰이 생각해본 결과, 나는 플로가 나름의 진실을 표현한다는 사실을 깨달았다. 당시 나는 평소에 가까웠던 친척 어른이 돌아가셔서 무척 상심한 상태였다. 아마 아이는 내가 우는 모습을 봤거나, 자기가 좋아하는 것에 내가 심드렁한 반응을 보이는 걸 느꼈을 것이다. 어쩌면 아이가 말을 거는데 내가 듣는 둥 마는 둥 했을 수도 있다. 물리적으로는 아이 곁에 있어도 마음은 다른 데 가 있는 상태였을 것이다. 플로는 자신에게 관심을 두던 예전의 엄마가 사라졌다는 데서 오는 아쉬움을 금붕어의 죽음으로 표현했던 것은 아닐까? 혹은 엄마가 경험하는 사별이라는 거대하고 가슴 아픈 사건을 어린 플로가 감당하기에는 너무 버거워서 이것을 자신이 견딜 수 있는 선으로 축소하여 금붕어의 죽음이라는 사건을 상상해냈는지도 모른다. 이후 나는 어린이집 선생님에게 아마 이런 이유로 아이가 금붕어 이야기를 한 것 같다고 말해주었다.

아이들에게는 진실을 감당하기보다 자신이 상상해낸 이야기에 매달리는 쪽이 더 쉬울 수 있고, 만일 그렇다면 우리는 그것을 존중해야 한다. 부모가 자신의 감정을, 그리고 아이의 감정을 언어화할수록 아이도 자신의 감정적 진실을 표현하기 위해 상상에 의존해야 할 필요가 줄어들 것이다. 이를 위해서는 수년 넘는 시간이 필요하다.

이야기를 상상해서 지어내는 이런 행동은 자신의 감정을 달래기 위한 하나의 방법이기도 하다. 여느 이상 행동들과 마찬가지로 아이가 이런 행동을 보일 때는 단지 그 행동을 했다고 꾸짖을 것이 아니라 행동 뒤에 숨어 있는 감정이 무엇인가를 파악해야 한다. 내 딸이 친척 어른의 죽음을 감당하기 어려워했듯이, 그 감정이 너무 버거울 때 아이는 그것을 더 작고 단순한, 예컨대 금붕어 같은 것으로 치환하려 할 것이다.

어린아이뿐 아니라 어느 정도 큰 아이도 여러 가지 이유에서 거짓말을 한다. 이미 눈치챘겠지만, 코넬 교장의 현명한 조언은 현실이 되었다. 내 딸 플로도 열다섯 살 무렵 나에게 거짓말을 했다가 들켰다. 나는 코넬 교장의 말을 기억했고, 딸의 거짓말에 세상이 끝나기라도 한 것처럼 행동하지 않으려고 노력했다.

대신 딸의 해명에 귀를 기울였다. 딸과 딸의 친구는 각자 부모님께는 친구 집에 가겠다고 입을 맞추고, 대신에 근처 대학교 바에 다녀왔다.

나는 그 자리에 서서 사실대로 말했다면 엄마가 못 가게 했을 것이 분명했기 때문에 거짓말을 할 수밖에 없었다는 딸아이의 말을 참을성 있게 들어주었다. 나는 우선 "그건 사실이야, 아마 못 가게 했을 거야"라고 말했다. 무엇보다 아직 음주할 나이가 아니었기 때문에 바에 가는 것은 불법이고, 또 아이들이 다녀온 대학교 바는 회원제여서 아무나 출입할 수 있는 곳도 아니었다.

그리고 나는 이렇게 덧붙였다. "하지만 네가 거기 가는 걸 허락하지 않는 진짜 이유는 엄마가 무서워서야. 엄마가 열다섯 살 때도 그런 비슷한 모험을 한 적이 있어. 당연히 부모님한테는 이야기하지 않았지. 그런데 지금 와서 되돌아보니 정말 위험한 짓을 했던 거였고, 별 탈 없이 지나갔던 건 순전히 운이 좋아서였어."

나는 플로에게 아직 너를 위험할 수도 있는 상황에 내놓을 마음의 준비가 되지 않았다고 털어놓았다. 내가 플로의 나이였을 때 경험했던 그런 위험한 상황 말이다. 술을 마시고, 나보다 나이 많고 지적으로 보이는 대학생 언니 오빠들과 어울리고, 순간의 기분에 취해 이성을 잃어버리는 그런 경험. 나는 플로에게 엄마가 좀 더 확신이 생길 때까지 기다려달라고 말했고, 그 때문에 지금 당장 원하는 일을 할 수 없어 속상한 것은 충분히 이해할 수 있다고 덧붙였다. 그리고 실제로도 해가 지날수록 플로에게 더 많은 자율성을 부여할 수 있는 자신감이 생겼다. 플로가 열여섯 살 때는 친구들과 음악 페스티벌에 캠핑하러 가도록 허락하기도 했는데 모두 별 탈 없이 잘 다녀왔다. 물론 아이를 보내기 전에 대화하며 내가 걱정하는 바를 털어놓기도 했다. 휴대전화 배터리가 바닥나고 친구들과 떨어져 혼자 있게 되면 어떻게 할지 생각해봤니? 누가 마약을 주면 어떻게 할래?(나름대로 함정을 판 질문이었다) 플로는 이런 질문에 꽤 합리적인 답을 내놓았다.

이제 성인이 된 플로는 그때 있었던 일 중 내게 말하지 않았던 부분을 사실대로 말하며 내가 놀라는 모습을 즐기는 경지에 이르렀다. 사실 음악 페스티벌에 갔던 날, 새벽 세 시쯤 야영장에 불이 났고 플로와 친구들이 있던 텐트만 무사했다고 한다. 아이들은 다 함께 수 킬로미터를 걸어 기차역까지 갔고 거기서 잠을 잤다. 열여섯 살 아이들에게는 잊지 못할 모험이었을 것이다. 그러나 당시에는 그 일을 엄마에게 말하지 않고 친구들과의 비밀로 간직하는 것이 좋았다고 한다.

아이가 하는 행동과 말에 지나치게 과민 반응하지 않는 것이 좋다. 부모가 과민 반응을 보이면 아이와의 소통 채널이 닫힐 가능성이 크다. 어쩌면 그때 나는 걱정과 두려움으로 과민 반응하는 모습을 보였는지도 모른다. 이것은 아이의 마음을 수용하려는 태도와는 거리가 멀어서, 어린 플로가 생각하기에 엄마가 화재 사건에 관해 들을 준비가 안 되었다고 판단한 것일 수도 있다.

10대 자녀를 대할 때는 나 자신이 10대였을 때 어떠했는가를 기억하자. 부모가 불안한 마음에 자꾸만 내거는 제약들 때문에 답답해했던 그 순간들을 말이다. 부모와 분리되어 자신만의 정체성을 찾아가는 단계에 있는 사춘기 아이에게는 비밀이 필요하다. 내 딸이 나에게 화재 사건을 함구했던 것처럼 말이다. 10대 아이는 때때로 자신만의 공간을 확보하려고 거짓말을 하거나, 사실을 생략해 말하기도 한다. 그렇다고 아이가 꼭 엄청나게 나쁜 짓을 계획하는 것은 아니다. 단지 가족과 부모에게서 분리되어 자신만의 친구 그룹을 형성해나가는 과정에서 자기 자신만, 또는 친구들끼리만 정보를 공유하는 것뿐이다.

이 과정에서 부모가 방점을 둬야 할 부분은 자녀가 어린 아기일 때뿐만 아니라 어른이 되어서도 줄곧 대화할 수 있도록 소통 채널을 열어두는 것이다. 아이에게 뭐든지 솔직하게 말해도 괜찮을 것 같은 사람이 되는 것이 중요하다. 설령 부모에게 불편한 감정이라도, 아니 특히 부모에게 불편하게 느껴지는 감정과 태도일수록 더더욱 전부 수용해줄 것이라는 믿음을 주어야 한다. 부모가 그런 안전한 상대가 되지 못한다면 학교에서 따돌림을 당하거나 학원 선생님에게 성희롱을 당한다 한들 아이가 누구에게 도움을 청할 수 있겠는가? 아이의 감정을 수용해주고 아이의 말과 행동에 과민 반응하지 않는 방법은 간단하다. 아이의 행동을 평가하려 하지 말고, 이렇게 하는 것이 옳다며 정답을 강요하는 것이 아니라 아이 스스로 결론을 찾아갈 수 있도록 도와주면 된다. 아이보다 오랜 세월을 살아온 부모로서는 때때로 아이의 말을 들으며 어떻게 하는 것이 정답이라고 가르쳐주고 싶은 유혹을 느낀다. 그래도 가능하다면 그런 유혹을 이겨냄으로써 아이에게 자신감을 심어줄 수 있다. 전지전능한 신이 아니라 조용히 들어주는 대나무 숲 같은 부모 앞에서 아이들은 진심을 털어놓을 것이다.

아이가 거짓말을 하면(혹은 그 외에 내 마음에 들지 않는 어떤 행동을 한다면) 거기에 무심코 반응할 것이 아니라 그런 거짓말 또는 행동을 한 이유나 그것을 촉발한 감정이 무엇이었을지 생각해보자. 그 감정을 이해하고 인정할 때 아이는 자신의 감정과 필요를 표현할 더 합리적인 방식을 찾을 수 있다.

코넬 교장은 자기 제자 한 명에 관해 이야기해주었다. "예전에 가르쳤던 제자 중에 이런 아이가 있었어요. 뉴스에 무슨 재난이 일어났다는 보도만 나오면, 자기 일가친척이 거기에 연루되었다고 말하는 아이였죠. 지진이 났을 때도, 교통사고가 났을 때도 자기 사촌이, 혹은 가족과 가까운 지인이 그 사고를 당했다고 말하곤 했어요. 얼마 지나지 않아 뭔가가 이상하다고 느꼈죠. 어쩌면 이 아이는 당당하게 관심이나 동정을 요청할 수 없는 환경에서 자랐고, 그 때문에 거짓말로 관심과 동정을 받으려고 하는 것은 아닐까 하고 생각했어요. 그래서 매일 뉴스에 나오는 사건들을 보고 황당무계한 이야기들을 지어낸 거죠."

문제의 근원에 도달하려면 표면적인 거짓말만 볼 것이 아니라 아이의 삶에서 모자란 부분이 있는지, 과거 또는 현재에 어떤 사건을 겪고 있기에 관심과 동정이 필요한 것은 아닌지를 알아봐야 한다. 그리고 왜 그렇게 간접적인 방식으로만 관심과 동정을 요청할 수밖에 없는지도 말이다.

그래도 여전히 거짓말은 잘못됐다고 생각할 수 있다. 하지만 거짓말하는 아이에게 엄격한 도덕적 잣대를 들이대는 것만으로는 문제를 해결할 수 없다. 연구 결과에 따르면, 오히려 어른들이 이런 태도를 보이면 아이들은 더욱 교묘하고 정교하게 거짓말하는 법을 배운다.

심리학자 빅토리아 탈워는 학생 구성은 비슷하지만, 교육 방식은 사뭇 다른 서아프리카의 두 학교를 방문했다. 첫 번째 학교는 서구 국가의 교육 방식과 크게 차이가 없었다. 잘못된 행동을 하면, 예컨대 거짓말을 하거나 주어진 학습 과제를 잘 수행하지 못하면 교사와의 대화를 통해 다음번에는 어떤 식으로 행동을 개선할 것인가를 지도받고, 때에 따라서는 방과 후 학교에 남는 벌을 받기도 했다. 두 번째 학교는 더 징벌적인 교육 방식을 채택하고 있었다. 잘못을 저지른 아이들을 교실 밖으로 데리고 나가 체벌했다.

탈워는 두 교육 방식 중 어느 쪽이 더 아이들에게 정직을 가르치기에 적합한지 알아보기 위해 실험을 진행했다. 이른바 '훔쳐보기 게임'이라 불리는 실험이었다. 탈워는 아이들을 방 안으로 차례대로 불렀다. "벽 쪽을 보고 앉아 있으면, 네 뒤에 세 개의 물체를 가져다 놓을 거야. 세 가지 물체가 내는 소리를 듣고 각 물체가 무엇인지 맞히면 돼." 탈워는 세 번째 물체를 흔들 때 전혀 뜬금없는 소리가 나도록 했다. 예를 들어 실제 아이 등 뒤에 놓인 물체는 축구공이었지만, 생일 축하 노래 멜로디를 틀어주는 식이었다.

아이에게 답을 물어보기 전에 탈워는 "일이 생겨서 잠깐 나갔다 와야겠구나. 내가 나가도 절대 몰래 훔쳐보면 안 된다!"라고 말하며 자리를 비웠다. 다시 돌아왔을 때 탈워는 아이에게 "몰래 봤어,

안 봤어?"라고 물어보았고 아이들은 십중팔구 "안 봤어요"라고 말했다. 그러나 탈워가 "세 번째 물체는 뭐인 것 같니? 무슨 소리였는지 알 수 있겠어?"라고 물었을 때 거의 모든 아이가 "축구공이요"라고 답했다. 당연히 몰래 물체를 본 것이다. 실험에 참여한 아이들은 거의 모두 몰래 축구공을 보았다.

탈워는 아이들에게 "축구공인 걸 어떻게 알았니? 혹시 몰래 봤니?"라고 물었다. 이 시점에서 탈워는 아이들이 얼마나 많이, 또 얼마나 효과적으로 거짓말하는지를 측정할 수 있었다. 상대적으로 덜 엄격한 교육 방식을 택한 첫 번째 학교의 학생 중에는 거짓말을 하는 아이들도, 하지 않은 아이들도 있었다. 다른 나라에서 같은 실험을 진행했을 때 나온 비율과 큰 차이가 없는 비율이었다. 그러나 엄격한 체벌을 가한 학교의 학생들은 모두 조금의 망설임도 없이, 무척 설득력 있게 거짓말을 하는 모습을 보였다. 거짓말하는 학생에게 엄격한 태도를 보인 학교는 의도치 않게 훨씬 더 교묘하고 솜씨 좋은 거짓말쟁이들을 양산하고 있었다. 플로가 다녔던 학교의 코넬 교장은 어쩌면 이 사실을 알고 있었는지도 모른다.

아이가 거짓말을 할 때(거짓말은 하느냐 안 하느냐의 문제가 아니라, 언제 하게 될 것인가의 문제다) 거기에는 여러 가지 이유가 있을 수 있음을 기억하자. 발달 단계의 하나일 수도 있고, 부모의 행동을 보고 따라 하는 것일 수도 있으며, 부모에게서 분리되어 자신만의 정체성을 형성하기 위한 노력일 수도 있다. 아니면 거짓말로 자신의 감정을 표현하려는 것일 수도 있고, 벌 받지 않으려고, 혹은 부모가 화내는 것을 피하려고 거짓말을 하기도 한다. 거짓말을 하나의 문제로 바라본다면, 이는 처벌이 아니라 해결해야 할 대상이며 거짓말 뒤에 무엇이 숨어 있는가를 살펴보아야 한다. 아이를 꾸짖을수록 아이는 더욱더 진실을 숨기는 일에 능숙해질 것이다.

부모가 자녀에게 자신의 잣대를 강요할수록, 또 벌하려는 자세로만 대할수록 아이는 점점 더 부모에게 속내를 털어놓지 않는다. 여전히 부모의 인정을 받고 부모를 기쁘게 하려고 노력은 하겠지만, 자신의 진심을 숨기고 진짜 모습을 드러내지 않으면서 그렇게 할 것이고, 이는 정신 건강에까지 악영향을 미칠 수도 있다. 엄혹한 훈육을 한다고 해서 반드시 착하고 도덕적인 성인으로 자라는 것은 아니다. 오히려 부모와 만족스러운 관계를 맺을 수 있는 확률을 낮추고 이 때문에 전 생애에 걸쳐 지속적이고 행복한 인간관계를 맺는 데 지장을 줄 수 있다.

마거릿 코넬 교장의 말을 기억하도록 하자. 부모가 해야 할 일은 '아이가 거짓말을 해도 너무 놀라지 말고, 그러려니 하고 넘어가는 것'이다.

모든 관계에는
선 긋기가 필요하다

—— 아이들은, 그리고 우리는 모두 사랑과 함께 적당한 선이 필요하다. 둘 중 하나만 있어서는 부족하다.

모든 관계에서 적당한 선 긋기는 무척 중요하다. 여기서 선이란 남들이 넘는 것이 허용되지 않는, 다시 말해 내가 인내할 수 있는 한계점을 말한다. 누군가가 이 선을 넘을 때 우리는 침착함을 잃고 짜증을 내거나 화를 낸다.

그래서 한계에 다다르기 전에 미리 선을 그어두는 것이 현명하다. 예를 들어 아이에게 이렇게 말할 수 있을 것이다. "아빠는 네가 열쇠를 가지고 노는 걸 허락할 수 없어." 그리고 아이에게서 열쇠를 뺏는다. 이렇듯, 선을 그을 때는 침착하면서도 단호한 어조를 사용해야 한다. 일단 한계점을 넘어서면 감정에 대한 통제력을 상실하기 쉽고 자칫하면 열쇠를 가로챈 후 아이에게 소리치는 등 겁을 줄 수도 있다.

그런데 이렇게 선 긋는 것을 어려워하는 부모들도 있다. 예를 들어 몇 번의 유산과 체외 수정 끝에 기다리던 아이가 태어났다거나, 심지어 먼저 나온 아이가 세상을 떠난 후 어렵게 다시 가진 아이일 때 더욱 그렇다. 기적처럼 얻은 아이가 너무나 귀하고 감사한 나머지 자신의 한계가 어디인지도 잘 모른 채 아이를 왕처럼 떠받드는 것이다. 그러나 부모가 선을 그어주지 않으면 아이는 다른 사람과 만날 때 상대의 선을 존중하는 법을 배우지 못한다. 뭐든지 제 뜻대로 할 수 있다고 믿으며 자란 아이는 자존감이 높은 것을 넘어서서 자기기만에 빠질 수도 있다. 우리는 누구나 경계선이 필요하다. 그래야 삶에 뼈대가 생기고 스스로 지탱할 수 있으며 타인과 함께 사는 법을 배울 수 있다. 아이들도 예외는 아니다. 아이에게 선을 그어줄 때는 아이가 아니라 부모인 나의 감정과 처지를 설명하는 것이 중요하다. 예를 들어 바로 앞의 열쇠 예시에서도 '아빠가 이야기했지, 너는 너무 어려서 열쇠 갖고 놀면 안 돼'라고 말하기보다 '아빠는 네가 열쇠 가지고 노는 걸 허락할 수 없어'라고 말하는 게 낫다. 아직 어린 아기라 말을 알아듣지 못한다 해도 이런 식으로 부모의 입장을 설명하는 습관을 들여두면 좋다. 10대 자녀에게 해도 되는 일과 안 되는 일을 선 그을 때도 '아직 나이도 어린 애가 10시 넘어서까지 돌아다니면 어떻게 하니?'라고 말하기보다 '엄마가 불안해서 그러니까 10시까지는 들어오면 좋겠다'고 말하는 편이 더 설득력 있다.

다음은 부모의 입장을 설명하며 선 긋는 방법을 친구에게 이야기해준 후 친구에게서 받은 이메일이다.

옛날에는 아이에게 "제발 가서 이 닦아라, 이 좀 닦으라고! 벌써 네 번이 넘게 말했잖아, 또 말하게 하지 마. 지금 당장 가서 안 하면 스마트폰 이용 시간을 줄일 거야"라고 말하곤 했어요. 그러나 며칠 전에는 아이에게 "오늘은 엄마가 너무 피곤해서 이 닦으라고 잔소리할 힘이 없어. 엄마 부탁대로 가서 이 닦지 않을래?"라고 물었어요. 그랬더니 아이가 곧장 가서 양치하더라고요. 정말 아이에 대한 사랑을 다시 한번 느낀 순간이었어요.

아이가 내가 그은 선을 존중하기를 바란다면 공수표를 남발하는 일은 피해야 한다. 진짜로 실행하지도 않을 위협을 자꾸 하면, 그것이 가짜라는 걸 모르는 아이는 지나치게 겁을 먹은 나머지 선을 지키는 방법을 배우기보다는 사고 회로를 닫아버린다. 그리고 그것이 사실은 가짜 위협이었다는 사실을 알고 나면 그 뒤로는 부모가 하는 말을 심각하게 듣지 않을 것이다. 따라서 한 번 던진 말은 꼭 지키도록 하고, 중간에 마음이 약해져서 다시 열쇠를 돌려주거나 아이가 원하는 것에 타협하지 말아야 한다. 이때 아이가 떼를 쓸 수도 있다. 열쇠를 돌려주지 않고 내가 정한 경계선을 분명히 하면서도, 하고 싶은 것을 못 하게 하는 데서 오는 아이의 답답함과 짜증에 얼마든지 공감하고 수용할 수 있다.

아직 어린 아기라면 아이를 안아서 원치 않는 상황이나 사물로부터 물리적으로 떨어뜨리는 방식으로 경계선을 정할 수 있다. 그러나 이 과정은 아이를 존중하며 이루어져야 한다. 그리고 아이를 존중한다는 것이 모든 응석을 받아준다는 것을 의미하지는 않는다.

예를 들어 '강아지를 괴롭히면 안 돼. 강아지가 힘들어하니까 아빠가 너를 안아서 강아지로부터 떨어뜨려 놓을 거야'라고 말하면 된다. 아직 말을 할 줄 모르는 아이도 부모의 상냥하면서도 단호한 태도, 그리고 가지고 놀던 대상에서 물리적으로 멀어지는 경험을 통해 부모가 그 활동을 허락하지 않는다는 사실을 학습할 수 있다.

혹은 이렇게 이야기할 수도 있다. "다른 사람이 이야기할 때는 시끄러운 소리를 내면 안 돼. 그래서 너를 안고 밖으로 나온 거야." 아이가 말뜻을 이해하지 못하더라도, 점차 적절한 행동과 부적절한 행동의 경계를 체득할 것이다. 장난감 키보드로 친구나 형제를 때리는 아이가 있다면, 키보드는 연주하는 악기이지 다른 사람을 때리거나 집어던지는 용도가 아니라고 이야기한다. 그러고 나서 '키보드로 친구를 때리지 않고 연주하는 데만 쓰겠다고 약속하지 않으면, 키보드를 가져갈 수밖에 없어'라고 이야기한다. 이후에도 부적절한 행동이 계속된다면 정말로 키보드를 빼앗아야 한다.

침착하고 상냥하게, 그러나 단호한 태도로 말하고, 한번 말한 것은 반드시 지키고, 무엇보다 일관된 태도를 유지해야 한다. 부모가 가짜 위협을 하지 않는다는 사실, 실제로 좋아하는 장난감을 빼앗길 수 있다는 사실을 알게 된 아이는 그 뒤로도 부모가 하는 말을 진지하게 들을 것이다. 엄마 아빠가 하는 말이 그냥 하는 말이 아님을 알게 되는 것이다.

특히 이런 방법을 사용했을 때 놀라운 사실은 아이가 어느 정도 커서 더는 부모가 안아서 다른 곳으로 옮길 수 없는 나이가 되어도, 이미 부모의 말이 진심임을 학습한 뒤라서 엄마 아빠의 지시를 비교적 잘 따른다는 것이다. 마치 아직도 엄마 아빠가 자신을 안아서 다른 곳에다 옮겨놓을 수 있는 것처럼 말이다. 아이가 안아서 옮길 수 없는 나이라면 가장 중요한 것은 아이를 비난하거나 논리 싸움을 벌이지 않고 부모인 나의 입장을 설명하며 경계선을 긋는 것이다.

기억하자, 아이와 나는 적군이 아니라 아군이라는 사실을. 우리 두 사람 다 서로 행복하고 만족하기를 원한다. 이를 위해서는 아이의 감정에 귀 기울이고, 공감하고, 속상한 마음을 수용해주고, 언제 단호하게 행동하고 언제 융통성 있게 행동할지를 알아야 한다. 아이가 내가 설정해둔 선을 넘는 행동을 할 때, 아이의 안전이 위협받을 때, 혹은 더 흔한 경우로 아이 안전에 대한 불안과 걱정이 내가 견디기 어려운 수준에 다다를 때는 단호하게 행동해야 한다. 반대로 계획했던 바나 예상했던 것에 차질이 생겼지만, 장기적으로 봤을 때 큰 차이가 없는 문제라면 어느 정도 융통성을 발휘할 필요가 있다. 또 단지 부모로서 체면을 세우려고 엄격한 태도를 보인다면 조금 누그러져도 좋다.

아이와 상호작용하기보다 내가 원하는 방향으로 아이를 조종하고 싶은 마음이 들 때도 마찬가지다. 이 글을 쓰는데 이웃집 마당에서 아이들이 노는 소리가 들려왔다. 여럿이 어울리며 흥이 났는지 점점 목소리가 커지더니 이윽고 거의 히스테리 상태에 도달

했다. 그때 집안에서 어른이 나와 이렇게 이야기했다. "얘들아, 너희 말하는 소리가 나한테는 너무 크게 들리거든. 조용히 밖에서 놀거나, 아니면 안에 들어와서 놀아라." 그녀의 단호하면서도 침착한 어조가 참으로 마음에 들었다. 내가 마당에서 놀던 아이였다면 자제력을 잃고 흥분하던 와중에 누군가가 와서 안전한 경계선을 그어주었다는 데에서 안도감을 느꼈을 것 같았다. 얼마 지나지 않아 아이들이 다시 시끄럽게 떠들기 시작하자, 아까 그 사람이 다시 나와서 좀 더 엄한 목소리로 "말했지? 안에 들어가서 놀아라"라고 말했고 아이들은 모두 안으로 들어갔다. 그냥 해본 소리가 아니라는 걸 알았기 때문이리라.

선을 그을 때 가능한 한 부정적인 어조를 쓰지 않는 것도 도움이 될 수 있다. 예를 들어 '벽에 그림 그리지 마라' 대신 '그림은 벽이 아니라 종이에 그리는 거야. 종이 가져다줄게'라고 말한다. 지나는 딸 이퍼와의 관계에서 생긴 상처를 치유하는 과정에서 이것을 배웠다.

얼마 전, 이퍼와 마음이 통한 순간이 있었습니다. 아이가 그림 그리기를 끝내고 손을 씻을 때였어요. 아이는 그릇 가득히 물을 받아서 조심스레 그것을 옆에 가져다 놓았습니다. 저는 아이에게 "참 침착하게 잘 가져다 놓았구나, 이퍼"라고 칭찬했고 아이는 "네, 맞아요"라고 말하며 저를 안아주었습니다. 평소에 제가 아이에게 긍정적인 말보다는 '물 흘리지 마라' '바닥에 쏟지 마라' 같은 말을 더 많이 한다는 사실을 깨달았습니다. 아이의 포옹이 마치 부모로서 제 성장에 대한 보상처럼 느껴졌죠.

처음에 경계선을 설정할 때는 주로 아이의 안전과 관련한 것이 많다. 예를 들어 '길가에서 놀지 마라' '찻길은 위험하다' 같은 것들 말이다. 그러다가 시간이 갈수록 주변 환경과 주위 사람들을 배려하기 위한 경계선을 설정한다. 이렇게 경계선을 설정할 때 많은 부모는 마치 거기에 자기 주관이 전혀 들어가지 않은 것처럼 행동한다. 예컨대 '지금 보는 것만 끝나면 TV 꺼라, 너 TV를 너무 많이 봤어'라고 말한다. 이렇게 말하는 부모는 아이의 행동을 정의하는 것이다. 그러나 세상에 타인이 나를 규정하는 걸 좋아하는 사람은 없다. 또 나는 필요하다고 생각하지 않는데 자꾸 다른 사람이 와서 뭔가를 시키는 것도 반가울 리 없다. 앞의 예시에서 부모가 진짜 하고 싶던 말은 아마도 '나는 TV를 껐으면 좋겠으니 이번 프로그램만 끝나면 TV를 끄겠다'였을 것이다. 아이에게 (그리고 자신에게) 내 의견이 객관적인 사실인 양 포장하는 것보다 부모인 나의 감정과 생각이 이러이러하다고 설명하는 편이 훨씬 낫다. 이렇게 하면 아이에게 좋은 모범 사례가 될 수 있기 때문이다. 부모가 먼저 자기 자신의 감정에 귀를 기울이고, 스스로 원하는 것이 무엇인지를 파악하고, 그것을 요청하는 모습을 보여주는 것이다. 이는 정신 건강을 유지하는 데도 핵심적인 역량이다.

어린아이가 하루에 한 시간 이상 스크린을 보면 안 좋다는 전문가의 의견을 들었다면 아이에게 TV를 너무 많이 봤으니 이제 끄라는 말을 하면서도 객관적인 사실을 이야기하는 것으로 느끼기 쉽다. 그러나 정작 아이가 느끼기에는 별로 많이 본 것 같지 않을 수도 있다. 이럴 때 아이와 달갑지 않은 팩트 테니스를 주고받을 가능성이 높다. 그러니 차라리 내 생각을 설명하고, 내가 좋고 싫은 것을 규정하면서 선을 그어야 한다. "네가 TV를 계속 보면 엄마 기분이 안 좋을 것 같아. 지금 보는 프로그램이 끝나면 이제 TV를 껐으면 좋겠다. 다른 걸 하고 노는 건 어떠니? 아니면 엄마 요리하는 걸 도와줄래?"

아이 앞에서 이성을 잃고 화를 내면 이는 아이에게 트라우마로 남아 마음을 닫는 계기가 된다. 따라서 자기 한계를 명확하게 알고 한계에 도달하기 전에 분명히 선을 긋는 것이 중요하다. 이렇게 그어둔 선은 아이의 행동이 나의 한계점에 도달하기 전에 멈추게 하는 역할을 하며, 이런 선을 그어두지 않으면 더 견디기 어려운 인내심의 한계에 도달해 이른바 '폭발'하는 일이 생긴다.

예컨대 두 시간 넘게 유튜브 영상이나 만화를 틀어놓고 있으려니 슬슬 짜증이 나기 시작한다면 두 시간이 당신의 한계점인 셈이다. 따라서 아이에게 선을 그어줄 때는 유튜브 시청을 두 시간 미만으로 정해야 한다. 이렇게 정한 선은 아이를 위한 것이기도 하지만 때로는 선을 긋는 부모를 위한 것이기도 하다. 따라서 마치 모든 것이 아이를 위한 일인 양 포장해서는 안 된다.

내가 정하는 경계선이 항상 객관적이고 합리적이라고 포장하면, 아이도 이를 보고 배워서 자기 느낌을 솔직하게 말하는 대신 항상 그럴싸한 이유를 찾아 포장하려는 태도를 보인다. 그럴수록 아이와의 소통은 더 어려워진다. 아이 역시 시간이 지날수록 진심을 말하기보다 자신의 주장을 뒷받침할 근거를 찾아 포장하는 데 더 능숙해질 것이기 때문이다. 앞으로 아이가 자라면서 훨씬 더 까다로운 주제(성이나 포르노, 소셜미디어, 스트레스, 사회적 압력, 그리고 감정 등)도 대화할 일이 생길 텐데 서로의 진심을 분명하게 소통하고, 감정을 털어놓고, 또 상대의 감정을 진지하게 들어주는 습관이 되어 있지 않으면 이런 주제로 대화하기가 훨씬 어려워질 것이다.

선 긋기에 그럴싸한 이유를 갖다 붙일수록 점점 더 여러 가지 어려움에 직면하고 말 것이다. 설령 그 이유가 꽤 합리적으로 보이더라도 말이다. '아빠는 8시까지 안 자도 된다고 그랬는데, 엄마는 7시 30분에 자야 한다고 그러네?' '누구 말이 옳은 거지?' 같은 의문을 아이가 품을 수도 있다. 사실 이런 상황에서 진실은 보통 이럴 것이다. "아빠는 네가 8시까지 깨어 있어도 상관없겠지만, 나는 그렇지 않아. 오늘 저녁에는 네가 일찍 자러 가주었으면 좋겠어. 엄마도 8시에 하는 프로그램을 방해받지 않고 보고 싶거든."

우리는 아이에게 솔직해져야 한다. 아무런 감정에도 영향받지 않는 공정한 사람인 척할 것이 아니라 부모인 내가 느끼는 감정을 아이에게 털어놓아야 한다. 아이의 취침 시간을 정하는 것을 포함해 여러 가지 의사 결정을 내릴 때 부모의 개인적 선호나 감정이 개입될 수밖에 없다. 그럴 때마다 그렇지 않은 척해서는 안 된다.

마찬가지로, 어른이 정한 규칙이 너무 옹졸하다고 생각될 때도 반발을 살 수 있다. 내가 아는 어떤 가족은 큰아이가 자폐를 앓았다. 아이는 언제 어떤 일이 일어날지를 미리, 정확하게 알고 싶어 했고, 모든 일이 매일 정해진 시간에 정해진 대로 일어나야만 안심했다. 아이의 부모는 둘째와 셋째를 키울 때도 첫째를 키울 때와 똑같은 루틴과 규칙을 적용했다. 첫째에게는 허용되지 않던 유연성을 둘째, 셋째에게만 허용한다면 '불공평'하리라고 생각했기 때문이다. "존도 열두 살 때 8시에 잠자리에 들었으니, 너희도 그렇게 해야 한다"고 부모는 말했다. 이 정도로 융통성 없이 규칙을 적용하고, 아이 각자를 개개인으로 인정하지 않는 환경에서는 부모나 형제자매에 대한 반발심을 쌓을 수 있다. 이런 식으로 반발심이 쌓이다 보면 문제가 생기는 것은 시간문제다.

선을 그을 때 가장 중요한 것은 아이가 아니라 부모의 바람과 감정을 이야기하는 것이다. 예를 들어 아이가 음악을 크게 틀어놓은 상황이고, 이 음악이 당신에게 거슬린다고 해보자. 아이는 완전히 음악에 몰입해 즐거운 시간을 보낸다. 반대로 당신은 슬슬 반감이 생기려 한다. 다시 말해, 한계점에 가까이 다다른 것이다. 이럴 때 아이가 아니라 당신이 느끼는 감정을 솔직하게 이야기해보자. '너는 왜 그렇게 음악을 크게 틀어놓니? 소리 좀 줄여라'라고 하기보다, '아빠한테는 음악 소리가 너무 큰 것 같아. 소리 좀 줄여주면 고맙겠구나'라고 말해보자.

내 부모님은 지시를 내리거나 선을 그을 때 한 번도 당신들의 마음을 나에게 알려주지 않으셨고, 그럴 때마다 답답하고 짜증 났던 기억이 난다. 당시에는 그 이유를 정확히 알 수 없었지만, 부모님의 그런 태도는 어딘가 현실감이 빠져 있었고 나를 화나고 외롭게 했다.

나는 내가 아이를 낳으면 다르게 키우리라고 다짐했다. 아이에게 정직해지리라, 진실을 말해주리라고. 물론 그렇다고 해도, 내 욕망을 솔직하게 주장하는 일은 여전히 큰 모험처럼 느껴졌다. 아이가 놀이터에서 놀고 있는데 엄마는 춥고 심심하니 그만 집에 가자고 말하는 데는 많은 용기가 필요했다. 하지만 결과는 나를 배신하지 않았다. 내 감정과 내가 바라는 것을 솔직하게 이야기하는 모습을 보여주자 아이도 똑같이 행동하는 법을 배웠고, 우리는 논리를 앞세운 다툼에 쉽게 빠지지 않았다.

논리를 앞세운 다툼이란 무엇일까? 두 사람이 서로 팩트 테니스를 주고받으며, 마치 자신은 이 문제에 전혀 감정을 개입하지 않은 척하다가 언쟁이 커져서 싸움이 되고, 사이가 멀어지는 경우를 말한다. 예를 들면 다음 대화처럼 말이다.

어른: 점심 식사를 준비하려면 이제 집에 가야 해.

아이: 어제 먹고 남은 것을 먹으면 되잖아요.

어른: 어쨌든 점심은 먹어야 하니 가자.

아이: 저는 배 안 고픈데요. 아빠(엄마) 배고프면 가방에 있는 사과를 꺼내 드세요.

어른: 제대로 된 식사를 해야지. 이제 집에 갈 거니까 그렇게 알아.

아이: 으아아아앙!

　아이와 자꾸 이런 식으로 싸운다면, 그건 아마도 당신이 아이에게 팩트 테니스를 학습시켰기 때문일 것이다. 아이와 관련된 이유(예컨대 '너 점심 챙겨 먹어야지!')를 들면 나의 주장이 덜 자기중심적인 것 같고, 더 객관적인 것처럼 느껴질지도 모른다. 그러나 만약 당신이 집에 가고 싶은 진짜 이유가 그것이 아니라면, 진짜 이유는 예컨대 아이가 아니라 당신이 배가 고파서라면, 아이 핑계를 대는 것은 아이에게 반박할 여지를 줄 뿐이다. 반대로 내가 배고프다고 말한다면 거기에 반박할 수는 없을 것이다.

　이런 언쟁을 멈추고 싶다면 나의 감정을 설명하고, 내가 원하는 것을 솔직하게 말한다. 이성적이고 논리적인 척할 때보다, 차라리 모두가 자기 마음을 솔직하게 털어놓으면 훨씬 협상이 쉬워진다.

　아래와 같이 대화를 이끌어나갈 수도 있다.

어른: 아빠가 배가 고파서, 집에 가서 점심을 먹어야 할 것 같아.

아이: 더 놀고 싶어요.

어른: 놀고 싶은데 가자고 해서 미안해. 그런데 배고픈 걸 참으면 기분이 더 나빠질 것 같아. 2분 더 줄 테니 하던 놀이 마무리하고 집에 가자.

그리고 실제로 말한 것을 지킨다.

플로가 어렸을 때 함께 놀이터에 갔다가 깜짝 놀라고 기뻐했던 적이 있다. 아이가 노는 동안 나는 춥고 지루해졌고, 그래서 플로에게 솔직하게 말한 후 5분 뒤에 집에 가자고 이야기했다. 그러자 놀랍게도 아이는 엄마가 힘든 것을 배려하며 "2분 만에 갈 수도 있어요!"라고 말했다.

부모가 아이 이야기에 귀를 기울이고, 감정을 진지하게 받아주면 아이가 짜증이나 화를 못 이겨 부적절한 행동을 할 확률도 줄어든다. 또한 부모와 더욱 사이좋게 지내고 싶어 할 것이고 공감하는 법을 배울 것이다. 반대로 부모가 아이 이야기에 귀 기울이지 않으면 아이는 더 많은 것을 요구한다. 어린아이들은 자신의 감정을 말로 명쾌하게 전달할 줄 아는 하나의 인간으로 성장하기까지 수년의 시간이 걸린다. 그때까지는 부모가 아이의 행동을 지켜보며 말하고자 하는 바를 들어주어야 한다. 다음 사례를 살펴보면 좀 더 잘 이해될 것이다.

제게는 언어를 구사하는 데 어려움을 겪는 여섯 살짜리 아들이 있습니다. 이름은 폴이죠. 아들의 언어 문제는 아마도 자폐 스펙트럼에 기인했을 가능성이 크지만, 아직 병원에 가서 공식적인 진단을 받은 것은 아닙니다. 아들이 아기였을 때는 집 전체가 때때로 전쟁터처럼 느껴졌어요.

그러나 배우자와 제가 아이의 관점에서 삶을 이해해보려 노력하기 시작한 뒤로부터 우리 모두의 삶이 더 나아졌습니다. 우리는 많은 시간과 노력을 들여 아이의 행동을 살펴보고, 아이가 말하고자 하는 바를 이해하려 했습니다. 아이는 우리에게 인내심을 가르쳐주었죠. 그 결과 언제 아이를 조금 밀어붙여도 괜찮은지, 또 언제 우리가 한 발짝 물러서야 하는지를 구분할 수 있었어요. 아들 위로 두 살 연상의 딸아이도 있는데, 이 아이는 사고방식이나 생활방식이 저희와 좀 더 비슷해서 이해하는 데 아들만큼 어렵지는 않았습니다. 그렇지만 아들을 이해하려고 노력하는 과정에서 딸아이의 행동도 더 세심하게 관찰하고, 더 귀 기울여 들어주게 되었죠. 원래부터도 사랑스러운 아이였지만, 아이의 감정에 더 세심한 주의를 기울이기 시작하면서부터는 아이도 우리를 더 배려하는 것이 느껴졌습니다.

10대와 성인 자녀에게
경계선 설정하기

───── '내가 열네 살 소년일 때, 나의 아버지는 참으로 무지한 양
반이었다. 나는 아버지와 함께 있고 싶은 마음조차 들지 않았다. 그
러나 내가 스물한 살이 될 무렵, 지난 7년 동안 아버지가 얼마나 많
은 것을 배웠는지 알고 나서는 놀라지 않을 수 없었다.'
-마크 트웨인Mark Twain

10대 자녀에게 경계선을 제시하기란 어린아이에게 하기보다 훨
씬 더 어렵게 느껴질 수 있다. 하지만 부모가 아이를 규정하지 않
고, 자신의 견해와 바람을 솔직하게 드러내는 데 익숙해져 있다면
그리 어렵기만 한 일도 아니다. 그리고 설령 거기에 익숙하지 않다
고 해도, 지금부터 시작하면 된다.

아들 에단이 10대가 되면서 상황이 서서히 심각해지기 시작했어요.
학교에서도 몇 번 문제가 생기긴 했지만, 그래도 심각한 것들은 아니

었죠. 그러다가 에단이 열여섯 살 되던 해에 큰 사고가 터졌습니다. 어느 날 경찰서에서 전화가 걸려왔어요. 에단이 친구들과 '슈퍼마켓 털이'를 하다가 잡혔으니 데리러 오라고요. 자초지종을 들어보니, 아이가 어울리는 친구들 무리가 슈퍼마켓에서 맥주와 과자를 잔뜩 훔쳐 그대로 도망치려고 했다고 하더군요. 아들은 자기도 왜 그랬는지 모르겠다고, 그냥 분위기에 이끌려 그렇게 됐다고 말했어요. 평상시 성격이랑은 너무 다른 행동이었죠. 하지만 이쯤 되니, 아이 성격이 아예 변해버리면 어떡하나 걱정이 되기 시작했습니다.

맥주와 과자. 10대 청소년이 놓인 위치를 이만큼 정확하게 표현한 말이 또 있을까? 청소년은 말 그대로 성년과 유년의 중간에 놓여 있다. 이 애매한 시기를 어떻게 보내야 할까? 당신의 10대 시절이 얼마나 혼란스러웠는지 기억하는가? 그리고 이제 부모가 된 우리는 아이들의 이런 모습에 어떻게 대처하면 좋을까? 우선, 아이의 행동이 나에게 어떤 기분이 들게 하는지를 말하는 것부터 시작해보자. 자녀가 사춘기에 접어들면 부모 입에서 '실망했다'는 단어가 자주 나온다. 부모가 예컨대 '너는 도대체 왜 그렇게 생각 없이 행동하니?'라고 말할 때보다, '엄마 아빠는 실망했다'는 식으로 자신의 감정을 표현할 때 아이들은 더 뜨끔하다. 그 밖에도 다음에 소개할 문제 해결 3단계를 통해 아이가 자신의 사고 과정을 정리하고 이해할 수 있도록 도와줄 수도 있다. 이 연습을 반복하다 보면 자녀 혼자서도 이 3단계를 수행할 수 있을 것이다.

1. 문제 정의하기

앞의 예시에서, 이렇게 말해보자.

엄마: 엄마 기준으로 절도라는 건 받아들일 수 없는 행위야. 어쩌다 이런 일이 일어났는지, 그리고 어떻게 하면 다시는 이런 일이 없도록 할 수 있는지 고민해봐야 할 것 같아. 경찰서에서 너를 데리고 나오는데 너무 부끄러워서 얼굴을 들 수가 없었단다.

2. 문제의 기저에 있는 감정 파악하기

아마도 이런 식의 대화가 이루어질 수 있을 것이다.

엄마: 네 친구 다섯이 모이면 주로 분위기가 어떠니? 엄마가 보기에 너희 다 각자 따로 있을 때는 범죄를 저지를 것 같은 애들은 아닌데 말이야.

에단: 모르겠어요.

엄마: 괜찮아, 천천히 생각해봐. 슈퍼마켓에 훔치러 들어가기 전에 어떤 기분이었니?

에단: 그냥 웃고, 장난치고… 그랬던 것 같아요.

엄마: 그리고?

에단: 그러다가 서로 센 척하면서 훔칠 수 있냐 없냐, 이런 이야기를 했어요.

엄마: 그러고 나서 어떻게 됐니?

에단: 그냥 저질렀던 것 같아요.

엄마: 너희 다섯이 어울릴 때 문제는 서로 나쁜 짓을 부추기는 게

아닐까? 그래서 이성적으로 생각하지 못할 수도 있지. 친구들 사이에 끼려면 싫다고 말하기도 힘들 거고. 그렇지 않니?

에단: 그런 것 같아요.

3. 해결책 고민하기

엄마: 만약 다음번에도 비슷한 상황이 생긴다면, 하면 안 될 것 같은 일을 친구들 무리에 껴서 얼떨결에 하게 된다면, 상황이 통제 불능이 되기 전에 멈출 수 있겠니?

에단: 그런 이야기가 나와도 실행하지는 말고, 그냥 상상만 하면 될 것 같아요. 야, 만약 그렇게 하면 진짜 웃기겠다, 이런 식으로요.

엄마: 그러면 범죄를 꼭 저지르지 않아도 서로 웃고 넘어갈 수 있겠구나.

에단: 네, 맞아요.

이때 2단계와 3단계를 몇 번이고 반복해야 할 수도 있다. 아이의 부적절한 행동 뒤에 숨어 있는 다른 여러 가지 감정이 있을 수 있기 때문이다. 예를 들어 학교생활에 대한 기대에 부응하지 못할 것 같아 부담감을 느낀다든지 하는 것들 말이다. 부모가 먼저 물어볼 수도 있다. '혹시 학교에서 벌 받았던 일로 화가 나 있었던 것은 아니니?'라고 말이다. 하지만 가장 중요한 것은 해결책을 모색하는 과정은 아이가 주도하게 두어야 한다는 것이다.

그러고 나면 앞으로의 행동에 대해 지켜야 할 선을 제시하게 될 텐데, 이때도 아이를 규정하려 하지 말고 부모의 감정과 입장을 설명하기 위해 노력할 필요가 있다.

'너는 도저히 믿을 수가 없는 애야. 앞으로 외출 금지다'라고 말할 것이 아니라, '앞으로 몇 주 동안은 나가지 말고 집에 있었으면 좋겠다. 엄마가 오늘 너를 데리러 경찰서에까지 다녀왔잖니? 당분간만이라도 너를 가까운데 두고, 어디서 무얼 하는지 계속 마음 졸이지 않고 생활하고 싶어'라고 말하는 것이다. 내가 느끼는 마음, 감정을 아이에게 설명하는 과정을 반복한다.

아이를 평가하고 너는 어떤 사람이라며 딱지를 붙이는 일은 피해야 한다. 무능하다, 자제력이 없다, 믿어줄 가치가 없다, 유치하다 등등. 이런 평가는 절대 아이의 성장에 도움이 되지 않는다. '좀 더 안심될 때까지는 집에 있어라'처럼, 아이가 지켜야 할 선을 제시하는 건 좋지만, 아이를 평가하고 벌을 주려 한다면 오히려 아이를 고집스럽게 할 뿐이며 서로를 이해하는 데도 도움이 되지 않는다. 항상 대화를 지속하고, 한번 내뱉은 말은 지키고, 합의한 해결책이 정말로 효과가 있는지를 주기적으로 확인한다.

잊지 말자. 아이에게 선을 제시할 때는, 자녀를 규정하려 하지 말고 부모인 나의 감정을 설명해야 한다는 것을. 내가 그런 경계선을 제시하게 된 것은 무엇보다 내 감정이, 내 마음이 그렇기 때문이다. 그 사실을 인정하고, 감정을 근거로 아이에게 호소해야 한다. 예를 들어 열세 살 먹은 아이가 혼자서 야간 버스를 타겠다고 한다고 해보자. 이때 당신은 아이에게 이렇게 말할 것이다. "네 말이 맞아, 아마도 너는 혼자 야간 버스를 타서도 충분히 안전하고 책임감 있게 행동할 수 있을 거야. 문제는, 엄마가 아직 그런 상황을 받아들일 마음의 준비가 안 됐어. 네가 점점 어른스러워지고 있고, 혼자서도 많은 걸 해낼 수 있다는 사실에 익숙해지려고 엄마도 노력해야 할 것 같아. 엄마가 마음의 준비가 될 때까지 네가 조금만 기다려주지 않을래?" 이런 식으로 말을 건넴으로써 아이가 지켜야 할 선을 제시하는 동시에 솔직한 태도에 대한 모범을 보인다.

또한 이 말을 들은 10대 자녀는 야간 버스에 탈 수 없는 이유가 자신에게 무슨 문제가 있어서가 아니며, 부모님의 사정 때문임을 이해할 수 있다. 물론 꼭 말하지 않아도 어느 정도는 알고 있겠지만, 그렇더라도 부모가 이것을 솔직하게 인정하고, 다른 이유 때문인 것처럼 포장하지 않았으므로 아이는 부모가 그은 선을 더 쉽게 받아들일 것이며 이는 자녀와의 관계에도 많은 도움을 줄 것이다.

사춘기 '나쁜' 내 아이와
선 긋기

━━━━━━ 뻔한 말이지만 10대는 질풍노도의 시기를 겪는다. 인간이 완전히 성숙하는 나이는 (개별적 차이는 있겠지만) 대체로 20대 중반 정도다. 그전까지 우리는 의사 결정이나 위험 관리에서 여러 가지 시행착오를 겪을 확률이 높다. 이것은 아직 우리 뇌에서 사고 과정이 일어나는 전두엽과 뇌의 다른 부분 간에 빠른 소통이 이루어지지 않기 때문이다. 그러나 동시에 이 시기는 일생을 통틀어 감정적 흥분과 격변이 최고조에 이르는 시기이기도 하다. 이 때문에 10대 청소년은 어린아이나 어른보다 감정을 훨씬 더 깊고 완전하게 느끼게 된다. 즉, 이 시기는 충동성이 감정을 지배하지만, 여기에 제동을 걸어줄 '그건 너무 경솔한 생각인데' 혹은 '그건 하면 안 될 것 같은데' 같은 합리적인 사고가 아직 완전히 발달하지 못한 시기라 할 수 있다. 물론 상대적으로 늦게 충동 제어 역량을 발달시키는 사람도 있지만, 그런 사람이라도 언젠가는 자기 행동이 가져올 결과를 미리 내다보고 행동하게 된다. 대부분 사람은 늦고 빠

르고는 있어도 결국에는 자제력을 배운다.

어린아이가 발달 단계를 거치며 자립성을 배워나갔던 것처럼, 10대에게도 사랑과 적당한 경계선, 그리고 아이가 언젠가는 감정과 충동성을 제어할 수 있으리라는 부모의 낙관적 믿음이 많이 필요하다. 잊지 말자. 아이는 새로운 발달 단계로 넘어가기 직전에 여러 가지 부적절한 행동을 보이곤 한다는 사실을 말이다. 어른이 경험하는 감정이 흑과 백으로만 이루어져 있다면, 아이가 경험하는 감정은 여러 가지 빛깔이 생동감 있게 어우러져 있다. 이러한 감정적 에너지를 음악 같은 창의적 활동이나 스포츠를 통해 발산할 수 있다면 더할 나위 없이 좋겠지만, 그러지 못하고 엉뚱한 창구로 표출될 때도 종종 있다. 부모로서 우리가 해야 할 일은 적당한 경계선을 설정해주고, 아이가 직접 해결책을 모색하도록 도와주며, 무엇보다 아이의 행동에 지나치게 야단법석 떨지 않는 것이다.

불편을 일으키는 행동으로 아이가 하고자 하는 이야기가 무엇인지를 알아볼 때 거치는 의사소통, 문제 해결, 그리고 고민의 3단계는 효과적인 방법이지만, 유일한 방법은 아니다. 모든 가족은 저마다 어려운 상황을 헤쳐나가고 서로 가져온 상처를 치유할 수 있는 저마다의 방식을 찾아낼 수 있다. 다음은 소피아의 사례다.

> 퇴근하고 왔는데, 집에서 담배 냄새가 났어요. 거실에는 당시 열여섯 살이던 제 딸 카밀라가 친구와 함께 있더군요. 솔직히 그 친구라는 아이가 썩 제 마음에 들지는 않았어요. 가는 곳마다 드라마를 찍는,

너무 극적인 아이였거든요.

저는 딸의 친구에게 물었어요. "여기서 담배 피웠니?" 그러자 딸아이가 조용한 목소리로 말했어요. "아뇨, 엄마. 저랑 얘랑 같이 피웠어요." 하지만 그건 제가 듣고 싶은 말이 아니었기에 저는 딸 친구에게만 설교했어요. 우리 집에서 담배 피우지 않았으면 좋겠다고요. 그러자 평소에는 순한 양 같던 딸아이가 180도 돌변해서는 미친 듯이 화를 내지 않겠어요? "아니라고요, 담배 피운 건 나라고요! 왜 내 친구한테 뭐라 하세요? 왜 제가 말하는데 듣지를 않으세요?"

친구가 집에 가고 나서야 아이는 조금 진정한 듯했어요. 저는 평소 얌전하던 애가 이렇게 소리를 버럭버럭 질렀다는 데 충격을 받았죠. 그래서 "엄마한테 그런 식으로 소리를 지르다니, 정말 실망했다. 지금은 너랑 같이 있고 싶지 않으니 네 방에 올라가 있어라"라고 말했죠. 남편 애덤이 퇴근하자 그날 있던 일을 말했어요. 애덤은 우리도 아이들 나이 무렵에 담배를 피웠다, 특히 저는 딸아이와 똑같이 열여섯 살 때 흡연을 시작하지 않았느냐고 꼬집어 말했지요. 딸아이 편에서 생각하면 부모가 자기를 언제까지 어리고 순진한 천사로만 보고, 자기 친구는 악마처럼 생각하는 게 달가울 리 없다고요. 또 제가 그친구를 너무 성급하게 나쁜 애라고 판단했다고 지적했어요.

애덤 말을 듣고 보니, 카밀라의 관점에서도 상황을 보게 되더군요. 또 저 자신이 10대 때 어땠는지 생각하니 진정할 수 있었습니다.

애덤과 대화할 때 저는 전날 먹고 남은 파이 위에 올릴 페이스트리를 만들고 있었어요. 그래서 반죽으로 '흡연은 수명을 단축합니다'

행동: 모든 행동은 의사소통이다

라는 공익 광고 같은 문구를 써서 파이 위에 올렸죠. 제 나름의 화해의 행동이었어요. 딸아이가 저녁 시간에 맞춰서 내려왔을 때는 아까의 다툼 때문인지 꽤 멋쩍은 표정이었어요. 하지만 제가 만든 파이를 보더니 웃음을 터뜨리고 말았죠. 그렇게 우리 가족 모두 한바탕 깔깔 웃고 난 뒤에는 모든 긴장감이 사라졌어요.

카밀라는 파이 사진을 찍어서 페이스북에 올리며 오늘 담배를 피우다 엄마에게 걸렸고, 엄마와 싸웠다고 이야기했어요. 그리고 이 파이는 엄마와 나의 '휴전 파이'라고 소개했죠. 딸아이의 한 친구가 이걸 보더니 자기가 엄마였다면 담배꽁초로 파이를 만들어서 먹게 했을 거라는 댓글을 달았어요. 물론 농담이었지만요.

10대 자녀와 다툴 때는 항상 이것을 기억하자. 내 입장에서뿐만 아니라 자녀의 처지에서도 상황을 보고 자녀의 말에 귀 기울인다면, 다툼은 오래가지 않을 것이며 머지않아 자녀와 둘이서 과거에 다투던 일을 놓고 하하 호호 웃을 수 있을 것이다. 다시 말해 자녀와의 관계에서 생긴 상처를 치유할 수 있을 것이다. 특히 부모인 당신이 먼저 화해의 손길을 내민다면 말이다. 소피아처럼 휴전의 파이를 만들거나, 아니면 말로써 화해를 요청할 수도 있다.

또한 아이가 내 말과 행동에서 느끼는 바가 빠르게 변화할 수도 있다는 사실을 염두에 두자. 아이들은 이미 어른이 된 우리보다 훨씬 더 빠르게 변화하고 발달한다. 그래서 때로는 6개월 전에 내가 알던 아이와 지금 아이의 모습이 다를 수 있다. 6개월 전에는 아빠가 숙제를 도와준다고 하면 좋아하던 녀석이 이제는 귀찮다며 혼자 하게 내버려 두라고 할지 모른다. 아이가 엄마 아빠를 귀찮아한다거나 엄마 아빠는 아무것도 모른다는 식으로 나와도 너무 방어적으로 되받아치지 말자. 물론 아이의 언사가 내가 참아줄 한계를 넘어서려 한다면, 내가 받아들이기 더 쉬운 방식으로 불만을 표현할 수 있도록 아이를 달랠 필요는 있을 것이다. 가족 구성원 모두 서로 규정하고 평가하려는 태도를 버리고, 자신의 견해를 설명하는 화법을 통해 감정과 경험, 한계점을 소통할 수 있다면 이 모든 일이 좀 더 쉬워질 것이다.

아이가 10대가 되어 부모와 떨어져 자신만의 정체성을 찾으려 하고, 새로운 친구 집단에 끼고자 자신을 드러내는 새로운 관심사를 찾기 시작하면서 마치 옛날에 내가 알던 그 사랑스러운 아이가 아닌 듯한 느낌이 들 수 있다. 하지만 걱정할 것 없다. 당신은 자식을 빼앗긴 것이 아니다. 중고등학교를 거쳐 대학에 진학하면서 새로운 친구를 충분히 사귀고 나면 가족과 분리되고 싶어 하는 열망도 줄어들면서 다시금 예전의 사랑스러운 모습이 되돌아올 것이다. 10대들의 뇌는 때때로 길들지 않은 야생 짐승처럼 야성적인 면이 있다. 부모로서 아이의 그런 모습에 공감하고 수용해주기 어렵게 느껴질 수 있지만, 그래도 포기하지 말기를 바란다. 무엇보다 언젠가는 아이의 전두엽이 뇌의 다른 부분과 마찬가지로 완전히 발달할 것으로 믿으며 낙관적인 전망을 유지해야 한다.

10대 청소년(그리고 20대 초반의 청년)은 때때로 자신이 느끼는 불안감을 과격한 행동으로 표출한다. 이 시기 젊은이들은 아직 삶에서 자기 자신의 자리를 완전히 확립하지 못했기 때문이다. 불안감이란 일종의 두려움이다. 두려움을 느끼는 동물은 본능에 따라 공격적인 태도를 보인다. 자신의 자리를 찾고, 정체성을 확립하는 것만으로도 아주 어려운 일인데, 몇몇 영역에서는 젊은이들에게 기회조차 충분히 주어지지 않는 경우가 많다. 잊지 말자. 사람들은 삶의 장애물을 넘어 새로운 장으로 넘어가기 직전에 가장 고된 시간을 겪는다는 것을. 젊은이들에게는 자신만의 길을 찾기 위해 많은 지지와 이해가 필요하다. 이들 중에는 과격한 행동을 하는 것 외에 자신의 좌절감을 표현하는 방식을 모르는 이들도 많다. 문제는 이런 과격한 행동이 주변인과 사회 전반에 불편함을 끼치는 행동이라는 것이다.

　누군가 불편을 끼치는 행동을 한다는 이유만으로 '나쁜 사람'이라고 낙인찍지 말자. 그들이 필요한 도움을 받도록 도와주자. 진짜 도움이란 물고기를 잡아주는 것이 아니라, 물고기 잡는 법을 가르쳐주는 것임을 기억하라. 그 사람 스스로 할 수 있는 일을 대신할 때 오히려 상대방의 주도권을 빼앗는 결과가 될 수도 있다. 예컨대 자녀가 어떤 대학에 진학할지를 놓고 고민할 때 여러 가지 후보군을 놓고 부모와 저울질할 수는 있겠지만, 궁극적으로 어떤 대학에서 어떤 전공을 선택할 것인가는 자녀가 결정하게 두어야 한다. 예를 들어 부모의 역할은 '대부분 대학에서는 오픈 캠퍼스(대학 탐방 프로그램)를 운영하고 있다더라'고 알려주는 것까지이고, 실제 날짜를 알아보고 참가 신청을 하는 것은 아이가 스스로 하도록 해야 한다. 내가 아는 지식은 나누되, 뭘 어떻게 해야 하는지 지시를 내리지는 말아야 한다.

10대 자녀가 반사회적인 행동을 보일 때 부모는 내가 알던 천사 같던 아이가 저런 말과 행동을 한다는 사실에 충격을 받는다. 그래서 '나쁜 친구를 사귀어서 그래'라고 생각해버리곤 한다. 문제는 당신의 자녀와 어울리는 다른 아이의 부모도 똑같이 말할 거라는 사실이다. 다른 부모가 볼 때는 우리 아이가 그 '나쁜 친구'일 수 있다. 사실 인간은 누구나 이런 경향이 있다. 내 아이도 다른 아이들과 마찬가지로 나쁜 행동에 책임이 있다는 사실을 인정하지 않고 다른 사람을 가해자로, 나와 내 아이는 죄 없는 피해자로 생각한다. 그러나 대부분은 친구가 '나쁜 아이'여서가 아니라 그저 또래 사이에서 받는 사회적 압력에 저항하기가 어려운 것뿐이다. 내가 10대였을 때 친구 무리에 끼려고 어떤 짓까지 했는지 돌이켜 생각하면 쉽게 답이 나올 것이다.

아이는 청소년기에 여러 가지 실험을 하는데, 그것은 지극히 정상이다. 그렇다고 해서 아이의 실험을 모두 용인해야 한다는 것은 아니다. 아이에게 네 행동으로 어떤 기분이 드는지를 설명하자. "네가 …했을 때 정말 화가 났단다." "그때 엄마는 정말 무서웠어." "네가 …라니 속상하구나." 등등. 이때 긍정적인 감정도 잊지 말고 표현해야 한다. "네가 …했을 때 정말 자랑스러웠다." "네가 …도 할 수 있는지 몰랐는데, 정말 대단하다." "엄마는 네가 …할 때 네가 정말 좋단다." 등등.

아이의 감정을 하찮게 여기지 않고, 아이를 평가하려는 태도 없이 귀를 기울여주고, 아이의 경험을 있는 그대로 인정한다면 오랜 시간이 지나도 아이와 원활히 의사소통할 수 있다. 또한 아이와 부모 모두 나이가 들어가면서 서로 지속해서 신뢰하게 될 것이다. 이 경우 부모와 자식 간에 경계선을 설정하고 유지하기가 더 쉽고 자연스럽게 느껴질 것이다.

자녀와의 관계에 생채기가 났다면 내가 잘못한 부분을 솔직하게 인정하라고 조언하고 싶다. 혹 내가 무엇을 잘못했는지 모르겠다면 (방어적 태도를 버리고) 진솔한 태도로 자녀에게 그 상처를 치유하려면 어떻게 하는 게 좋겠는지 물어보자. 엄마 아빠와 좀 더 편안하게 대화를 하려면 어떻게 하면 좋겠냐고 물어볼 수도 있다. 연장자라고 해서 항상 내 말이 더 옳은 것은 아님을 기억하자.

가장 중요한 원칙을 기억하면 도움이 된다. 자녀를 규정하지 말고, 내 감정과 내 생각을 설명하는 것이다. '너는 술집에 가기 너무 어려'라고 말하지 말고, '엄마 아빠는 아직 너를 술집에 보내줄 마음의 준비가 안 됐단다'라고 말하는 것이다.

리브라는 내 고객은 사춘기 아들 매트와의 관계를 다음과 같이 이야기했다.

우리가 함께 보내는 시간이 많을수록, 같이 여러 활동을 하고, 어울리는 시간이 길수록 아이에게 뭘 해달라고 말하기가 더 쉬워지더군요. 침대 시트를 갈아달라거나, 식기세척기에서 그릇을 꺼내달라거나 그런 것들 말이죠. 제가 "이것 좀 해줄래?" 물으면 아이도 "그럼요, 당연히 할 수 있죠"라고 답하곤 해요. 그러다 제가 일이나 다른 문제로 바빠져서 저만의 세계에 몰입해 있을 때 같은 부탁을 하면, 아이도 "어렵겠어요"라거나 "제가 왜요?"라고 말하며 거절하더군요. 옛날에는 이런 문제로 끝없는 싸움을 벌이곤 했어요. 그러다 직장 일이 덜 바빠지고, 같이 TV를 보면서 피자도 먹고, 함께하는 시간이 늘어나자 다시 서로 협조적인 태도로 대하게 됐죠.

부모가 되고 10년이 지나서야 이 사실을 알게 됐어요. 저는 남편에게 말했죠. "내 삶은 내 삶대로 따로 떼어놓고, 아이의 삶에 불쑥 끼어들어 이거 하라, 저거 하라 할 수는 없는 것 같아"라고요. 잘 모르는 낯선 사람이 갑자기 우리 집에 들어와서 이래라저래라 하는 기분과 비슷하다고 할까요? 평소에 유대감이 잘 형성된 관계일수록 문제가 생겼을 때도 이를 해결하고 서로 만족스러운 결과를 협상해내기가 쉬운 것 같아요.

리브의 경험담은 나에게 자녀가 몇 살이든 상관없이 아이와 함께 시간을 보내고, 아이의 말에 귀 기울여주는 것이 중요하다는 사실을 떠올리게 했다. 몸은 함께 있되 눈은 각자 스마트폰을 보는 관계, 한집에 살지만 서로 어떤 일상을 보내는지조차 잘 모르는 그런 관계가 아니라는 말이다. 무엇보다 아이와 서로 교류하고 교감할 수 있는지가 중요하다.

부모와 자식 간의 소통 채널이 열려 있으면 성이나 약물, 왕따, 친구 관계, 포르노그라피, 온라인 세계에서 일어나는 일 등 더 까다롭고 미묘한 주제에 관해서도 덜 불편하게 대화할 수 있다. 이런 주제에 관하여 자녀의, 그리고 젊은 세대의 관점을 배우고 서로 느끼는 바와 아는 것을 공유하는 과정에서 각자 조금씩 변화한다. 그러나 만일 부모가 자녀의 의견, 감정을 수용하려는 의지를 전혀 보여주지 않는다면 자녀 역시 부모의 조언을 받아들이려고 하지 않을 것이다.

내 10대 시절이 어떠했는지를 생각해보면 아이와 공통분모를 쉽게 찾을 수 있을지 모른다. 물론 나의 10대 시절을 돌아보는 과정이 유쾌하지만은 않을 수 있지만 말이다. 다음 인용문은 그 사실을 드러낸다.

'브론을 좀 더 잘 이해해보려고 내가 그 애 나이였을 때 썼던 일기를 펼쳐 들었다. 세상에, 나는 내가 그토록 저속하고 자만한 사람이었다는 걸 꿈에도 몰랐다.'
-에블린 워Evelyn Waugh의 일기, 1956년

연습 ∞ 자녀와의 의사소통을 위한 6원칙

- 자녀를 규정하려 하지 말고, 내 감정을 설명할 것.
- 나의 감정과 선호에 따라 내린 의사 결정을 순전히 사실에만 기반을 둔 객관적 의견인 양 포장하지 말 것.
- 자녀와 나는 한편임을 기억할 것.
- 명령하지 말고 함께 고민하고, 함께 협력할 것.
- 진정성 없는 태도는 관계에 상처를 입힌다. 이를 치유하려면 진정성 있는 태도로 서로 대할 것.
- 아이는 자신이 대우받은 대로 타인을 대한다는 걸 잊지 말 것.

연습 ∞ 10대 자녀를 하숙생처럼 대하기

10대 자녀에게 어디까지 선을 그어줘야 하는지 잘 모르겠다면, 자녀를 우리 집에 세 들어 사는 하숙생이라고 생각해보자. 이 집에서 지낼 때 지켜야 하는 규칙에 관해 단호하게 이야기하겠지만, 상대방을 비난하기보다 나의 입장을 설명하는 방식으로 규칙을 세우게 될 것이다. 예를 들면 다음과 같다.

- 가방이나 소지품은 공동생활 공간에 내놓지 않으면 좋겠다.
- 나는 새벽에 누가 문을 열고 들어오면 잠이 깬다. 그러니 12시

까지는 들어오면 고맙겠다.
- 나는 사용한 접시가 방 안에 있으면 기분이 찝찝하고 안 좋다. 음식을 먹은 접시는 즉시 내놓는 것이 우리 집 규칙이다.
- 식기세척기는 아무 때나 사용해도 좋다.

이처럼 거의 성인이 된 자녀를 하숙생처럼 대할 경우, 아이가 원하는 대로 약간의 거리를 두고 아이의 생활을 존중하는 것이 도움된다.

부모들이 반드시 기억해야 할 사실이 하나 있는데, 아이가 적절한 행동의 네 가지 요소를 체득하려면 부모가 끊임없이 솔선수범을 해야 한다. 부모가 먼저 뜻대로 되지 않는 일에 인내심을 보이고, 융통성을 발휘하고, 문제를 해결하고, 타인의 관점에서 사안을 바라보는 모습을 보여야 한다.

마지막으로,
성인이 된 자녀를 대할 때
기억해야 할 것들

────── 내게는 자녀를 키우는 과정이 꼭 이렇게 느껴졌다. 처음에는 걸음마를 겨우 뗀 아이에게 보폭을 맞추려고 살금살금 조심해서 걷다가, 아주 짧은 시간 동안 두 사람이 비슷한 속도로 걷는다. 그러다가 점점 아이가 나를 앞질러 가고, 아이를 따라잡으려면 내가 뛰어야 하는 상황이 온다. 특히 마지막 상황이 가장 길게 이어진다. 지금까지 강조한 아이와 시간 보내기, 배려와 존중, 사랑 같은 것들은 바로 이 마지막 단계에서 빛을 발한다. 부모와의 관계에서 형성된 안정적 애착 유형이 가장 빛을 발하는 시기이며, 어린 시절 품게 된 주위 세상을 향한 관심, 자신의 감정을 인지하고 그로부터 스스로 원하는 것을 알아내는 능력 등이 진가를 발휘하는 것도 이때다. 부모는 이제 아이가 스스로 원하는 것을 쟁취하기 위해 성큼성큼 나아가는 과정을 지켜보기만 하면 된다.

이미 정서적, 실용적 기반을 탄탄하게 다져둔 아이는 간혹 폭풍우를 만나더라도(그리고 누구에게나 그런 순간은 온다) 부모가 마련해

397

준 항구에 안전하게 정박해 위로와 안정감을 누릴 수 있을 것이다. 영원히 사는 존재는 없고, 우리도 언젠가는 자녀 곁을 떠나겠지만, 부모와의 관계를 통해 마음속에 안전하게 자리 잡은 항구가 있기에 아이는 언제고 다시금 세상을 향해 항해를 떠날 수 있다.

성인이 된 자녀에게도, 부모가 (간섭하는 식이 아니라) 진심으로 자기 삶에 관심을 둔다는 것은 큰 의미가 있다. 아이에게 부모란, 자신의 모습을 비추어주는 거울과도 같다. 따라서 부모가 자녀에게 어떤 반응을 보이는지, 자녀를 보고 기뻐하는지, 자녀와 교감하는지에 따라 자녀의 자아상이 어느 정도 영향을 받을 수밖에 없다. 이것은 자녀가 투표할 나이가 된다고 해서, 또 자녀가 부모가 되고 퇴직한다고 해서 갑자기 달라지는 것은 아니며, 생애에 걸쳐 계속된다. 100세 노모가 나를 보고 기뻐하고, 나를 자랑스러워하는데 자식의 나이가 일흔이 넘었다 한들 감흥이 없을까? 아닐 것이다. 부모의 인정은 나이를 막론하고 우리에게 큰 의미가 있다. 어쩌면 타인들의 인정과 존경보다 훨씬 더 큰 의미가 있을 수 있다. 자식이 잘한 일을 두고 다 내 덕이라며 공을 가져가지 말고(자식이 먼저 그렇게 이야기하지 않는다면 말이다), 또 자식에게 상처를 준 일이 있다면 그 책임을 부인하지도 말아야 할 일이다.

자녀와의 어긋난 관계를 바로잡는 데 너무 늦은 때란 없지만, 그래도 부모 생전에 화해를 시도하는 편이 좋을 것이다. 그러려면 다른 모든 경우와 마찬가지로 서로의 행동 뒤에 어떤 감정이 숨어 있는가를 직시하고, 그 감정을 이해하려고 노력해야 한다. 예를 들어 이혼 후 새 연인을 만났는데 자식이 내가 선택한 사람을 탐탁지 않아 한다면, 자식이 부모를 독점하려 한다거나 일부러 무례하게 군다며 넘겨짚을 것이 아니라 낯선 사람 곁에 있는 당신을 걱정하고, 당신을 사랑한다는 사실을 기억하도록 하자. 나에게 불편하게 느껴지는 진실을 이야기한다고 해서 아이를 벌하려 할 것이 아니라 나를 걱정하는 그 마음에 호소해보도록 하자. 시간이 지나면 부모와 자식의 역할이 서로 바뀌기도 하며, 때로는 자식이 부모에게 부모 노릇을 하기도 한다.

자녀가 잘못된 의사 결정을 내려 힘들어할 때 부모인 내가 양육 과정에서 저지른 실수가 거기에 기여했을 수 있음을 알려 준다면 아이에게 많은 도움이 될 것이다. 이런 관계가 불공평해 보인다 해도 충분히 이해한다. 사실 이 책의 제목을 보고 내 머릿속에 가장 먼저 든 생각은 '불공평하다'였다. 부모로서 우리는 자녀 양육에 엄청난 시간을 투자해야 하고, 아무리 최선을 다한다 해도 성공적인 결과가 보장되지는 않기 때문이다.

자녀가 어느 정도 커서 이제 부모의 의무가 얼추 끝났다고 생각할 때 우리가 저지르는 실수 중 하나가 자녀나 손자를 놓고 경쟁심을 느끼는 것이다. 그래서 자녀가 자신이 이룬 성과를 자랑스레 내보이면 부모인 내가 그보다 더 잘난 무언가를 내보이거나, 최소한 나도 뭔가 잘한 일을 가져와서 보여주어야 한다고 느낀다.

다음은 줄리아의 경험담이다.

하루는 엄마에게 손주가 학교에서 공부를 너무 잘한다고 자랑 아닌 자랑을 했어요. 그런데 엄마는 기뻐해주시기는커녕 저희 언니가 자랄 때 얼마나 모범생이었는지를 칭찬하셨죠. 상처를 받은 건 둘째치고, 사실 언니는 공부를 그리 잘하지도 않았는데 말이에요. 마치 부모 대 부모로 누가 더 유능한가를 겨루자는 것 같았어요. 엄마에게 왜 그렇게 저를 이기려 하시느냐고 묻자 엄마는 당황하더니 대화 주제를 서둘러 바꾸셨어요.

딸이 자식 자랑하는 걸 들은 외할머니는 아마도 단지 본인이 자식에게 느꼈던 자랑스러움이 떠오른 것뿐이겠지만, 그 표현 방식이 잘못되었다. 자녀가 성인이 되더라도 자녀 앞에서 틀리는 걸 두려워하지 않는 것, 실수했을 때 얼버무리지 말고 그것을 바로잡으려 노력하는 일은 여전히 중요하다. 팩트 테니스에 열을 올리거나, 언쟁에서 이기고 지는 것을 중요하게 여기던 과거의 습관을 주의해야 한다. 부모로서 이제 내 임무가 다 끝났다고 여기며 긴장을 푸는 순간, 나도 모르게 옛 습관이 다시 고개를 들 수 있기 때문이다. 이제는 자녀도 나도 성인이지만, 자녀는 과거 나에게 의존했던 아이라서, 그리고 무엇보다 부모와 자녀라는 유대 관계가 있으므로 부모는 성인이 된 자녀의 자존감과 삶에도 여전히 큰 영향을 미친다. 이 사실을 늘 기억해야만 앞의 사례에서처럼 나도 모르게 자녀에게 상처를 주는 일이나 무심코 내면의 비판자가 수면 위로 떠올라 자녀를 평가하는 일이 발생하지 않는다.

자녀와 맺는 유대감은 우리 삶에서 가장 중요한 관계 중 하나이며, 우리를 한 인간으로 성장하게 하는 역할을 한다. 따라서 자녀가 성인이 된 후에도 계속해서 자녀를 존중하고 사랑하며 이 관계를 가꾸어나가야 한다.

또한 내 어린 시절을 반추하며 그것이 현재 나의 양육 방식에 어떤 영향을 미치는지 살펴보라고 이야기했듯이, 내 부모님은 현재 어른이 된 나를 어떻게 대하는가를 살펴보고 그중에서 본받고 싶은 점과 고치고 싶은 부분을 찾아내 자녀가 성인이 됐을 때 그렇게 대하면 된다.

먼 미래, 하늘이 도와 장수를 누린 후 세상을 떠나는 순간에 의사 결정을 할 수 없는 나를 대신해 자녀가 우리 관계에 마침표를 찍어줘야 할지도 모른다. 자녀와의 관계에 충분한 신뢰를 쌓아두었다면 우리에게도, 자녀에게도 이별이 조금은 덜 힘들 것이다. 자녀를 키운다는 건 자녀가 아이일 때는 내가 부모가 되었다가, 함께 어른이 되고, 마지막에는 내가 아이가 되고 자녀가 부모 역할을 하게 됨을 의미한다. 이런 역할의 변화에 유동적이고 유연하게 대처할 수 있다면 모든 사람이 더 쉽게 이별을 받아들일 수 있을 것이다.

행동: 모든 행동은 의사소통이다

입히고, 먹이고, 씻기고, 재우는 일… 다시 서문으로 돌아가 스탠드업 코미디언이 육아에 관해서 했던 농담을 생각해보자. "아이를 키울 때는 입히고, 먹이고, 씻기고, 재우는 일만 잘하면 된다." 이 네 가지는, 그러니까 부모가 되는 것은, 생각처럼 마냥 즐겁고 보람찬 일은 아닐지 모른다. 하지만 다음의 원칙을 잘 지킨다면 어렵기만 한 일도 아닐 것이다.

- 본인의 어린 시절 경험에서 유래한 감정 때문에 자녀에게 온정과 수용, 신체적 접촉, 함께 있기, 이해 등을 소홀히 하지 말 것.
- 의견 차이가 안전한 방식으로 해소되는 건전하고 조화로운 가정환경을 만들 것.
- 자녀는 다양한 나이대의 사람과 만나 어울릴 필요가 있다. 자녀의 감정을 달래고 관심을 보이며 시간을 들여 함께해줄 부

모가 필요하다는 사실을 받아들일 것.

- 나 자신뿐 아니라 자녀의 관점에서도 상황을 바라볼 것.
- (내가 생각하기에 아이가 느꼈으면 하는 감정이 아니라) 아이가 실제로 느끼는 감정을 안전하게 표현할 방법을 찾도록 도와줄 것. 그리고 그러한 감정들(그리고 부모 자신의 감정까지)을 인정하고, 이해하려 노력할 것.
- 아이가 어려움을 겪는다고 해서 곧바로 끼어들어 구출할 것이 아니라 자신만의 해결책을 찾아낼 수 있게 도와줄 것. 아이 스스로 문제의 해결책을 고민하도록 시간을 주고, 서둘러 정답을 제시하며 강요하지 않을 것.
- 아이가 어떤 사람이라고 규정하지 말고, 부모인 나의 감정과 선호를 설명하며 경계선을 그을 것.
- 부모도 실수할 수 있음을 인정할 것. 또 실수를 인정하고 바로 잡기 위해 노력하며 자신이 저지른 실수에 방어적인 태도는 피한다. 이러한 과정을 통해 부모와 아이 모두의 상처가 치유됨을 명심할 것.
- 인간관계를 이기고 지는 게임으로 바라보던 과거의 역학 관계에서 벗어나 협력하고 협동하는 자세를 받아들일 것.

다시 말해, 부모와 맺는 안전하고, 사랑으로 가득하며, 진정성 있고, 수용하는 관계야말로 자녀에게 반드시 필요하다. 이를 알고 아이와의 관계를 소중히 가꾸어나가면 된다.

잊지 말자. 문제가 생겼을 때 그것을 전부 아이 때문이라고 생각해서도, 아이만 바꾸면 된다고 생각해서도 안 된다. 아이와 내가 어떤 관계를 맺는가를 살펴보고, 우리 둘 사이에 무슨 일이 일어나는지를 생각해보자. 아마 답은 거기에 있을 것이다.

이 일반적인 규칙들은 자녀의 나이가 몇 살이든, 또 부모가 몇 살이든 상관없이 대체로 적용 가능한 것들이다.

그러나 가장 놀라운 사실은 이것이다. 우리가 저지른 그 모든 실수에도, 자녀와 부모 사이에는 유대감이 존재한다. 아이에게 사랑을 주기를 주저하고, 분노를 쏟아내고, 조바심을 내며 채근한 그 모든 순간에도, 아이에게 진실을 감추거나 바쁘다며 시간을 내주지 않거나 신뢰해주지 않았음에도, 혹은 아이의 관점에서 상황을 바라보지 못하고, 지나치게 아이와 나를 동일시해 아이의 자립을 가로막고, 아이에게 지나치게 많은 것을 기대했음에도 불구하고 아이와 부모 사이에는 여전히 서로에 대한 유대감이 존재한다.

서로 조금 더 솔직해지고, 상처를 치유하기 위해 조금만 더 용기를 내면 그런 유대감을 강화하고 개선할 수 있다는 사실은 참으로 안도감을 준다. 스스로 자신을 용서하고, 모든 부모는 자녀를 기를 때 온 정성을 쏟는다는 사실을 잊지 말자. 자녀가 꿈꾸고, 희망하고, 바라는 것을 목표로 나아갈 수 있도록 장려하고 도와주자. 그리고 무엇보다, 아이를 믿어주자. 여러분 뒤에서 내가 온 마음을 담아 응원하겠다.

지금은 돌아가신 나의 부모님께 감사의 말을 드리고 싶다. 그분들은 훌륭한 부모님이셨고, 그렇지 못한 몇몇 순간은 내가 작가로, 심리치료사로 경력을 쌓아가는 데 많은 도움을 주었다.

아이가 생기면서, 나는 우리 부모님과는 다른 부모가 되고 싶다고 생각했다. 그래서 수많은 책을 읽으며 육아를 공부했다. 특히 도움이 되었던 저서로는 로버트 파이어스톤Robert Firestone의 《마음을 헤아리는 육아Compassionate Childrearing》, 아델 페이버Adele Faber와 일레인 마즐리시Elaine Mazlish의 《하루 10분 자존감을 높이는 기적의 대화》, 그리고 조안 라파엘 레프의 《심리학으로 본 출산 과정》 등이 있었다. 아이 중심적 부모와 규칙 중심적 부모에 대한 그녀의 설명은 이루 말로 다 할 수 없을 만큼 큰 도움이 되었다. 파이어스톤의 저서는 우리가 부모 세대로부터 물려받아 자신도 모르는 사이 자식에게 대물림하는 유해한 행동 패턴을 지적하고 있다. 내면의 비판자가 내는 목소리가 대표적이다. 페이버와 마즐리시는 감정 수용해주기의 중요성을 알려주었다. 나는 아이를 키우는 내내 이들이 설파한 육아 지혜에서 많은 도움을 받았으며, 이 책을 쓸 때도 이들의 영향을 많이 받았다. 또한 도널드 위니콧 Donald Winnicott의 저서에서도 많은 영향을 받았는데, 특히 언제 부모가 자식에게 반감을 갖는지와 그 이유를 설명한 부분이 인상 깊었다.

그 뒤로도 육아와 관련된 많은 책을 읽었다. 애니 머피 폴이 쓴 《오리진》은 임신과 관련한 장을 쓸 때 많이 참조했다. 출산을 앞둔 부모들에게는 애니 머피 폴의 이 책과 함께 바버라 카츠 로스먼Barbara Katz Rothman의 《흔들리는 부모The Tentative Pregnancy: Amniocentesis and the Sexual Politics of Motherhood》를 추천하고 싶다. 그러나 내게 도움을 준 것은 이런 훌륭한 책들만이 아니었다. 자넷 랜스베리Janet Lansbury의 블로그JanetLansbury.com은 나 자신뿐만 아니라 이 책에도 많은 영향을 미쳤으며, 영유아들을 이해하고 양육하는 올바른 방식을 고민하는 부모들에게 추천하고 싶다. 랜스베리의 글을 통해 아이가 느끼는 감정으로부터 다른 곳으로 주의를 돌리는 일이 얼마나 바람직하지 못한 행동인가를 이해할 수 있었다.

아직 앉을 준비가 안 된 아이를 부모가 억지로 앉히면 안 되는 이유, 아이를 대신해 문제를 해결해주지 말고 도와주는 것에 관한 사례 연구(프레야) 등도 그녀의 글을 통해 알게 되었다. 아이를 사랑하는 것만큼 존중하는 것도 중요하다는 내용 역시 랜스베리의 블로그에서 처음 읽었다. 주디 던Judy Dunn과 리처드 레이어드 Richard Layard가 저서《행복한 유년 시절A Good Childhood: Searching for Values in a Competitive Age》에서 소개한 가족 구조와 그것이 아이 들에게 미치는 영향에 관한 연구 결과에서도 많은 도움을 받았다. 데이비드 F. 랜시David F. Lancy의《유년기의 인류학The Anthropology of Childhood》에서는 '공감 주술'이라는 용어와 아동 중심적 또는 부모 중심적 양육이라는 개념도 알게 되었다. 이는 조안 라파엘 레 프의 저서에서 소개하는 개념을 바탕으로 발전시킨 개념들이다. 다르시아 나바에즈Darcia Narvaez의《신경 생물학과 인간 도덕성의 발달Neurobiology and the Development of Human Morality》에도 큰 빚 을 졌다. 나바에즈의 연구 결과는 나에게 큰 도움을 주었으며 특히 수면 훈련과 그 잠재적 유해성에 관한 연구를 많이 참조하였다. 로 스 그린Ross Greene의《엄마가 몰라서 미안해The Explosive Child》는 아이가 불편을 끼치는 행동을 하는 이유를 파악하고 분석하는 데 많은 도움을 주었으며 특히 그가 소개한 협동적 훈육이라는 개념 은 아주 유용했다. 자신의 행동을 통제할 수 있으려면 융통성과 문 제 해결 능력, 그리고 뜻대로 되지 않는 상황을 참을 수 있는 인내 심이 필요하다는 내용이었다. 또한 아이의 관점에서 상황을 보고 그것을 아이가 내게 쓰는 편지로 옮겨보자는 아이디어 역시 그에 게서 영감을 얻은 것으로, 부모가 자녀의 감정에 공감해볼 하나의 방법이었다. 그 밖에 이 책을 쓰면서 도움받은 여러 저서, 블로그, 팟캐스트, 영상 등은 '더 읽을 거리'에서 찾을 수 있다.

그 밖에도 감사의 말을 전하고 싶은 분들이 많다. 우선 많은 도움을 주신 양육, 교육의 전문가분들께 감사하고 싶다. 플로가 다닌 중학교의 교장 선생님이었던 마거릿 코넬 여사에게는 다 갚기 어려운 빚을 졌다. 코넬 여사는 내 딸의 스승일 뿐 아니라 나의 스승이기도 했다. 특히 아이들의 속성과 거짓말에 관해 많은 것을 알려주었다. 이 책을 쓰면서 많은 조언을 구했던 동료 심리치료사들에게도 깊은 감사를 보낸다. 특히 내 친구이자, 캘리포니아에 있는 '트라이벌 그라운드' 소속인 도로시 찰스에게 정말 고맙다. 관계를 '이기고 지는 게임'으로 바라보는 역학에 관해 쓰면서 도로시의 도움을 많이 받았다. 이 책의 초안을 읽고 기꺼이 의견을 내어주고 나와 의논해준 것도 도로시였다. 내 친구이자 게슈탈트(프리드리히 펄스F. Perls, 로라 펄스L. Perls, 굿맨Goodman 등이 1940~1950년대에 걸쳐 개발하였음. 지금-여기에 대한 인식과 개인과 환경 간 접촉의 질을 강조하는 경험적 심리치료 접근법) 심리치료사이며 베를린의 '더 리빙 보디'에 소속된 줄리앤 아펠 오퍼도 부모와 자식 간의 상호작용이나 교감 같은 개념을 서술하는 데 많은 도움을 주었고, 애착 이론에 관한 훌륭한 비유를 들 수 있도록 도와주었다.

줄리앤 역시 원고 초안을 읽고 기꺼이 자기 의견을 나누어주었다. 줄리앤이 없었다면 이 책은 지금보다 훨씬 완성도가 떨어졌을 것이다. 책에 담을 아이디어를 고민하며 함께 이스트 저먼 스파에서 보낸 나흘을 잊지 못할 것이다. 일이 끝나고 다시 한번 그녀와 짤막한 휴가를 떠날 수 있기를 고대하고 있다. 사우스웨일스 대학의 니콜라 블런던과는 2인 글쓰기 그룹을 조성하여 사우스다운스의 한 별장에 함께 머무르며 책에 쓸 여러 가지 아이디어를 고민했다. 런던 '토크 포 헬스'의 CEO이자 창립자인 니키 포사이드는 '나는 내 감정과 얼마나 친할까?'라는 제목의 연습 방식을 고안해냈으며, 이 책에서 소개한 '교감 능력 발달시키기' 연습도 포사이드가 토크 포 헬스에서 소개한 '잘 듣는 방법' 강연에서 아이디어를 얻은 것이었다. 작가 웬디 존스에게도 고맙다는 말을 빼놓을 수 없다. 책을 쓰다가 막혀서 고민하고 있을 때 존스는 '게슈탈트 두 의자 기법'을 통해 문제를 해결하도록 도와주었다. 내 책이 사람이라고 생각하고, 나와 내 책이 마주 앉아 서로 대화하게 도와주었다는 말이다. 이 경험을 통해 나는 어떤 방향으로 글을 써나가야 할지를 더 명확하게 볼 수 있었다. 아동 및 가족 심리치료사 루이 와인스톡에게도 감사하다. 테크놀로지와 평상시 기분 상태의 형성과 관련한 피드백을 주고 내가 이에 관해 글을 쓸 수 있도록 응원해주었다. '부모 자식으로 사랑할 뿐 아니라 인간 대 인간으로 서로에게 호감을 느끼는 관계'의 중요성을 역설해준 저널리스트이자 수습 심리치료사 수잔 무어에게도 감사의 말을 보낸다. 무어의 이 이야기가 줄곧 내 가슴속에 남아 책을 쓰는 내내 영향을 주었다. 아론 발릭은 이 책의 편집을 위해 장소가 필요할 때 기꺼이 스틸포인트 스페이스 시설을 사용하게 해주었다. 스틸포인트 관계자분들이 기꺼이 시간과 아이디어를 더하고 응원해주었기에 이 책이 세상에 나올 수 있었다.

그리고 내 딸 플로. 플로는 내가 책을 쓰기 위한 아이디어를 노트에 끄적이다가 포기하려고 했을 때 이 책을 꼭 써야 한다고 말해준 장본인이다. 이후 여러 차례 초안을 읽으며 여러 조언을 해준 것도, 이 책은 충분히 계속 써나갈 만한 가치가 있다고 나를 설득했던 것도 플로였다. 딸이 아니었다면 이 책을 완성하지 못했을 것이다. 또 책 전반에 실명을 언급하며 사례 연구로 플로의 이야기를 썼음에도 무척 관대하게 이해해주었다. 나는 플로를 통해 인생의 많은 것을 배웠다. 플로의 눈을 통해 세상을 보면서 나는 작가로서 뿐만 아니라 한 사람으로 성장해나갔다.

한나 주얼과 나를 소개해준 것도 플로였다. 주얼은 나와 지내며 같이 글을 쓰는 동료가 되었다. 아이를 키우는 과정에서 나에게 사랑과 용기, 그리고 진심을 아낌없이 보여주었던 남편 그레이슨에게도 감사의 말을 전한다. 남편이 딸과 관계 맺어가는 모습을 지켜보는 것, 그리고 내가 딸과 관계 맺는 모습을 지켜봐주는 사람이 있다는 건 정말 특별한 경험이었다. 또 이 책을 쓰는 과정에서 겪어야 했던 여러 고통을 불평 없이 곁에서 함께 나누었다. 오랜 세월 나를 응원해준 친구들에게도 마음의 빚이 있다. 이 자리를 빌려 자넷 리, 욜란다 바즈케즈, 조니 필립스에게 고맙다고 말하고 싶다. 알바 릴리 필립스 바즈케즈, (책이 잘 안 풀려 고민하던 내 모습과 나중에 고민이 끝나 행복해하는 모습을 각각 사진으로 남겨준) 헬렌 바그널, 그리고 '살롱 런던'과 '얼소 페스티벌'의 청중들에게 나를 소개해준 딕콘 타운스와 줄리엣 러셀에게도 깊은 감사를 전한다. 이들은 하나같이 내가 책을 쓸 동안 곁에 있었으며, 내가 마음 깊이 사랑하는 친구들이다. 또 자주 만나지는 못하지만 온라인으로 많은 대화를 나누는 친구들에게도 감사하다. 이들 역시 나에게 많은 힘을 주었다. 원고에 도움 되는 피드백을 해준 로즈 보이트, 격조 높은 '사보이 볼룸'에서 열리는 문학 살롱에서 내 초고를 낭독하도록 자리를 마련해준 다미안 바, 그리고 나를 큐리어스 아트 페스티벌에 초청해서 이 책에 등장하는 개념을 강연하도록 자리를 마련해준 클레어 콘빌에게, 다시 한번 감사 인사를 보낸다. 이 친구들은 나에게 꼭 필요했던 용기를 선물해주었다.

또한 이 책에 소개할 사례를 찾기 위해 정말 엄청나게 많은 부모님과 이야기를 나누었다. 비록 사례가 소개되지 않은 분들도 많지만, 그분들과의 대화는 내게 정말 큰 도움을 주었다. 그분들의 이야기를 바탕으로 내 의견과 생각이 형성되고 발달할 수 있었으며 부모가 되는 것이 어떤 것인지 배울 수 있었다. 또 내가 부모로, 자식으로 가지고 있던 관점 외에도 정말 다양한 시각이 존재한다는 걸 깨달았다. 직접 만나 대화했던 부모님들 외에도 정말 많은 분이 서신으로, 설문 조사로 자신들의 이야기를 나와 공유해주었다. 온라인으로 대화한 분들도 있었고, 내가 어드바이스 칼럼을 기고 중인 〈레드Red〉 매거진을 통해 연락을 주신 분도 있었다. 몇몇 분은 나에게 심리 치료 상담을 받는 내담자이기도 했다. 이분들 모두에게 마음의 빚을 크게 졌다.

또한 만나게 되어 영광이었던 어린이, 10대 청소년, 성인 자녀로부터도 많은 것을 배웠다. 특히 내게 상담을 받은 내담자들을 통해 유년기에 경험한 감정과 사고, 반응의 패턴이 아주 오랜 시간 동안 우리에게 영향을 미칠 수 있다는 사실을 재차 확인할 수 있었다. 이들 한 사람 한 사람이 나에게는 스승이었고, 그들이 준 가르침에 감사한다. 이 책에서 지나라는 이름의 가명으로 소개했던 내담자에게는 특별히 감사의 말씀을 드린다. 그녀는 기꺼이 자신의 사례를 책에 소개하도록 허락해주었을 뿐만 아니라 초고에 있었던 실수를 찾아내 알려주었고 줄곧 나의 글쓰기를 응원하고 지지해주었다.

　감사의 말을 전하고 싶은 은사님들이 이 외에 더 있다. 마리아 길버트 교수와 다이애나 스머클러 교수는 2000년대 초반에 수년 동안 매달 진행되는 심리치료사 독서 및 지도 모임을 이끌어주셨다. 이 모임을 통해 우리는 '관계 정신분석학'의 여러 가지 개념과 이론, 아이디어를 배우고 토론할 수 있었다. 이때 배운 개념의 상당수를 이 책에서 소개한 양육 방식에 적용하였다. 하지만 이 모임은 단순히 이론만 배우는 자리가 아니었다. 두 은사님의 응원과 장려 덕분에 나는 심리치료사로서 내 역량에 자신감을 가질 수 있었다. 앤드류 새뮤얼스 교수 역시 내가 이 책을 쓰는 데 많은 용기를 주었다. 새뮤얼스 교수는 나에게, 권위 있는 인물도 자기 진심을 내보이고, 모르는 건 모르겠다고 말하고, 진정성 있는 모습을 보일 수 있으며 그런다고 해서 권위가 사라지는 것은 아님을 알려주었다. 세상에는 두 종류의 심리치료사가 있는데, 하나는 워크숍에 참석하는 상담사고 다른 하나는 워크숍을 여는 상담사라는 말을 하며 내가 있어야 할 곳은 반대쪽 그룹이라는 말로 내게 용기를 준 것도 새뮤얼스 교수였다. 나의 분석은 수년 전에 끝났을지 모르지만, 그것의 긍정적인 영향은 지금까지 계속되고 있다. 그런 의미에서 그동안 만나 왔던 모든 심리치료사에게도 감사한다. 상담을 받으면서 나는 관계 맺는 과정을 배웠고, 이때 배운 원칙은 거의 모든 관계에, 특히 부모-자식 간의 관계에 적용할 수 있는 것들이었다.

나의 에이전트인 캐롤리나 서튼에게도 고맙다고 말하고 싶다. 그녀는 나를 점심 식사에 초대해 어떤 책을 쓰고 싶으냐고 물어봐 준 사람이었다. 나는 서튼에게 기존에 나와 있는 육아 매뉴얼에 대해 일종의 대안이 될 수 있는, 자식과 맺는 관계의 중요성에 초점을 맞춘 그런 책을 쓰고 싶다고 말했다.

아직 책을 쓸지 말지 나조차 고민하던 때에 서튼은 펭귄 랜덤 하우스 출판사의 베네치아 버터필드와의 미팅을 주선해주었다. 출판 역사상 이만큼 많은 점심 미팅을 거친 책도 없을 것이다. 베네치아와 나는 틈만 나면 점심 식사를 함께하며 아이를 키우는 동안 경험한 것들을 이야기했다. 그랬기에 나는 우리의 생각이 일치한다고 믿었다. 그러나 원고 초안을 넘겼을 때 베네치아는 불만족스럽다는 반응을 보였다. 우리는 금이 간 관계를 복구하고자 노력했고, 두 사람을 다 만족할 만한 글을 찾기 위해 협력했다. 이견이 생긴 즉시 서로 등 돌리고 헤어질 수도 있었지만, 그러지 않았다. 나는 어떤 관계든 틀어져도 바로잡을 수 있으며 그랬을 때 더 탄탄해진다고 믿는다. 이렇게 관계에 생긴 상처를 얼마나 잘 치유하는가는 이 책의 주요 주제 중 하나이다. 베네치아와 나는 각각 출판인과 저자로서 직접 그 과정을 경험한 것이다. 의견 차이에도 불구하고 함께해준 베네치아에게 감사하다는 말을 전한다. 책 편집에 힘써준 에이미 롱고스, 잭 램, 그리고 사라 데이에게도 감사하다.

마지막으로, 여기까지 책을 덮지 않고 읽고 있다면, 라디오 2 퀴즈쇼 참가자들처럼 '그 밖에 저를 아는 모든 분'에 대한 감사인사로 넘어가기 전에, 〈레드〉 매거진에서 수년간 나와 함께 일하며 나의 어드바이스 칼럼을 편집하고 이번 책의 편집도 훌륭하게 맡아준 내 동료에게 감사하고 싶다. 브리짓 모스는 내게 꼭 필요한 질문을 던지고 내가 그에 답할 수 있게 도와주었다. 내가 사랑하는 브리짓 모스, 당신은 어엿한 스타이자 훌륭한 작가, 에디터이고 동시에 같은 부모로서 선망하게 되는 자랑스러운 부모다.

그 밖에 나를 아는 모든 분들에게. 너무 뻔한 말 같지만, 살며 만나게 되는 모든 이들은 우리의 모난 부분을 깎고, 부족한 부분을 채우며 마치 퍼즐처럼 서로를 완성해주는 존재들이다. 예를 들어, '아이에게 놀이의 주도권을 주자'에서 언급한 '병원 놀이'는 에스메의 한 살 때 경험을 바탕으로 썼다. 20년도 더 전에, 에스메의 아버지 가이 스캔틀버리 씨가 우리 주방 인테리어를 맡고 있었는데, 그는 매번 꽤 피곤한 표정으로 우리 집에 찾아왔다. "새벽 5시에 일어나 환자 행세를 했어요"라고 하던 그의 설명을, 이제는 이해할 수 있을 것 같다.

2018년 9월,

필리파 페리로부터

1장

Steven J. Ellman, 'Analytic Trust and Transference: Love, Healing
Ruptures and Facilitating Repairs' (Ph.D., pp. 246–63, published online 25
  June 2009)
Robert Firestone, *Compassionate Childrearing* (Plenum Publishing/ Insight
  Books: 1990)
John Holt, *How Children Fail* (Penguin: 1990)

2장

Judy Dunn and Richard Layard, *A Good Childhood: Searching for Values in a
  Competitive Age* (Penguin Books: 2009)
Emily Esfahani Smith, 'Masters of Love. Science Says Lasting Relationships
  Come down to –You Guessed It –Kindness and Generosity'(https://
  www.theatlantic.com/health/archive/ 2014/06/happily-ever-
  after/372573/)
John M. Gottman, *The Seven Principles for Making Marriage Work* (Prentice
  Hall and IBD: 1998)
Virginia Satir, *Peoplemaking* (Souvenir Press: 1990)
D. W. Winnicott, *Home is Where We Start From: Essays by a Psychoanalyst*
  (Penguin: 1990)

3장

Dr Tom Boyce, *The Orchid and the Dandelion* (Penguin: 2019)
Adele Faber and Elaine Mazlish, *How to Talk so Kids Will Listen and Listen so
  Kids Will Talk* (Piccadilly Press: 2012)

————, *Siblings without Rivalry* (Piccadilly Press: 2012)

Jerry Hyde, *Play from Your Fucking Heart* (Soul Rocks: 2014; reprint)

Janet Lansbury, 'Five Reasons We Should Stop Distracting Toddlers and What to Do Instead' (http://www.janetlansbury.com/2014/ 05/ 5-easons-e-hould-stop-distracting-toddlers-and-what-/o-o-onstead/)

Adam Phillips, Video on pleasure and frustration (https://www.nytimes. com/video/opinion/100000001128653/adam-phillips.html)

Naomi Stadlen, *What Mothers Do* (Piatkus: 2005)

Donald Winnicott, The 'Good- enough Mother' radio broadcasts (https:// blog.oup.com/2016/12/innicott-radio-broadcasts/)

4장

Further information about breast crawl: http://breastcrawl.org/science. shtml

Beatrice Beebe and Frank M. Lachmann, *The Origins of Attachment: Infant Research and Adult Treatment* (Routledge: 2013)

John Bowlby, *A Secure Base* (Routledge: 2005)

Barbara Katz Rothman, *The Tentative Pregnancy: Amniocentesis and the Sexual Politics of Motherhood* (Rivers Oram Press: 1994; 2nd edn)

David F. Lancy, *The Anthropology of Childhood* (Cambridge University Press: 2014; 2nd edn)

Janet Lansbury's blog: JanetLansbury.com

Brigid Moss, IVF: *An Emotional Companion* (Collins: 2011)

Annie Murphy Paul, Origins: *How the Nine Months before Birth Shape the Rest of Our Lives* (Hay House: 2010)

Joan Raphael-Leff, *Parent-rInfant Psychodynamics* (Anna Freud Centre: 2002)

————, *Psychological Processes of Childbearing* (Centre for Psychoanalytic Studies: 2002; 2nd rev. edn)

5장

Beatrice Beebe et al., 'The Origins of 12-month Attachment: A Microanalysis of 4-onth Mother-Infant Interaction' (https://www.ncbi. nlm.nih.gov/pmc/articles/PMC3763737/)

Ruth Feldman, 'Parent-infant Synchrony and the Construction of Shared Timing: Physiological Precursors, Developmental Outcomes, and Risk Conditions', *Journal of Child Psychology and Psychiatry* (Wiley Online Library: 2007)

————, 'Biological Foundations and Developmental Outcomes' (http:// journals.sagepub.com/doi/10.1111/j.1467-8721.2007.00532.x)

Tracy Gillett, 'Simplifying Childhood May Protect against Mental Health Issues' (http://raisedgood.com/extraordinary-things-happen-when-e-implify-childhood/)

Maya Gratier et al., 'Early Development of Turn-taking in Vocal Interaction between Mothers and Infants' (https://www.ncbi.nlm.nih .gov/pmc/ articles/PMC4560030/)

Elma E. Hilbrink, Merideth Gattis and Stephen C. Levinson, 'Early Developmental Changes in the Timing of Turn-taking:A Longitudinal Study of Mother-Infant Interaction' (https://www.ncbi.nlm.nih.gov/ pmc/articles/PMC4586330/)

Oliver James, *Love Bombing: Reset Your Child's Emotional Thermostat* (Routledge: 2012)

Janet Lansbury, *Elevating Child Care: A Guide to Respectful Parenting* (CreateSpace Independent Publishing Platform: 2014)

————, *No Bad Kids: Toddler Discipline without Shame* (CreateSpace Independent Publishing Platform: 2014)

W. Middlemiss et al., 'Asynchrony of Mother-infant Hypothalamic-Pituitary-Adrenal Axis Activity following Extinction of Infant Crying Responses Induced during the Transition to Sleep' (https://www.ncbi. nlm.nih.gov/pubmed/21945361)

Maria Montessori, *The Absorbent Mind* (BN Publishing: 2009)

S. Myriski et al., 'Digital Disruption? Maternal Mobile Device Use is Related to Infant Social-Emotional Functioning' (https: www.ncbi.nlm.nih.gov/ pubmed/28944600)

Darcia F. Narvaez, 'Avoid Stressful Sleep Training and Get the Sleep You Need: You Can Survive the First Year Without Treating Your Baby Like a Rat' (https://www.psychologytoday.com/blog/ moral-landscapes/201601/ avoid-stressful-sleep-training-and-get-the-sleep-you-need)

———, 'Child Sleep Training's "Best Review of Research": Sleep Studies are Multiply Flawed Plus Miss Examining Child Wellbeing'(https:// www.psychologytoday.com/blog/oral-landscapes/201407/child-sleep-training-e-est-review-research)

———, *Neurobiology and the Development of Human Morality* (W. W. Norton & Co.: 2014)

Barry Schwartz, The Paradox of Choice: *Why More is Less* (Harper-Perennial: 2005)

Jack P. Shonkoff and Andrew S. Garner, 'The Lifelong Effects of Early Childhood Adversity and Toxic Stress' (http://pediatrics.aappublications. org/content/early/2011/12/21/peds. 2011-2663.short)

Ed Tronick, *The Neurobehavioral and Social-Emotional Development of Infants and Children* (W. W. Norton & Co.: 2007)

6장

Hannah Ebelthite, 'ADHD: Should We be Medicalising Childhood?' (http://www.telegraph.co.uk/ health-fitness/body/ adhd-should-ve-e-edicalising-childhood/)

Adele Faber and Elaine Mazlish, *How to Talk so Teens Will Listen and Listen so Teens Will Talk* (Piccadilly Press: 2012)

Ross Greene, *The Explosive Child* (Harper Paperbacks: 2014)

Christine Hooper and Margaret Thompson, *Child and Adolescent Mental Health: Theory and Practice* (CRC Press: 2012; 2nd edn)

Janet Lansbury, *Elevating Child Care: A Guide to Respectful Parenting* (CreateSpace Independent Publishing Platform: 2014)

————, *No Bad Kids: Toddler Discipline without Shame* (CreateSpace Independent Publishing Platform: 2014)

Ian Leslie, *Born Liars: Why We Can't Live without Deceit* (Quercus: 2012)

Ruth Schmidt Neven, *Emotional Milestones from Birth to Adulthood: A Psychodynamic Approach* (Jessica Kingsley Publishers Ltd: 1997) Victoria Talwar and Kang Lee, 'A Punitive Environment Fosters Children's Dishonesty: A Natural Experiment' (https://www.ncbi.nlm.nih.gov/pmc/articles/PMC3218233/)

나의 부모님이 이 책을 읽었더라면

The Book You Wish Your Parents Had Read